U0190129

本书获国家社科青年基金项目（项目批准号：18CZX031）、
中国科学技术大学新文科建设项目（项目编号：XWK2019012）资助

《天象源委》校注

朱浩浩　柳　芬　校注

中国科学技术大学出版社

内 容 简 介

本书是对清代中期张永祚《天象源委》的学术性校释之作。张永祚主要活跃于清雍正、乾隆年间,曾供职于钦天监。他的《天象源委》是一部关于被拒知识——天文占验之学的著作。本书至少具有以下四种意义。第一,本书包含的历法、律吕、气象、医学、音韵等知识,以及引用的梅文鼎等人论述,具有一定的史料价值。第二,本书能够为我们提供一扇窗户,以历史性、还原性地了解清代中期钦天监人员的知识结构、思想心态等。第三,本书所介绍的内容能够为我们学术性、文化性地理解古代被拒知识提供帮助。这种理解有助于我们今天更好地实现祛魅。第四,本书综合了历史上传入的伊斯兰、欧洲学术资源,可以更好地帮助我们理解古人吸收外来资源的方式。

图书在版编目(CIP)数据

《天象源委》校注/朱浩浩,柳芬校注. —合肥:中国科学技术大学出版社,2021.11
ISBN 978-7-312-05338-2

Ⅰ. 天… Ⅱ. ①朱… ②柳… Ⅲ. 天文学史—研究—中国—清代 Ⅳ. P1-092

中国版本图书馆 CIP 数据核字(2021)第 211344 号

《天象源委》校注
《TIANXIANG YUANWEI》JIAOZHU

出版	中国科学技术大学出版社 安徽省合肥市金寨路 96 号,230026 http://press. ustc. edu. cn https://zgkxjsdxcbs. tmall. com
印刷	合肥市宏基印刷有限公司
发行	中国科学技术大学出版社
开本	787 mm×1092 mm 1/16
印张	18.5
字数	384 千
版次	2021 年 11 月第 1 版
印次	2021 年 11 月第 1 次印刷
定价	59.00 元

前　言

　　《天象源委》是清代中期的天文占验之学著作。该书的作者张永祚主要活跃于清雍正、乾隆年间，生卒年不详，字景韶，号两湖，浙江钱塘（今属杭州）人，祖上为浙江仁和（今属杭州）人。张氏早年困顿场屋，年近三十犹未过童子试。后来被交河王学士赏识，方才拔为诸生。此后在科举方面表现一直不佳。不过，张氏在场屋之外的天文历算之学方面却用功颇勤。幼年时期他便受到母亲徐氏的影响，长而未辍。最终，他在乾隆年间实现了人生转折。乾隆二年（1737 年）二月，清廷下令举荐通晓天文的人才。张永祚抓住了此次机会，试策时立成千言。因而他被总督嵇曾筠所重，举荐于上，最终被任命为钦天监博士，供职钦天监至老辞归。张永祚将乾隆二年二月的御令收入《天象源委》，并作为其首页，以彰显此令对他命运的重要性。

　　据杭世骏《道古堂文集》记载，《天象源委》应该成稿于张永祚晚年，但开始编撰时间应该较早。不过，由于张永祚在《天象源委》中并未留下相应的记录文字，在其他记载中我们也尚未发现记录文字，所以编撰此书的始末细节尚不清楚。该书共20 卷，可以分为 4 个部分。卷一是第一部分。该部分提纲挈领式地论述张永祚关于天文占验的思想认识。如张氏将儒学与天文占验之学联系，并且延续清初发展而来的"西学中源"说，将西法（伊斯兰与欧洲星占学）归结为中国传统的流裔。卷二"象性"至卷十六"选择"是第二部分，为《天象源委》的主体。该部分通过节录明初翻译的具有伊斯兰源头的著作《天文书》、清初翻译的具有欧洲源头的著作《天步真原》与《天文实用》，条分缕析式地给出了这些书中所包含的各个方面内容，所涉及的类型包括生辰占、普遍占、选择占。卷十七"望气"至卷十九"军占"是第三部分。此 3 卷是删改传统军国占而来。张永祚以此作为西法的补充。卷二十"分野"是第四部分。此卷乃是天文占验的基础分野理论之作。除这些主体内容之外，《天象源委》还多处介绍了历法计算、音律音韵等内容。总体来看，通过《天象源委》，张永祚构建了在技术上以西法为主、中法为辅，但在核心思想上以传统儒家理念为支撑的天文占验体系，是一种将西法中国化的尝试。

　　值得指出的是，天文占验之学在今天的学术研究中属于被拒知识领域。被拒知识是目前国际上新兴的研究领域,对其的研究不仅可以帮助我们历史性、还原性地理解过去,还可以帮助我们今天更好地实现祛魅。此外,《天象源委》中还介绍了不少古代历法、数学、音韵、地理、气象等方面的知识,还有关于清初著名历算学家梅文鼎已经遗失的论述的记录。这些显然也具有重要价值。

此次点校我们以上海图书馆藏《天象源委》抄本为底本(该藏本被上海图书馆电子化并被影印收入《续修四库全书》),结合张永祚在书中所引《天文书》《天步真原》《天文实用》《隋书》《唐书》等著作,以及前期研究成果,对原作进行了细致的点校与详细的注释。我们几乎对张永祚在《天象源委》中引述的所有条目都进行了与所引书籍的细致比对,并按照凡例中的条例进行了细致校释。就我们所比对的书籍来说,《史记》《隋书》等正史著作参照了通行的中华书局繁体点校本,《天文书》参照了《中国科学技术典籍通汇·天文卷》影印收录的内务府本,《天文实用》参照了意大利国家图书馆所藏古籍孤本,《天步真原》参照了《山东文献集成》影印收录的《历学会通》本,值得指出的是,《天步真原》在《天象源委》中有时还被引述为《天学会通》或《会通》。此实乃因《天步真原》被收录于《天学会通》(《历学会通》的前身)或《历学会通》所致,并非表示有其他独立于《天步真原》之外的来源。我们在注释时也将不区分《天步真原》《天学会通》《历学会通》,而是径直以《天步真原》所包括的四个部分《人命部》《纬星性情部》《世界部》《选择部》指称。书中涉及的《性理精义》等其他著作,我们一般以四库全书系列丛书收录本为参照。此外,书中注释时参考的外文著作,如托勒密《四门经》以 1940 年英译版本为基础,《天文书》伊斯兰底本的英文译本以矢野道雄教授译本为基础。在校对过程中,我们还尽量使用了电子化数据库,如基本古籍库、中华书局籍合网以提高效率。在数据库中所搜电子化信息,也一一与古籍原文进行了核对,以避免电子化过程中带来的讹误。

此次校注工作,获得了诸多师友的帮助。同事曹婧博、潘钺、褚龙飞、樊汇川、靳志佳、张楠在一些专业知识方面提供了帮助。科技史与科技考古系的研究生李琦、朱玥玮、魏娜、杨文敏、黄磊提供了文字录入方面的支持,研究生纪辰、杨伯顺、何丽媛在天文历法、音韵学的名词解释方面解决了我们很多的困惑。山东大学孙剑艺教授对音韵学部分的注释提出了重要意见。自然科学史研究所杜新豪副研究员、山东师范大学刘溪老师在农学知识方面提供了帮助。温州医科大学翁攀峰副教授在音律学方面多有指导。南京大学程少轩教授、枣庄学院贺璐璐老师帮我查证了汉语异体字。尤其是上海中医药大学宋神秘副教授,在百忙之中通读了全稿,提出了诸多宝贵的修改意见。对于大家的帮助,我们在此一并表示感谢。

凡　例

1. 张永祚收录他书文字时会有一些改动。改动后的语句有时会较难理解，或有误，或改变了原来之意。这种情况下，将注出张氏所收录著作的原文以资理解。

2. 除标题与引言（引言均由张氏自著）之外，第二至第二十卷正文大字中属于张氏自著的部分，均加注释以说明。第一卷正文大字因多数内容属于张氏自著，故只在张氏引用他书内容部分注释说明。如此，自可凸显自著部分。

3. 正文中的小字部分，属于张氏引用自他书者，均出注说明；属于张氏自著者不说明。

4. 当注释中《天象源委》原文名词或语句（人名、书名除外）第一次出现时，均加双引号以作区分。当在同一注释中该原文第二次或其他次出现时，将视情况加双引号，以方便阅读。

5. 从正文"某书云"部分或从正文某段段首开始，或从注释特别说明的位置开始，至给出注释的位置，是张永祚引用的他书内容。书中将对张氏的引用信息给出注释说明。凡正文加双引号者，表示该部分正文不仅是张氏引用自他书，而且该部分正文文字与出处文字完全一致。凡引用自他书的正文文字经过张永祚调整的（比如修改了其中的词句或者删除了一些语句），将不加双引号。未能找到出处的正文部分，也不加双引号。

6. 张氏未云出自何处，但经过对比可以确认出处者，加注释注出出处。张氏未云出自何处，但可确认不是张氏自著且来源不明者，不加注释。

7. 注释中标注正文出处或涉及古籍信息时，尽量给出古籍卷下次一级标题，但不会给出版本与页码细节，以避免支离。一些古籍的版本情况见本书前言。

8. 前文已经做出注释的内容，后文不再赘述。在必要之处，会给出提示信息，以便能快速找到前文的注释。

9. 张永祚原来分段颇为混乱，现根据具体情况进行了合并。

10. 正文小字部分的标点独立于大字部分的标点。

目　录

天 象 源 委

　　乾隆二年二月奉上谕,在玑衡以齐七政,视云物以验岁功,所以审休咎,备修省,先王深致谨焉。今钦天监《历象考成》一书,于节序时刻固已推算精明,分厘不爽,而星官之术、占验之方则阙焉未讲。但天文家言互有疏密,非精习不能无差。海内有精晓天文、明于星象者,直省督抚确访试验,术果精通,着咨送来京,该部奏闻请旨。①

---

① 此乾隆谕旨另见《清朝文献通考》卷五十四"选举考"、卷二百五十六"象纬考"。《清朝文献通考》卷二百五十六"象纬考"作"乾隆二年正月令天下举精通天象之人。上谕大学士等曰在玑衡以齐七政,视云物以验岁功,所以审休咎"云云,未言二月。

《天象源委》引用书目

圣祖仁皇帝《御纂性理精义》"审音"卷中引

《御纂历代三元甲子编年》①书中凡述七政推算之法皆本以后数书

《御制钦若历书》②

《御制数理精蕴》

《御制万年历》

《御制大清一统皇舆山脉记》"分野"卷中引

《易经》

《书经》

《诗经》

《春秋左传》

《礼记》

《周礼》

《四书》

《尔雅》

《埤雅》

《庄子》

《淮南子》

《论衡》

《潜夫论》

《六韬》

《通书》

《皇极经世》

---

① 此书据称为钦天监所编。德国柏林图书馆藏有相同书名书籍,其中附有《御制万年历》。

② 《钦定钦若历书》,又称《御制钦若历书》,即《御制历象考成》(简称《历象考成》)的原名。康熙五十二年(1713 年),康熙皇帝下令在蒙养斋设立"算学馆",用多年时间完成《御制律历渊源》的编纂。《御制律历渊源》由三部分组成。介绍数理天文学的《御制历象考成》即《御制律历渊源》组成部分之一。另外两部分为《御制数理精蕴》(数学)、《御制律吕正义》(律吕)。《御制历象考成》完成后,于雍正二年(1724 年)正式刊行。

《律吕新书》

《小学绀珠》

《史记》

《汉书》

《隋书》

《唐书》

《宋史》

《文献通考》

《续文献通考》

《梦溪笔谈》

《授时日法》①

《象纬真机》②

薛凤祚《天学会通》③

梅文鼎《天算全书》④

李光地《天学本要》⑤

《西洋新法日书》⑥以下皆西国书

《泰西水法》

《天法西传》⑦

---

① 当即《授时历法》，"历"因避乾隆弘历之讳而改为"日"。
② 由后引文可知，《象纬真机》系欧洲星占著作，但具体信息不得而知，或已遗失。
③ 薛凤祚（1600—1680年），清初历算三大家之一，字仪甫，号寄斋，出身于山东益都（今淄博市）的官宦世家。中年之后开始广泛研究历算、星占、术数之学，编著有《天步真原》《天学会通》《历学会通》《气化迁流》等著作。《天学会通》被收入《历学会通》中，目前未见单行本行世。张永祚在书目列表中未提及《历学会通》，但在正文中论及。可能是因"历"字避讳问题，直接以《天学会通》概括了《天学会通》与《历学会通》二者。
④ 梅文鼎（1633—1721年），清初历算三大家之一，字定九，号勿庵，安徽宣城人，广泛研究传统历算以及先后传入中国的伊斯兰、欧洲历算，对清代的历算发展产生了重要影响。《天算全书》即梅文鼎《历算全书》。当因避乾隆之讳而改。后文《天学本要》《西洋新法历书》《历法西传》同样有避讳问题。
⑤ 即《历象本要》。据研究，《历象本要》虽然被收入李光地《榕村全书》中，但并非李光地所著。实取杨文言之书，经梅文鼎及其门生弟子订正而成。参见颜玉科《〈历象本要〉名义考》。
⑥ 即《西洋新法历书》。汤若望于清初更改《崇祯历书》书名为《西洋新法历书》上进清廷，成为官方历书。汤若望（Johann Adam Schall von Bell，1592—1666年），德国耶稣会士，于明末来华传教，是明末崇祯改历以及《崇祯历书》编纂的核心人物。入清后担任钦天监监正。
⑦ 即汤若望所著《历法西传》。

《天文实用》

《天文象宗西占》①

《天步真源》②

---

① 《天文象宗西占》即明初所译伊斯兰星占学著作《天文书》，又称《明译天文书》《天文宝书》《乾方秘书》《象宗书》。张永祚在《天象源委》中又称为《天文象宗》《象宗》。
② 即薛凤祚、穆尼阁合作所译编的《天步真原》。穆尼阁（Jan Mikołaj Smogulecki，1610—1656 年），波兰籍耶稣会士，于清初来华传教。顺治年间，与薛凤祚合作翻译了介绍欧洲数理天文学与星占学的著作《天步真原》。

《天象源委》总目

---

① "电"，卷五正文标题处作"霭"。

② "回年法、流月日法"，正文标题处无。

天象源委卷一目①

象理

　　论天地人物古今第一理

　　论观象非徒夸耀灵异

　　论天象本于自然,非造作私意所能窥见

　　论观象之学失传,薛氏梅氏两家继起参订其书,学复大显

　　论西人之学原本之《春秋左传》

　　再论西人之学与中法相同

　　论天象磨羯宫之名宋时已见,不定为西人所独称

　　论七曜有如此之参伍错综

　　论占天、占人、占事、占物及选择吉日立象安命之同

　　论东地平安命及十宫、七宫②宜审之理

　　论地平宫与赤道言③不同之所以然

　　论占四海、占天下、占一方之不同

　　论事之发与发之地

　　论恒星左行、七曜④右行之理

　　论各圈不同心及各纬偏倚之理

　　论观天者不可以不观地与云气,并不可以不知音律与分野

　　论观象亦古疏今密

　　论学贵有体有用

　　推算天时人事总论

---

① 据后文各卷开始部分,此"目"当衍。张永祚仅在第一卷前列出卷内细目,其他各卷均未列出。
② 正文在"七宫"后有"与四宫"三字。
③ "言",据后文标题,当为"宫"之误。
④ "曜",正文标题处作"政"。

《天象源委》卷一

浙江杭州府学生员臣张永祚辑

象　　理

　　天地人物古今之成。天地人物古今变化无穷,不可端倪,要必有所以然之故。所以然①之故,谓非七政运行不齐之所致软?七政运行不齐,而世道由之有升有降。人君因以致隆平之治,人臣因以成燮理之功。以天下至大而不能出于机缄之外,以古今至远而不能离乎运转②之中。故孟子曰:仁之于父子也,义之于君臣也,礼之于宾主也,智之于贤者也,圣人之于天道也,命也夫。③ 是数者性所自具且有命存,而况于外物乎?④ 古君子自有立命之学,不肯委之于天。然不知命,则命何由立;不知天,又何由知命。⑤ 天者理而已矣。天垂象以示人,而理存乎其间。象显而理微。

---

① "所以然"是程朱理学用语,即"象理"之"理"。简单来说,所以然之理指事物存在变化的原因、本质。张永祚认为七政运行是世间万事变化的原因,即所以然之理。此种理解是将程朱理学思想与星占结合的结果。

② "机缄""运转"并用,当借用庄子之语。《庄子·天运》云:"天其运乎?地其处乎?日月其争于所乎?孰主张是?孰维纲是?孰居无事推而行是?意者其有机缄而不得已邪?意者其运转而不能自止邪?"成玄英疏云:"机,关也。缄,闭也。玄东肃杀,夜(宵)[宵]暗昧,以意亿度,谓有主司关闭,事不得已,致令如此。以理推者,皆自尔也。方地不动,其义亦然也。"机缄以天地运行的枢纽关键言,运转以天地自体之本来如是言,此两者均指天地之运化。

③ 语出《孟子·尽心下》。

④ 此处张永祚虽引孟子之语,实乃活用之以达自我对"命"的强调。孟子原语以"仁之于父子也"数者乃"命也,有性焉,君子不谓命也",突出的是性。张氏则强调数者虽"性所自存",但有命,突出的是命。

⑤ 张永祚认为星占乃知天知命之学,故有此言。

象可推测而得，理非融会不能贯通。① 自古以来观象者但知观其一端，不能究其全体；能究其全体者惟郑祎灶之占陈将复封为近，②惜乎其术不传。闻晋之郭璞著有《称星经》谈理相合，书在道藏，无由得见。③ 而我朝薛凤祚订正西人诸书至为精微，④不惟观象者应观其全体，而天地人物均用是象以观，天人一理于此可征。宣城梅文鼎又阐发其义，其论立象安命也，明如指掌，洵能发古人所未发矣。⑤ 儒者之学以格物穷理为先务，天下之大，万物之众，有一物未格，一理未穷，即于性体之明有缺，如之何天象之大，天理之微，而可付之于杳冥乎？理者，理也。物各有理，何况天象，理之为理，必有其源，必有其委。诚能溯其源不遗其委，而理可明矣，理明而象可推矣。于以知天，以知命，奉天以惟谨，事天以不二，君臣有君臣之修省，士民亦有士民之修省，各尽其职，盖亦何莫非人道之当然也。固知象无不知，为占无不验，为极平常之事也。倘不期修省，但求烛照于未然，即无所不知，无一不验，亦何补于人心世道。⑥ 谨取薛梅两家之书重为析之，先之以穷理也，辑"象理"。

论天地人物古今第一理

夫天地人物古今孰为第一理，孰为第一事？人君敬天勤民，人臣无负天禄，士人事天以修身，庶民顺时以耕凿，斯为第一事矣。而第一理何在？圣人因人立教，民可使由不可使知，故出入起居只言人道之常。而天道之微，即聪颖如子贡，亦至年久而

---

① 以天为理，以象为显，以理为微，是借用理学话语与思维进行论述的。如朱子云："天者，理而已矣。"（《孟子集注·梁惠王章句下》）"颜孟气象此亦难以空言指，正当熟读其书而玩味之耳。体用一源者，自理而观则理为体象为用，而理中有象是一源也。显微无间者，自象而观则象为显，理为微，而象中有理，是无间也。"（《朱子全书·晦庵集·答何叔京》）张永祚早年矢志科举，对理学尤其是朱子之学较为熟悉，他在《天象源委》中有多处对朱子论述的引用。不过，根据书中内容，张永祚的"理"是指日月五星表面视运动所蕴含的阴阳流变状态，具有明显的条理之理意涵以及气论特征，与戴震的认识接近。这也是其认识理的特殊之处，具有一定时代特征。

② 事见《左传·昭公九年》："夏四月，陈灾。郑祎灶曰：'五年，陈将复封。封五十二年而遂亡。'子产问其故，对曰：'陈，水属也，火，水妃也，而楚所相也。今火出而火陈，逐楚而建陈也。妃以五成，故曰五年。岁五及鹑火，而后陈卒亡，楚克有之，天之道也，故曰五十二年。'"张永祚对祎灶之占非常推崇，并在后文论证了西法星占（欧洲与伊斯兰星占）亦本于《左传》此占，以作为星占"西学中源"学说的重要依据。

③ 张永祚此处所论或为《正统道藏》收录的《秤星灵台秘要经》。此书中有与《天象源委》主题相符的星占学内容。不过此作撰者不详，从内容看应该是唐及五代时期完成的作品，当与晋代郭璞无关。

④ 此即指薛凤祚《天步真原》《天学会通》《历学会通》等著作。

⑤ 此处张永祚所指当为收录于梅文鼎《历算全书》的《历学疑问·论经纬相连之用及十二宫》。

⑥ 张氏此处议论深受宋明理学影响。他将星占与格物穷理、性、天命、修省联系起来，点明了理相对于象的本体论优先性，以宋明理学的方式建构了自己独特的星占学框架。

始闻。①《诗》《书》执礼，圣人之立教，虽旨趣不同，而皆本乎人伦日用为之训迪②。惟易道阴阳，天地人物古今第一理略备于易，然《易》犹云"书不尽言，言不尽意"③。易非此一书为易也，乃阴阳也。阴阳之分流为五行。在天之五行垂而为象，则有土木火金水五纬④之别。在地之五行凝而为质，则有土木火金水五性之分，人禀天地之灵气而生，居然并列为三才，而五事⑤之列为貌言视听思。天象著于上，人事应于下；人事成于下，天象见于上。天人一理，呼吸相通，乃为心而不心天之心，犹为子而不心亲之心。天与人本自相通，只因一私相隔而遂明旦无见。子与亲本自相通，亦只因一私相参而遂声形无觉。若是则有为善事亲者，即可为善承天者，其理要无不相同矣。故古大圣人必钦崇天道，以永保天命，及股肱之臣以燮理阴阳⑥为事者，要无不洞察天道，共修天也。职此我皇上⑦所以与天合德，纯一不已，犹志在修省，而况在下之臣庶乎？天之道于何见？日月，天地之精也，五纬，五行之布也。惟日月五星运行于寰中⑧，参伍错综，万古不齐，悉本之自然，而天地之性情以见，天地之变化以呈。在《易》之后有《洪范》一书，已略陈其端。而后之演《洪范》者犹可为垂戒之言。其有论天象者不失于浮泛，则近于一偏，有非天道之本然矣。微乎！微乎！非实从事于身心性命之学而精穷其蕴者，其孰能窥于此乎？

论观象非徒夸耀灵异

象数之学虽本乎推算，而非算术可并；⑨虽征于阴阳，而非阴阳家可比。上古圣人诚能尽人道者，无有不明天道；诚能知人者，无不由于知天⑩。伏羲氏仰观俯察，

---

① 张氏此论据朱熹《论语集注》。《论语·公冶长》载："子贡曰：夫子之文章，可得而闻也；夫子之言性与天道，不可得而闻也。"朱熹《论语集注》云："言夫子之文章，日见乎外，固学者所共闻；至于性与天道，则夫子罕言之，而学者有不得闻者。盖圣门教不躐等，子贡至是始得闻之，而叹其美也。"

② 《尚书·周官》云："训迪厥官。"孔颖达《尚书注疏》云："顺蹈其前代建官而法则之。"如是，则"训"为顺，"迪"为蹈，训迪即顺而蹈行之义。

③ 语出《周易·系辞》。

④ 即土星、木星、火星、金星、水星，五行星又称纬星，故称五纬。

⑤ 《尚书·洪范》云："五事：一曰貌，二曰言，三曰视，四曰听，五曰思。"

⑥ "燮理阴阳"语出《尚书·周官》，蔡沈《书集传》云："燮理，和调之也。"

⑦ 即乾隆皇帝。因此书当是计划进献乾隆皇帝之作，所以文中多次出现论述乾隆皇帝之语。

⑧ "寰中"，宇内之义。

⑨ 张永祚认为象数之学包括历法、星占，而星占中数理运算部分（如日月五星位置的推算）以历法为基础，所以说象数之学包括推算而非推算所能涵盖。

⑩ 《中庸》云："思知人，不可以不知天。"

于是始画八卦；即尧之命舜，亦以历数为凭，①则尧之言数要非惝恍无据之说也；而吾夫子亦以北辰居所比为政以德；②至如孟子，尚能坐致千岁之日；③至周家卜世三十、卜年八百；④汉代之兴，五星聚于东井；⑤宋太祖之立，日光摩荡；⑥近世周颠于陈友谅之僭称，亦有"上面无他的"⑦之言，刘基于鄱阳之役且献更舟之策，⑧若是乎荦荦之可指也。奈之何戴天而不知天之高，履地而不知地之厚，尚得为明理行义之儒者乎？然则有志于忠君爱国者，既明人道⑨之后，天象又断不可不讲也。古圣王仰观天象，非徒取先知夸耀灵异，盖实欲有备且尽修省之职也。有备维何如？占岁而知岁之中有旱涝之事，则或豫疏浚以通流，先堤防以蓄水，乃至积谷平粜、蠲租⑩赈济种种早为筹划，民虽遇雨旸之不若而无饥色。占岁而知岁之中有不虞之事，则或豫防微以杜渐，先居安而思危，乃至整部伍、严保甲、慎关津、谨边塞，宵小无由窃发，谓非豫备之小补乎？若夫修省之道，天示祥瑞而为君臣者，固不可以不修省。譬如父母愈欢悦而子道当愈加敬慎，矧父母之不悦而天象之我警乎！或者曰："日月之交食，五星之凌犯，古人但能识其行度与时日，而不能豫推其故。今既能推其故，而其为交食、为凌犯也，自有一定之数，则于人何涉，又何所用其修省？"不知父母有一定之喜怒，人子亦有一定之敬慎。天象有一定之凌犯，人君亦有一定之修省。恶有父母怒于上而为人子者可以泄泄⑪于下乎？此迅雷风烈夫子所以必变，⑫天戒先王所以克谨，百官亦莫不修职也。恶得以为一定之象而妄言无涉，以致慢天乎？斯为君若臣者欲豫备与修省，则又凛凛乎天象之当明也。惟是天机之所在与人君万机之

---

① 《论语·尧曰》云："尧曰：'咨！尔舜！天之历数在尔躬，允执其中。四海困穷，天禄永终。'舜亦以命禹。"

② 《论语·为政》云："子曰：'为政以德，譬如北辰，居其所而众星共之。'"

③ 《孟子·离娄章句下》云："天之高也，星辰之远也，苟求其故，千岁之日至，可坐而至也。"

④ 《左传·宣公三年》载王孙满对楚子云："成王定鼎于郏鄏，卜世三十，卜年七百，天所命也。"

⑤ 《史记·天官书》云："汉之兴，五星聚于东井。"

⑥ 《宋史·本纪第一》载宋太祖赵匡胤陈桥兵变云："七年春，北汉结契丹入寇，命出师御之。次陈桥驿，军中知星者苗训引门吏楚昭辅，视日下复有一日，黑光摩荡者久之。夜五鼓，军士集驿门，宣言策点检为天子。"

⑦ 《明书》周颠传称："上（即明太祖——笔者）征陈友谅，问颠曰：'此行如何？'颠应声曰：'好好。'上曰：'彼已称帝，今欲取之，岂不难乎？'颠仰视屋久之，端首正容，摇手曰：'上面无他的。'"

⑧ 《明史》刘基传称："遂自将救洪都，与友谅大战鄱阳湖，一日数十接。太祖坐胡床督战，基侍侧。忽跃起大呼，趣太祖更舟。太祖仓卒徙别舸。坐未定，飞炮击旧所御舟立碎。"

⑨ 此处"人道"指忠君爱国、礼义廉耻等道德伦理。

⑩ "积谷"当指平粜，指在收成好的时候国家平价买入粮食以备荒年。"平粜"与积谷相对，指国家将丰年收购的粮食储存在荒年平价发售，以稳定粮价。"蠲租"指在灾荒之年蠲除土地税收。

⑪ "泄泄"即沓沓，拖沓之义。《孟子·离娄上》云："泄泄，犹沓沓也。"

⑫ "夫子"指孔子，《论语·乡党》云："迅雷风烈，必变。"

所存，即所谓宥密之地①也。宥密不可以不谨，而不容人之觊觎。天机亦不许人妄窥，以为矫诬之本。是故天象人所当习，而又非众人之所当习。不特非众人所当习，而尤非不忠君爱国之人所宜习。在天象之不可不观而天机之不得不密者以此。

论天象本于自然，非造作私意所能窥见

古历周天三百六十五度四分度之一，日法九百四十分，月法二十九日日之四百九十九，即二万七千七百五十九分。② 气盈五日二百三十五分，朔虚五日五百九十二分，通闰十日八百二十七分，即一万零二百二十七分。二岁余二万四百五十四分，三岁余三万六百八十一分，除闰一月尚余二千九百二十二分，五岁再闰，至十有九岁七闰，已无余分，是谓一章，至朔同日。③ 四章为蔀，至朔同在甲子日。二十蔀为纪，至朔同

---

① 《诗经·周颂·昊天有成命》云："昊天有成命，二后受之。成王不敢康，夙夜基命宥密。"朱熹注："宥，宏深也。密，静密也……言天祚周以天下，既有定命而文武受之矣，成王继之又能不敢康宁，而其夙夜积德以承借天命者，又宏深而静密。是能继续光明文武之业而尽其心。"可见"宥密"乃指君王承受天命的状态，则"宥密之地"即指承受天命之处。

② 即二十九日加九百四十分之四百九十九日。

③ "至朔"即冬至与月朔。"日法"指一日之分数，用于各天文数据不足一日的剩余数值的分母部分。"月法"指一个朔望月长度。"气盈"即太阳一周天之数三百六十五度四分度之一减去天之常数三百六十，指在古人看来日行多出天之常数部分。"朔虚"指天之常数三百六十减去十二个朔望月长度，在古人看来是十二个朔望月后月行不及天之常数部分。"通闰"即气盈加朔虚，指太阳一周天较十二个朔望月多出的行度。此部分行度累积到一定程度便被用来置闰。三岁余三万六百八十一分，即三年多出的通闰部分。经过十九年七闰便可以使得月亮太阳行度回归到相同的起始点，即太阳起点冬至与月亮起点十一月朔在同一日，亦即"至朔同日"。此处张永祚论述的是"古历"，从语境与数据来看，所谓古历当指《尧典》中记载的历法。清代学者王鸣盛在《尚书后案》中解释《尧典》"汝羲暨和。期三百有六旬有六日，以闰月定四时，成岁"称："考天体至圆，绕地左旋，日月皆右旋。以丽天之故，皆为天所曳而左转。昼夜之分必以日之周帀为限。日为天所曳而绕地一周之间，已右行二千九百三十二里千四百六十一分里之三百四十八矣。即以此所行之里数为天之一度，故日一昼夜行一度也。日右行一度，则比日之帀而天之左旋者过一度矣。积三百六十五日四分日之一而周复其故处，故分周天之度为三百六十五度四分度之一，是一岁日行之数也。月行通率，每日十三度十九分度之七，积二十七日九百四十分日之三百一十四而一周天。自前月合朔以来比月之周天，而日又行二十七度有奇矣。故必更越二日，凡二十九日九百四十分日之四百九十九，而复与日会，是为一月。（天之旋如磨左转，日月如蚁行磨上而右转，磨速蚁迟，故蚁为磨曳转）十二会得全日三百四十八，（凡为二十九日者十二也。全日，净日也，对余分言）余分之积又五千九百八十八，（凡为四百九十九分者十二也）如日法，九百四十而一，（如算日之法，以九百四十分为一日）得六，（凡得六日）不尽三百四十八，（将余分五千九百八十八除之，六日外犹余此数）通计得日三百五十四日九百四十分日之三百四十八，是一岁月行之数也。（一岁三百六十日，而月行少五日又五百九十二分）岁有十二月，月有三十日，三百六十者，一岁之常数也。故日与天会而多五日九百四十分日之二百三十五，（举全数云有六日）为气盈。月与日（笔者按，日当为天）会而少五日九百四十分日之五百九十二，（即每岁小月六，少六日弱）为朔虚。合气盈、朔虚，一岁余十一日弱，未满三岁已成一月，则置闰焉。故一岁闰率，则十日有奇。（日之八百二十七）三岁一闰率，则三十二日有奇。（日之六百单一）五岁再闰，则五十四日有奇。（日之三百七十五）十有九岁七闰，则气朔分齐，是为一章也。"

在甲子时。三纪为元,至朔年月日时皆值甲子谓之历元①。在古历法甚简,即章蔀纪元之说亦不见于经书,而岁差之法古未之立。盖以人寿无过百岁,天行数大,非小年所能尽也。《史记》载汉改元封七年为太初元年,岁名焉逢摄提格,月名聚毕,日得甲子,夜半朔冬至,朔与冬至俱无余分。② 注③言汉兴至此百二岁,前历上元太初四年千六百一十七岁④,至元狩七年复得阏逢摄提格之岁。《尔雅》云:岁在甲曰焉逢,寅曰摄提格。则是甲寅不疑也。是甲寅年丙子月甲子日甲子时交冬至,距上元太初算年不合。考二十一史诸家历元,总无一同者,其立法也,既取上元之各殊而又后测之不应,法安所用哉?然太初日法犹是古法,而复以建寅为正月,《史记》载太初日法有纪数可考,《汉书·律历志》乃谓太初历法起于钟律,宋儒亦信之,盖未之深考也。考三统历实起于钟律,将九百四十分之日法改为八十一,名异而实同,复又引古穿凿,头上装头,屋下架屋,多其牵合。既不如古法之简,而且算终不协,于历何补?唐大衍历又将日法改为三千四十,其故匿其名而号为通法,其通法之所以定为三千四十者。一、六为爻位之统,五、十为大衍之母。⑤ 成数六乘生数一,为天中之积;生数一乘成数六,为地中之积,合千有二百。⑥ 天地中积揲之以四,为爻率三百;以十位乘之,而二章之积三千;以五材乘八象,为二微之积四十;兼章微之积为通法三千四十,通法即日法也。⑦ 蹈三统之故智,牵强附会,如设数与《易》所敷陈之

---

① "历元"是中国古代历法推算的起始点。中国古代大致采用过三种历元:上元、近距历元、任意历元。上元是多种周期的共同起点,为大多数历法所采用。近距历元一般取回归年与朔望月的共同起点。任意历元则一般以治历年份中某一时刻为历元,再根据观测算出各天文周期距离此历元的时间,以作为进一步计算的基础。

② 见《史记·历书》,另外《汉书·律历志》亦有记载。

③ 即唐代学者司马贞注释《史记》的《索引》。

④ 据《汉书·律历志》,此处当为"四千六百一十七岁",而非"四年千六百一十七岁"。

⑤ 一卦之爻有六,故一与六为卦爻的统纪之数。《周易·系辞》云"大衍之数五十",是五和十相乘之数,所以五与十为大衍之母数。

⑥ 《周易·系辞》云:"天一地二,天三地四,天五地六,天七地八,天九地十。天数五,地数五,五位相得而各有合。"《新唐书·历三上》载大衍历云:"自五以降,为五行生数;自六以往,为五材成数。……成数乘生数,其算六百,为天中之积。生数乘成数,其算亦六百,为地中之积。合千有二百。"据此,大衍历将天数与地数分为生数与成数,生数为一到五,成数为六到十。其中生数相加为十五,成数相加为四十,故生数乘成数为六百,成数乘生数六百,两者相加为一千二百。张永祚此处云"成数六乘生数一,为天中之积;生数一乘成数六,为地中之积,合千有二百"即是论此。但张氏所云"成数六乘生数一""生数一乘成数六"与大衍历不同,所指不明。

⑦ 张氏此说据大衍历。《新唐书·历三上》载大衍历云:"天地中积,千有二百,揲之以四,为爻率三百;以十位乘之,而二章之积三千;以五材乘八象,为二微之积四十。兼章微之积,则气朔之分母也。""气朔之分母"即"通法"。"揲之以四"效法《周易·系辞》揲蓍策之法"揲之四以象四时","五材"来自《左传》"天生五材,民并用之",据大衍历,为有形质的金木水火土五者,相对于五行之气而言。"八象"指八卦之象。"二章""二微",大衍历曾指三、四(二微)与七、八(二章),但此处二章当与天地中积有关,二微与五材八象有关,具体所指不明。

数有不合,都以乘除就之,非出于天道之本然,至于今凡《律历志》俱成哑钟,不可句读,徒纷人心目。讵知七政运行之数与河图洛书揲蓍之数,及六律六吕三分损益、隔八相生之数,①原各不同。庖羲氏观象于天,观法于地,近取诸身,远取诸物,始作八卦以通神明之德,以类万物之情。可见天象者又系作卦之张本。考蓍策包天人万物之数,五音②六律为人声自相生之数,而七政止为天行之数。数实不同,奈之何欲强而同之? 今三统与大衍必欲强之使同,而日法仍不离于九百四十分之旧,不过意在夸耀新奇,以自附于作者之林,卒致天下后世虽惊其奇而究不符于天,亦何益之有哉? 如三统法果与天符,则万世遵行可也,我朝亦取为张本可也。胡为不多日③而卒改为大衍,大衍又不能与天符,复经后世叠改而变为授时,其术可知也。有元授时历出尽革其弊,将日法作万分,竞以实测为凭,而截元于辛巳④,斯授时之卓见也。在授时法比太初为加详,授时岁实⑤三百六十五万二千四百二十五分,其零数通太初得二百二十七九五⑥。以较四分之一为不足,实欠七十五分⑦,一系大数,一系小数,太初日法九百四十分,为数小,授时作万分,为数大,大小本可相通,亦可相较,算法附后。其朔实⑧为二十九万五千三百零五分九十三秒,通太初为二万七千七百五十八分七五七四,算法附后。故朔虚为五万六千三百二十八分八十四秒,其零数通太初五百九十二分,为多于太初朔虚,多而气盈欠,见上较四分之一不足。⑨ 是以通闰定为十万八千七百五十三分八十四秒,数既不同,法亦难合,固非十九年七闰之所能尽余分,而章蔀纪元皆成虚言矣。此授时之不同于太初,遂不同于古法之大概也。

---

① "六律六吕"指黄钟、大吕、太簇、夹钟、姑洗、仲吕、蕤宾、林钟、夷则、南吕、无射、应钟,律为阳,吕为阴。"三分损益"就是以三分法来确定十二律吕各律相对音高或音程关系的数学方法。由该数学方法计算所得的律,称为"三分损益律"。《史记·律书》对这种方法概述道:"生黄钟术曰:以下生者,倍其实,三其法;以上生者,四其实,三其法。""实"是分子,"法"是分母。即三分损益法有下生上生之分,下生要在原来律吕数值基础上乘以三分之二,上生要乘以三分之四。由于计算中由一个律吕生另一个律吕时总是第一个生第八个,第二个生第九个之类,所以又称为"隔八相生"。如黄钟数值乘以三分之二则下生林钟,黄钟为第一个律吕,林钟为第八个,即隔八相生。具体相生顺序《吕氏春秋》也有介绍:"黄钟生林钟,林钟生太簇,太簇生南吕,南吕生姑洗,姑洗生应钟,应钟生蕤宾,蕤宾生大吕,大吕生夷则,夷则生夹钟,夹钟生无射,无射生仲吕。"参见戴念祖,白欣《中国音乐声学史》。

② "五音"指宫、商、角、徵、羽。

③ 此处"不多日"当是笔误,三统历在西汉,大衍历在唐代,并非不多日。

④ 授时历历元为至元十八年辛巳岁(1281年)岁前冬至(1280年12月14日)。

⑤ "岁实"即回归年长度。

⑥ 将0.2425换算成分母为940的分数,分子即为二百二十七点九五。

⑦ 0.2425较四分之一少0.0075,即万分之七十五。

⑧ "朔实"即朔望月长度。

⑨ 即授时历岁实较太初历小。

若夫本朝时宪定法，于太初、三统、大衍及授时都所不取，只因崇祯历法将周天定为三百六十度，一度定为六十分，一分定为六十秒，一日定为九十六刻，一刻定为十五分，日平行定为五十九分八秒，月平行定为十三度十分三十五秒，朔策①定为二十九日一十二时二刻一十四分，通闰定为十日二十一时，举气盈之名无所用之。崇祯以戊辰为历元，本朝复以康熙甲子年为历元，月既有纬度，而五星亦有纬度，种种立法密于前代。我圣祖仁皇帝、世宗宪皇帝《御制数理精蕴》高出百王，垂法万世，有司遵行，敬授民时，毫发无爽。今皇上德参化育，学贯天人，犹宵旰不遑，惟天道是研，复欲旁求俊乂，以大昌明是理，为朝夕修省之资。圣睿所照，无微不烛，无隐不彰，纤芥小臣，何足以仰承钦命？惟是生逢盛世，不敢自弃，窃不自揣，拟为芹曝之献。伏思往古之明天象者，未有不明历法者也。乃有不明历法而自以为明于天象者，得其一端而失其全体，其可乎？推测阴阳，汉之时以董子为宗，董子所论固为儒者之格言，而刘向之传《洪范五行》，班氏继之，历代遂各有《五行志》。天官之志起于史迁，而《观象玩占》与《乙巳占》又为占验家之菁蔡。在《五行志》只空谈物理，无庸推步，犹可仿佛前人。至天文之占，必待推步而后知，有难泛论矣。考太史一职，自汉已后大都皆是文人主之，文章虽足观，而天象间有未悉。自汉唐已后，不惟历法都出于造作，而占验推测之术造作者更纷纷不一，俱托名上古，以沽名钓誉。夫造作附会盖本于人心，而非天心，虽竭其心思，不遗余力，人巧有限，如一切谶纬、太乙、奇门、六壬之类，即能造至亿万数而终有尽时。安能如天象之千变万化无穷，本于自然，非造作私意所能窥见也。在卜筮之学，灼龟法略见于《洪范》②，《周易》一经出自四圣人③，由太极分为阴阳，加一倍以至六十四卦。原本于天道之自然，而无庸私意参杂于其间。因焦氏④之学传，已凭干支六神⑤为卜，而爻象有所不必观矣。若夫占验之术、星官之学而又不本于推步，则七政运行之不忒且未知，又何以识天意之所在？夫干支之始于于⑥黄帝之命大挠，所以纪岁月日时。天道之大，不尽限此。而近世所用为选择之术者犹本授时之旧法，如正月丙午宜上官，而凡为正月之丙午皆

---

① "日平行"即地心体系下，太阳视运动每天的匀速运动量。由地心体系下太阳围绕地球一圈度数除以绕行周期获得。"月平行"为地心体系下月亮视运动匀速运动量。"朔策"同朔实，即朔望月长度。
② 即《尚书·洪范》"七稽疑"部分。
③ "四圣人"指伏羲、文王、周公、孔子。
④ "焦氏"指汉代易学家焦赣。
⑤ 黄宗羲《易象数论·占课》论当时易学占课卦验之法运："术家又有青龙、朱雀、勾陈、腾蛇、白虎、玄武六神，以所占之日，甲乙起青龙，丙丁起朱雀，戊起勾陈，己起腾蛇，庚辛起白虎，壬癸起玄武。"张氏此处所论"六神"或即指此。
⑥ 此"于"当衍字。

然。天道不如是之执一。近世所谓星官之学①者，原属钦察②之传，不出于五法六法，而仍依附于文昌化曜渺茫影响之谈。③ 如丙午既为吉日矣，倘天象中火之与金实凌犯于天顶，将如之何？化曜既为贵格矣，倘天象中土之与火实会冲于命宫④，将如之何？是则天象之当明求而小术之非天道也昭昭矣！何况一切星辰，青龙吉庆、红鸾天喜之类无形之形、无象之象，有谁能指其颜色，有谁能见其运行，其足为典要乎？夫星官之术、占验之方，自古至今，其书充栋。我皇上圣明天纵，谓天文家言互有疏密，诚为万古发微之言也。

附太初、三统、授时推算通法：

太初日法九百四十，太初月法二十九日日之四百九十九，即二万七千七百五十九分。三统日法八十一，三统月法二十九日日之四十三。即二千三百九十二。三统求太初以一一六零乘，太初求三统以一一六零除。法以八十一除九百四十得一一六零。假如以三统月法零数四十三求太初应若干？置四十三以一一六乘，仍得四百九十九。

太初朔虚气盈通闰。太初月法二万七千七百五十九分，以十二月乘之为三百四十八日又五千九百八十八分，扣日六日，⑤通共三百五十四日三百四十八分。朔虚五日五百九十二分，气盈五日二百三十五分，一岁通闰一万零二百二十七分。即十日八百二十七分。

---

① "星官之学"，此处指星命术。星命术是唐代以后流行于中国的占验个人命运的星占术。该占术具有希腊化天宫图星占学特征。

② "钦察"指蒙古四大汗国之一的钦察汗国（Qipchaq ulisi，1243—1502 年），位于欧亚大陆西部。

③ 此句议论，张氏参考自薛凤祚《天步真原·人命部》"人命叙"："五星旧法，出自钦察，而所传之法甚略。如论日格，不过有日出扶桑（卯）、日朝北户（巳）、日帝居阳（午）、日遇白羊（戌）、日帝朝天（亥）五法。论午宫格，不过有日帝居阳（日）、太阴升殿（月）、南枝向暖（木）、水名荣显（水）、李骑狮子（李）、木蔽阳光（木），六法外顾寥寥也。他如天官文昌兼以化曜诸说，然验与否，皆居其半。"张氏所论"五法六法"即指日格五法与午宫格六法。"天官文昌"是星命术中的神煞。"化曜"指星命术中以天干与月、五星、四余结合形成天官星神的方法。具体介绍另见卷十四"命理"及注释。

④ "命宫"是天宫图星占学中后天十二宫第一宫。后天十二宫指以宫位制划分而得的十二个宫位（Houses）。此十二宫位还被称作十二门、十二舍。有些星占类型（如星命术）著作中十二宫各宫有名称——命宫、财帛宫、兄弟宫、田宅宫、男女宫、奴仆宫、妻妾宫、疾厄宫、迁移宫、官禄宫、福德宫、相貌宫（当然这些名称有历史演变）。命、福德等即各宫所主事项。有些星占类型著作中各宫没有独立名称，但有所主相应事项，如介绍欧洲星占的《天步真原》。有时各宫径直被称为一宫、二宫……十二宫，分别对应于命宫、财帛宫……相貌宫。后天之说来自《周易》，后天主用，主人为性施作，故以名之。至于宫位制（House System），是划分后天十二宫的方法。历史上宫位制类型极为多样，从整宫制、等宫制，到不等宫制等。宫位制一般会参照黄道、赤道、地平圈、子午圈等进行划分，所涉及的分法不同，对应不同的宫位制。最为简单的宫位制是整宫制，直接以黄道十二宫本身作为后天十二宫，如以白羊作为命宫之类，白羊与命宫完全重合，其他十一宫亦复如是。在实践宫位制时需要考虑时间与地点因素，有时简化的情况下只考虑时间。

⑤ 即五千九百八十八分可扣除六日，日法为九百四十分，六日为五千六百四十分。

三统朔虚气盈通闰

三统月法二千三百九十二，以十二月乘之，为三百四十八日又五百一十六，扣日六日，通共三百五十四日三十分。朔虚五日五十一分，气盈五日二十分零二五，一岁通闰八百八十一分二九三。即十日七十一分二九三零。

假如三统十二月朔策之零数三十分求太初得若干？以一一六乘得三百四十八分，合。太初求三统，置三百四十八分以一一六零除得三十分，合。三统通闰之零数七十一分二九三零，求太初，以一一六乘得八百二十七分，合。太初求三统，置八百七十二分以一一六零除得七十一分二九三零，合。

太初岁实三百六十五日四分日之一，又二百三十五。授时岁实三百六十五万二千四百二十五分。其零数通太初得二百二十七九五。据授时法算四分之一欠七十五分，小数。太初月法二万七千七百五十九分，授时朔实二十九万五千三百零五分九十三秒。授时求太初以九四乘，太初求授时以九四除。假如授时朔实二十九万五千三百零五分九十三秒，求太初应若干？以九四乘得二万七千七百五十八分七五七四二，取小数。较太初月法惟分下稍小。

授时朔虚、气盈、通闰。以十二月乘朔实得三百五十四日三千六百七十一分一六，朔虚五万六千三百二十八分八十四秒。其零数六千三百二十八分八十四秒通太初五百九十二分，为多于太初二分九一零九六。气盈在太初零数为二百三十五，四分日之一，授时零数为二千四百二十五分，四分日之一不足。在本法为欠七十五分，通太初少七分零五。通闰十万八千七百五十三分八十四秒。

论观象之学失传，薛氏梅氏两家继起参订其书，学复大显

《洪范》言："星有好风，星有好雨，日月之行则有冬有夏，月之从星，则以风雨。"《诗·小雅·渐渐之石》篇云："有豕白蹢，烝涉波矣，月离于毕，俾滂沱矣。"[1]《埤雅》云："马喜风，豕喜雨。"夫月之从星，即西法[2]所谓月逐星是；月之离毕，即西法所谓月离星是。是象本为中西所同占，而其理中土或失其传。夫曰入箕入毕，月行一月

---

[1] "蹢"，蹄。"烝"，进。"涉波"，渡水。"离"，通"丽"，靠近。"滂沱"，大雨之貌。"毕"，二十八宿之一毕宿。古人将黄道、赤道附近星空划分为二十八个区域，用于度量天区以及日月五星的视运行，即为二十八宿。二十八宿依次为角亢氐房心尾箕（东方苍龙七宿），斗牛女虚危室壁（北方玄武七宿），奎娄胃昴毕觜参（西方白虎七宿），井鬼柳星张翼轸（南方朱雀七宿）。

[2] 张永祚所谓"西法"，即指明清时期传入中国的伊斯兰与欧洲星占学。西法说法是受薛凤祚影响而来。在《天步真原》《历学会通》等著作中，他即以西法称伊斯兰与欧洲星占学。在注释中我们也将使用此词，但会加"星占"此一后缀以显明其含义。

一周天，则一月之中，有不东北入箕西南入毕乎？如是，则月于一月之内至此日将无不风雨者矣，恐未必然也。在毕虽为好雨，箕虽为好风，而月之从离，月性且有晦朔弦望之不同，月纬亦有南北大小之不等，诀云：月在阴历①为雨。若之何竟弗问也。非弗问也，必失其传故也。又如古占太白经天主兵，荧惑入南斗亦主兵。夫太白虽环日行，其星体要无不经天之理。意者星行已限当伏，而光犹灿然为经天耳。若夫荧惑二十三月零行一周天亦犹之。月②二十三月中断无不离斗之理，如之何惟谓之主兵也。此间自必有道矣，中土失其传致流入于西。西人有《天文象宗西占》一书，在元世百余年晦而勿显，至明洪武年高皇帝命大将入元都，因取以归，特召翰林李翀、吴伯宗谕之曰：天道幽微，垂象以示人，人君体天行道，乃成治功。迩来西域阴阳家推测天象，至为精密有验，其经纬度数之法，又中国之所未备，其有关于天文甚大，宜译其书，以时披阅。庶几观象可以省躬修德，思患豫防，顺天心，立民命焉。遂敕翰林编修马少亦里马哈麻次第译之。③ 其事载《续文献通考》，其诀相传又为刘基摘去。迨至我朝有北海薛凤祚、泰西穆尼阁，其人相与参订，复敷衍之，其理与《象宗西占》不异，而其书原名为《天步真源》，已刻于《历学会通》中。④《会通》之书芟削太苛，且刻成未经较对，而凤祚已逝。至若《象宗西占》及《天步真源》等书，中土未能贯通，西人又不习中土文法，一篇之中支离重复，有难寻译。且其书一语又止有数分实理，难免藏头露尾之病。宣城梅文鼎亦极重薛氏学，而病其难读，因摘其述七政性情者，特为之订正。⑤ 臣亦病此二书难读，尤虑后世不知此原为我中土旧学，昼夜研穷，寝食俱忘，十有余年，似略得其概。重为融贯斟酌，谨更编次其篇章，疏通其句语，晓畅其义理。存其理而不必皆旧文，存其文而亦可附新义。其有阙者又摘他书以补之。其有略者又引他书以足之。其有秘者又援他书以证之。其有晦者互为之彰明较著，或特书于前，或特书于后。其有杂者更为之分门别类，门之中又别为

---

① "阴历"指月亮运行所在的白道在黄道以北的部分。

② 此"月"疑衍字。

③ 此段论述见《天文书》序言，序言相关原文为："天道幽微，垂象以示人。人君体天行道，乃成治功。古之帝王，仰观天文，俯察地理，以修人事，育万物，由是文籍以兴，彝伦攸叙。迩来西域阴阳家推测天象，至为精密有验，其纬度之法，又中国书之所未备，此有关于天人甚大。宜译其书，以时披阅。庶几观象可以省躬修德，思患预防，顺天心，立民命焉。遂召钦天监灵台郎臣海达尔，臣阿答兀丁，西域大师臣马沙亦黑，臣马哈麻等，咸至于廷，出所藏书，择其言天文阴阳历象者，次第译之。"

④ 《天步真原》本有单行本刊刻，但已经失传。后来在刊刻《天学会通》《历学会通》时，薛凤祚将《天步真原》星占部分刻板基本原样收录（除《纬星性情部》可能有所改动外）。

⑤ 据此，梅文鼎可能有对《天步真原·纬星性情部》的订正工作，今未见，或已失传。

门,类之中又自相类。一览之下可以得其刚①领,而不至遗其条目。即其一端而不至忘其全体,庶几中土之秘或发于此,而天道之微亦即此可以类推。俾先事有备,有备无患,君臣士庶随分所在,可以各尽人道之实在。天道微妙,其象如彼,其理如此,验之果验,亦其理当然耳。臣辑是书,非好异也,盖因理在天地间无分乎中西,矧西学之源,又未始不本于中土也。

论西人之学原本之《春秋左传》

昭公九年夏四月陈火时,楚灵王灭陈。"郑裨灶曰:'五年陈将复封,封五十二年而遂亡。'子产问其故,对曰:'陈水属,火,水妃也,而楚所相也,今火出而火陈,逐楚而建陈也,妃以五成,故曰五年。岁五及鹑火,而后陈卒亡。楚克有之,天之道也。'"说者曰,颛顼以水王,陈,其族也。今兹岁在星纪,后五年在大梁昴②也。金为水宗,得其宗而昌,故曰陈将复封。楚之先为火正,故曰楚所相也。水以天一为火二③牡。故曰水,火之牡也;火,水妃也。自大梁四岁而及鹑火,四周四十八岁,凡五及鹑火而陈卒亡,火盛水衰,故曰天之道也。考此占以岁星为主。时陈火,岁在星纪丑宫,火在鹑火午宫,岁至酉宫而陈复兴,以岁原与酉三合照④,是岁为第一吉星。

---

① "刚",当为"纲"之误。

② "大梁",十二次之一。十二次是中国古代划分周天的一种方法,将天赤道划分为十二个均等的区域。从星纪依次向东为玄枵、娵訾、降娄、大梁、实沈、鹑首、鹑火、鹑尾、寿星、大火、析木。一般认为,该方法起源于对木星的观察。除十二次外,中国古代还有十二辰划分法。该方法以十二地支命名所划分的周天,不过其顺序与十二次相反。十二次可以与十二辰一一对应。如玄枵为子,星纪为丑,析木为寅等。此外,十二次还可以与二十八宿对应,此处大梁昴,即是说昴宿对应大梁之次。

③ 在中国古代五行与天地之数关系的认识中,有"天一生水,地六成之。地二生火,天七成之。天三生木,地八成之。地四生金,天九成之。天五生土,地十成之"之说,所以将水与天一结合,火与地二结合。

④ "三合照"是一种相位关系,广泛用于天宫图星占学中。所谓相位(Aspect),是指不同星体之间特定的角度关系。在这类特定位置角度关系的情况下两种星体会发生效力。在张永祚所关注的古典天宫图星占中,常用的相位包括相会(Conjunction)、三分相(Trine)、六分相(Sextile)、四分相(Square)、对分相(Opposition)。对分相即两个星体形成180°左右的相位,相会为0°,三分相为120°(此即三合照),六分相为60°,四分相为90°。相位的形成不一定严格按照60°等度数,参考下文容许度(即《天步真原》中"光"概念)。此外,关于相位的表述方式在《天象源委》所引主要著作《天步真原》《天文书》以及《天文实用》中有所区别。相会在《天文书》中称相会,《天文实用》中称会照,《天步真原》中称相合、相会。三分相在《天文书》中称三合,《天文实用》中称三照,《天步真原》中称三合、三合照。四分相在《天文书》中称二弦,《天文实用》中称四照,《天步真原》中称弦、弦照。对分相在《天文书》中称相冲,《天文实用》中称望照、冲,《天步真原》中称冲、对、冲照、对照。六分相在《天文书》中称六合,《天文实用》中称六照,《天步真原》中称六合照、六合。

西人之语不谬也。火在鹑火,而陈火以火与酉原弦照,是火为酉之煞星,西人之语亦不谬也。至火五及而势不可挽,亦与西人流年①之法相类,此可见是理非出西人而我中土自失之,西人乃偶得之耳。至于岁星所在之国则不可伐,此则中西无不知者。襄公二十八年,岁在星纪而淫于元枵,是谓蛇乘龙,梓慎以为宋郑必饥,则言其所属;②裨灶以为周楚所恶,则言其所冲③,其岁星乖次之应。昭公三十二年,岁在星纪而吴伐越晋,史墨曰:越得岁而吴伐之,必受其凶,不及四十年,越其有吴乎?④ 以岁十二年一周,存亡之数不过三纪,非岁星顺次之应乎? 观此,岁在酉在丑不失次,均为吉。惟同经纬,岁即与金合,不得谓吉。此明太祖征陈友谅,刘基所以有期以金木相犯日决胜之言也。⑤

再论西人之学与中法相同

《文献通考》载:"凡五星盈缩失位,元精降于地为人,岁星降为贵臣。"而西占亦有木星主官府之说;"荧惑降为童儿,歌谣嬉戏",而西占亦有火星主颠狂善言语之说;"填星降为老人妇女",而西占亦有土星主老人之说。

---

① "流年"(Annual Profection)是与流月(Monthly Profection)、流日(Daily Profection)联系的一种占法。它们主要被应用在个人生辰占中。它们有点类似于特殊点,是人为构造出的星占元素。据《天步真原》,流年从出生时刻所安命宫开始,一年一宫。流月一月一宫,一月规定为二十八日两小时十七分三十七秒,十三月一年(回归年长度)。一年运行十三宫。流日两日三小时五十二分零八秒行一宫,一日行十三度五十一分。当流月行一宫时,流日行十三宫与流月起点重合。同样,当流月行十三宫时,流年行一宫,此时流年、流月、流日在同一位置。亦即,经过一个回归年之后,流年、流月、流日均回到相同的起点。当然,流年还在《天文书》中被应用于占验国家命运。这些占法在《天象源委》卷七"占国"、卷十"世运"以及卷十一"命法"中有介绍。

② 即在梓慎看来,岁星(木星)应当在星纪之次,却运行过度,到了"元枵"(即玄枵,当避讳改字)。古人以岁星为木,木为青龙。岁星次于玄枵,玄枵对应女虚危三宿,虚危二宿为龙,所以称为"蛇乘龙"。又因木星之分野为宋郑(《史记·天官书》云:"宋郑之疆,候在岁星。"),所以称宋郑有灾害。其灾害因木星在玄枵,玄枵有消耗之义,所以为饥荒之灾。

③ 《左传·襄公二十八年》云:"裨灶曰:'今兹周王及楚子皆将死。岁弃其次,而旅于明年之次,以害鸟帑,周楚恶之。'"杜预注云:"岁星所在,其国有福。失次于北,祸冲其南。南为朱鸟,鸟尾为帑。鹑火、鹑尾,周楚之分,故周王、楚子受其咎。"张氏所论"则言其所冲"即指此,星纪与玄枵的一百八十度冲位即鹑火、鹑尾。

④ 此处《左传·昭公三十二年》原文为:"不及四十年,越其有吴乎? 越得岁而吴伐之,必受其凶。"《春秋左传集解》杜预注云:"存亡之数,不过三纪。岁星三周三十六岁,故曰不及四十岁。哀二十二年,越灭吴,至此三十八岁。此年岁星在星纪。星纪,吴、越之分也。岁星所在,其国有福。吴先用兵,故反受其殃。"

⑤ 《明史·刘基传》载:"时身中相持,三日未决。基请移军湖口扼之,以金木相犯日决胜,友谅走死。"

论天象磨羯宫之名宋时已见，不定为西人所独称

星纪系丑宫，在中土名为星纪，而西人则名为磨羯。然东坡诗亦有命在磨羯之语，此可见磨羯之称前固有之，要非出于西人明矣。及阅中土五星之法，而取格亦有曰遇白羊之名。夫白羊，戌宫也。在中土则名降娄，此白羊之称何为乎来哉？是又知白羊之不定为西人所独称者矣。

论七曜有如此之参伍错综

阴阳之消长，世道之降升，人物之盛衰，纷纭错杂、万有不齐者，此皆造化之故，不期然而然者也。夫造化固出于无心，而运行则存于有象。太极一而已，分而为阴阳，布而为五行。阴阳之精聚为日月，五行之精悬为五星。日月之有盈有缩，五星之有迟有疾，已自参差不一。而况乎十二宫之各异，三百六十度之不同，其间三合、六合、两弦、会冲、高卑、升降、迟留、伏逆，或有时而成联珠，或有时而成合璧，或有时而一星旋绕一星，或有时而数星追逐一月，或有时两星欲合而中一星阻之，或有时一星欲行而两星守之；加以天首之高，天尾①之下，纬度之相悬，小轮②之不一，三角③、

---

① "天首"指月亮轨道升交点，"天尾"为降交点。此两术语见《天步真原》。《天文书》又称为罗睺、计都。

② "小轮"是天文术语。张永祚所在乾隆年间使用的历法计算方法主要是来自传教士引进的欧洲数理天文学方法。其中计算日月五星等视运动时会使用到天体几何模型。小轮当指此天体几何模型中的元素，相当于本轮-均轮体系中的本轮。张永祚所关注的西法星占中会将星体在本轮所在位置纳入占法，具体占法见后文引述。

③ "三角"在《天象源委》中具有多种意涵。由后面的"相和""相仇"论述推测，此处当指一百二十度的相位关系。

相和、相仇之分，正角、二体①、递下②之别，天顶、地平之殊，东西出入之异。夫两人同行，已自不齐，况此七政之各一其性并各一其行乎？如此而欲于开辟以来求一刻之同，杳不可得。斯历元所以成虚名，而截元③所以为定法也。七曜有如此之参伍错综，而其为风雨、为雷电、为寒暑、为旱潦也，又何能齐？世运之升降，悉由乎此。而一人之身荣枯有定，一物之细盛衰有时，亦皆因此。不特人物为然，即一屋宇、一舟车、一器皿，无不本此以为成毁。此天地之所以为大，造化之所以为造化也。天地人物盈虚消息、吉凶祸福，俱因七政之不齐而然，所谓天命是也。④ 朱子云"天以阴阳五行化生万物，气以成形而理亦赋焉"，非此之谓欤？故本天而言，谓之天道；本人而言，谓之天命。命之理微于是乎！在后世术士不知天人一理，妄为窥测，乃占天而不用推步之术，占人而不知用天象以推，占物亦不知仍应推步，将天人一贯之道零星割截，不知以何为宗，以何为凭，是尚可以为推测之道乎？孟子言性善乃本其大体而言，在孔子有上知下愚之分，箕子亦有疆弗友、燮友、沉潜、高明之论，周子亦有刚

---

① "二体"即二体宫，是对先天十二宫的一种分类方式。先天十二宫（Twelve Signs）指黄道十二宫——白羊、金牛、双子、巨蟹、狮子、室女、天秤、天蝎、人马、摩羯、宝瓶、双鱼。因黄道十二宫起始与结束位置一定，且各宫度数恒定，具有不变的特征，故名之为先天十二宫。此先天借自《周易》，先天主体，主非人为性存在，故以名之。具体而言，二体宫分类属于四正星座（Quadruplicity）分类，指四个为一组的具有共同行为模式或属性的星座分类。如在《天文书》中，白羊、天秤、摩羯、巨蟹称为转宫，金牛、狮子、天蝎、宝瓶称为定宫，剩余四宫称为二体宫。《天步真原》称为不定宫、定宫、不定宫/二体宫。《天文实用》称为首宫、静安、公。转宫，现代有些学者翻译为启动星座、基本星座、转变星座，其共同特质是快速形成新的状态。定宫，或翻译为固定星座、坚定星座，特质是事物会持续且稳定。二体宫，或翻译为双元星座、双体星座、变化星座，特质是转变，且具备快速变化与固定特质。

② "正角"又称四正角，"递下"称递下星，两者属于对后天十二宫始宫（Angles）、续宫（Succeedent）、果宫（Cadents）的分类。始宫即第一宫、第四宫、第七宫、第十宫。始宫在《天步真原》中又称为四角、角内门、四正角、四正柱、四柱、四正宫，《天文书》中称为四柱、四正柱、正四柱、四正，《天文实用》中称为四角、枢舍、角舍。续宫为二宫、五宫、八宫、十一宫，《天步真原》中称为上升、递上星、上来宫，《天文书》中称为四辅柱，《天文实用》中称为随舍。果宫为三宫、六宫、九宫、十二宫，《天步真原》中称为降下四宫、递下星、降角、降下宫、下降角、降下角、下去宫，《天文书》中称为四弱柱，《天文实用》中称为倒舍。这种后天十二宫划分方式，用以判别七政在这些宫位中的能力或力量。

③ 此处"历元"当指上元与近距历元，"截元"当指任意历元。

④ "天命"是宋明理学中常用范畴，指先天之所赋。程子云："言天之自然者谓之天道，言天之付与万物者谓之天命。"（《遗书》卷十一）在朱熹《四书章句集注》"天命之谓性"注释中，朱熹以"性即理也"，是以天命为纯善之性理。张永祚虽然在紧接着的后文中引用了朱熹在《四书章句集注》中关于"天命之谓性"的解释："天以阴阳五行化生万物，气以成形而理亦赋焉。"但从上下文来看，张氏以天命为日月五星等施加于人之善恶、命运等。所以张氏说人之祸福吉凶俱因七政运行导致，这就是天命。张氏的天命兼具善恶，与朱熹不同，更加接近孔颖达《礼记正义》中对"天命之谓性"的解释："天本无体，亦无言语之命。但人感自然而生，有贤愚吉凶，若天之付命遣使之然，故云天命。"

柔善恶中而已矣之说。① 阴阳五行之性原自不齐，而况于人乎，况于物乎？此朱子所以又分为气质之性②也。究之人无两性，特天性不可以言恶耳。③ 然则是书窥测天地人物皆归一理，信乎其为天地人物第一理，不诬也。

论占天、占人、占事、占物及选择吉日立象安命之同

占天之术，以是年交春分与春分前朔望时之天象，安一命宫④。占人之术，以是年月日人生真时刻，与回年之真时刻各安一命宫。占物之术，如命格⑤后月食占，言筑此城时或日或月在亥宫，是分明其城始基之时，亦可安一命宫以占此城之休咎也。至于占事，而即于事之谋始时，安一命宫，用占凶吉，其理相同。而西占中不详载，恐在所秘，然固可以类推也。其在选择必由逐日逐时为安一命宫而择其吉者用之。西占已详言，可不必赘论也。⑥

---

① 《孟子·告子上》云："人性之善也，犹水之就下也。人无有不善，水无有不下。"《论语·阳货》云："子曰：唯上知与下愚不移。"《尚书·洪范》云："六、三德：一曰正直，二曰刚克，三曰柔克。平康，正直；强弗友，刚克；燮友，柔克。沈潜刚克；高明柔克。"周敦颐《通书》云："性者，刚柔善恶中而已矣。"

② "气质之性"是宋明理学重要范畴。张载《正蒙·诚明篇》称："形而后有气质之性。善反之，则天地之性存焉。故气质之性，君子有弗性者焉。"张载以气质之性为人有形质之后所具有之性，有善有恶，所以君子有不以气质之性为本性者。而相对于气质之性的天地之性，则为纯善。人修养的目的就是要克服变化气质之性，恢复到天地之性的状态。张载的这一说法特为朱熹重视，进而成为宋明理学的重要范畴。

③ 张永祚"天性"应当指上天所赋予人之性，似乎和张载天地之性可以对应。不过，从张氏"究之人无两性，特天性不可以言恶耳"可知，天性在张永祚看来包含了善恶，所以赋予人后，人才有善恶，只是从天性角度不可以说善恶。这一点与张载的认识不同，却为张氏以星占探讨人之善恶提供了基础。因星体有善有恶，所以人受其影响亦有善有恶。

④ 此处"命宫"指天宫图。天宫图是以时间、地点或者仅仅时间信息，以一定的宫位制算法获得后天十二宫之后，将日月五星等信息排入后获得的图形。天宫图是张永祚所关注的西法星占占验的基础。

⑤ "命格"指占验个人命运的天宫图。

⑥ 此处是张永祚从自己的角度对星占的一种分类。在他看来，星占可以根据占验对象的不同分为占天、占人、占事、占物、选择。占天主要指对气候、天气情况的占验。占人和个人命运联系。占物是指所占验的对象为具体的一种世间事物，张永祚所举之例为占验城池休咎。选择即择吉，是选择做某事的时间或机遇。占事较为特殊，按张永祚说法，是为根据事情开始时间安一命宫，进而占验此事的吉凶情况。张氏还认为占事之法为西人所隐秘，但可根据占物等方法推知。张氏的分类颇为特殊。大致来说，占天可以和欧洲与伊斯兰古典星占分类方式中的普遍星占术联系，占人可以和生辰占联系，选择对应于选择星占，占事似乎可以和卜卦星占学联系。其中占人和选择对应于生辰占、选择星占较为妥帖。但占天并不能完全覆盖普遍星占术，占事实际上也和卜卦星占学不能完全对应。总之，张氏的分类根植于中国古代天人思想，和欧洲与伊斯兰古典星占学的分类方式并不完全一致。

论东地平安命及十宫、七宫与四宫宜审之理

十宫要看东地平,亦要看西地平,次之。东地平,卯宫①也。西法凡占以太阳躔度加时,而以地平卯宫之所值为安命。② 盖卯为物始生之方,故立为命宫。犹《易》所言"帝出乎震"也。在中法③不知此理,或以午时生人而竟置太阳于地平下之子宫,其与天象大相违背,则何以为窥天之本。要知古人决不知是十宫为本地方之天顶,且为最高之处,故不可不审。而西地平为成物之方,四宫为物之根抵,俱不可不察,是皆有至理存焉。

论地平宫与赤道宫不同之所以然

地平宫④阔狭与赤道宫不同,而各宫各曜之照亦然。故人之生也,同一时刻而因各所居处不同,命遂不同。犹之历法,各地方之北极度、日出入刻分与各节气之刻分,各不相同。斯为西占之秘法,而实与历法相符者也。其详见宣城梅文鼎直十二宫、衡十二宫、斜十二宫、百游十二宫⑤论。

---

① "东地平"指出生时刻东方地平所在位置,在天宫图中对应于命宫第一宫。"西地平"指出生时刻西方地平所在位置,在天宫图中对应于第七宫。"卯宫"是中国传统以十二地支表示后天十二宫的方法。卯宫指命宫,逆推寅宫为财帛宫,丑宫为兄弟宫,子宫为田宅宫,亥宫为男女宫,戌宫为奴仆宫,酉宫为妻妾宫,申宫为疾厄宫,未宫为迁移宫,午宫为官禄宫,巳宫为福德宫,辰宫为相貌宫。这种对应方式在唐代《七曜攘灾诀》中已经出现。
② 此处介绍的是通过宫位制安命宫的方法,"太阳躔度加时"指通过出生时刻太阳加以具体时辰(时辰可以转化为经度)获得出生时刻的东地平,进而通过东地平确定命宫。此处介绍简略,张永祚在《天象源委》卷十二有更为全面的论述。
③ 此"中法"当指星命术。星命术本来具有域外渊源,但明末清初时薛凤祚将其归结为中法,张永祚深受薛凤祚影响,亦以星命术为中法,与西法相对。
④ "地平宫"即后天十二宫。张永祚以此命名,当因他所遵从的宫位制以地平和子午圈为界限,以地平与子午交点为极点划分十二宫。在卷三引用的梅文鼎关于后天十二宫("衡十二宫")的论述中即有云:"以子午之在地平者为极,而以地平子午二规为界,界各三宫者,衡十二宫也。其位自东地平为第一宫起右旋,至地心,又至西地平,而历午规以复于东。立象安命于是乎取之。"卷十二"求地平宫法"详细介绍了该宫位制算法。
⑤ 关于直十二宫、衡十二宫、斜十二宫、百游十二宫的介绍见卷三"象度"。

论占四海、占天下、占一方之不同

占四海看黄道，占天下看三角①，占一方看地平宫。一方移步换形，故须看地平宫。若论望气，不惟宜看地平宫，而并宜看直十二宫。不看直十二宫，则近天顶之云气将何以分东西南北？三角之力最大，故占天下者观之。若夫黄道者，四海之所同瞻，故占四海者观之。

论事之发与发之地

《象纬真机》云：各星行至本宫②及三合宫，所主之事乃发。此言发之时也。又云：所应地方由岁旋分星③而定。此言发之地也。各星行至本宫有不同，有以在天之本宫言，有以地平宫言，有以流年行法言，三合之行亦然。西占所极重者三合，三合即三角，其实亦即中占之三合也。中土凡占事之应论三合，如课中支神见亥卯，必待未日或未月为应之之时。但中土止论月建日辰，西人论七政实在宫度耳。月建即恒星行。④ 与日躔相合，所谓子与丑合，寅与亥合⑤者，是古时月建取乎斗柄之指。今

① 此处"三角"指"分"，即相距120°的四组黄道十二宫。见卷三"象度·分及三角"。
② "本宫"(Domicile/House)指因日月五星与黄道十二宫具有相似属性所建立的所属关系。这一概念在卷三"象度"中有介绍："日舍狮子，月舍巨蟹，土舍磨羯、宝瓶，木舍人马、双鱼，火舍白羊、天蝎，金舍金牛、天秤，水舍阴阳、双女，乃第一有权。""舍"即本宫。形象地说，本宫即七政对应黄道十二宫的家，在家中七政具有大效力，所以说"第一有权"。此处论述简略，托勒密星占《四门经》(Tetrabiblos)第一书第十七节、《天文书》第一类第十三门中有详细的论述。本宫在《天文实用》中称殿，《天步真原》中称舍，《天文书》中称本宫。
③ 由于尚未发现《象纬真机》存本，所以对于"岁旋""分星"说法较难确定。一个可能的解释是，岁旋是指回年。回年(Solar Return)是生辰星占学中占验个人命运的一种占法，以太阳返回出生时刻位置安命宫占验个人命运。由于太阳在若干年后回到原来的度分，此时月亮、五大行星的位置已经发生了变化。这些变化与原先比较，会发生不同的效力。在《崇祯历书·浑仪说·求岁旋》部分汤若望介绍岁旋云："凡从前所取时刻，至太阳复躔元度分，其中相去总数谓之岁旋。盖依后时所立象，较前象所得七政等星居舍内，应增或阻前星之力，即效验所由变也。"即是在论述回年方法。至于分星，可能是和分野联系起来的范畴。《天象源委》后文部分论述分野时常举某地之分星说法，此可与"所应地方由岁旋分星而定"的语境对应。
④ "月建"指该月斗柄所指之方位。因一年有十二月，方位亦以十二地支分为十二部分，如正月建寅，二月建卯，顺行而推。此一范畴被用于古代传统军国占中。因月建涉及北斗的视运行情况，所以张永祚此处以"恒星行"注释。
⑤ 所谓"子与丑合，寅与亥合"是指六合。六合是斗建和日月行次相对应的一种方式。正月日月会于娵訾之次，娵訾为亥。正月月建在寅，所以寅与亥合。二月日月会于降娄之次，降娄为戌，斗建在卯，所以戌与卯合。依次类推，可以得六合：子丑合，寅亥合，卯戌合，辰酉合，巳申合，午未合。

因岁差,在建寅之月斗柄已不指寅,故造历者并不论及所应地方。"由岁旋分星而定",此论分野也。分野凭宿而论,固无庸辨其岁差。以宫度论则宿有岁差,而是宿有改其分野矣。徐发①之论,止凭乎宿,不论宫度,与此不同,详见"分野"。见二十卷。

论恒星左行、七政右行之理

恒星天左行,日月五星右行②,此是何理?盖天一大形也。天形圆,圆之为物,必有所包裹以成表里。西法言天有九重是也。③ 日月五星右行而恒星天左行,右者右,左者左,左环右抱,而形愈坚固,气愈纠结。千秋万岁,运行不息,无有懈时。斯天之所以大且久也。天之气内运自子至午而仍复于子,人之气为天所付,不能内运而有聚有散,故形不能长久。道家盗天地之道,辘轳内转亦可长生久视,但为形有限,为气亦微,终不如天之无极也。

论各圈不同心及各纬偏倚之理

各曜何以有小轮,各轮又何以每偏于各方而不正居其中,其必有所以然之故存焉。夫太极居中,一分阴阳便落形气,才落形气便不能无偏矣。故太阳亦有小轮,其为偏也无几。太阴之偏渐多。各星之偏,偏之多莫过于火星,其义理可想。然此之偏以自轮言也,若夫次轮与岁轮亦自有偏,则又何也?不知是乃从日之偏也。从日之义,宣城梅文鼎已为发明。星以从日偏之外又复加偏,要亦非无义理也。不惟偏,且有倚。黄倚于赤,白倚于黄,各星之经又各倚于黄。又倚之外复加倚,前纬后纬之分,因是以立。④ 知此象者,已鲜其人。况能明此理乎?西法但能发明此象而不能

---

① 徐发,清代学者,著有天文学著作《天元历理全书》。张永祚在卷二十"分野"论及他的分野论述。

② "左行"指从东向南向西,"右行"指从西向南向东。

③ 九重天学说是明末清初传入中国的欧洲宇宙论学说。如利玛窦在《坤舆万国全图》中所绘制的九重天宇宙体系,各重天依次为:月轮天、水星天、金星天、日轮天、火星天、木星天、土星天、列宿天、宗动天。其中列宿天即恒星天。此外,传教士传入中国的宇宙论学说还有十一重天等说法。关于这一话题请参看孙承晟《观念的交织:明清之际西方自然哲学在中国的传播》。

④ "岁轮"由五星运行和太阳的关系产生。梅文鼎《历算全书》卷十六"五星纪要"云:"地谷曰:日之摄五星,若磁石之引铁,故其距日有定距也。惟其然也,故日在本天行一周,而星之升降之迹亦成一圆相,历家因取而名之曰岁轮也。"张氏文中所论"从日之义,宣城梅文鼎已为发明"当指《历算全书》中此类论述。"次轮"指除本轮、均轮、岁轮之外的其他诸轮。"偏"可能指和日月五星运行经度有关的修正项——均差。"倚"和纬度有关,当是一种对于天体运行何以产生纬度的表达,所以张氏文中说黄道("黄")、赤道("赤")、白道("白")相互斜倚。"前纬""后纬"和纬度计算有关,太阳与五星会合、对冲时对纬度的计算分别会对应于前纬与后纬。

发明此理，然实有至理存乎其间，似不可不辨也。

论观天者不可以不观地与云气，并不可以不知音律与分野

善言天者不可以不知人，盖人道格天也；尤不可以不知地，盖地道承天也。地有南北之殊、东西之异，天象合雨而应乎某方，则多雨之处雨增，少雨之处虽有雨而雨少。又如云气有致雨者，江南见之验，江北不验，岂不以地有不同之故也？乃至闽广边海之地，大抵海风一起便天凉而雨，非海风起即有应雨之风，不雨也。不惟风云亦然，如野猪渡河为雨象，而江海川峡之处云气常腾，又非可以概论也。中土观天象，大抵止观其一端，而不论其全体；止观其大略，而不察其细微。止观其大略，观其一端，则月之犯五星，一月之内必周。星之自相犯也，一岁之中不免。① 如据占书而言，则人事有不胜其繁矣。能论其全体，论其细微者，若神灶之占陈火，庶几为近之。而后之得神灶之传者，又秘而不宣。此所以其书充栋莫之验也。至望气之术与风角之占，其为一端也无疑。即一端而忘其全体，按大略而忽其细微，如之何则可！苟能权衡乎其间，揆度于此际，得其本而不遗其末，取其精而不弃其粗，一端与全体同条，细微与大略共贯，如是有不验乎？此望气、风角于推步之后又不可不继讲也。② 推步之占如风鉴家③之相骨格，望气风角之占则如风鉴家之辨声音气色。气色者，一时之占也，象之小者也。骨格佳而气色又明，斯为福泽即至矣。④ 畴⑤云风云之竟可不察乎？若止惟风云是占而天星不问，是犹止辨气色之小而遗乎骨格之大矣。故西占于慧孛之起仍必推步，为安一命宫，与占岁占人无异，盖有由也。既能推步以占其大，还宜审察以占其小。况地气有不同，风雨之小者无关于星象之故，又不可不知也。西人望气自有成书，而中土于此术得其诀固不让于西占。在两军相当之时，胜败在于呼吸，则望气为特重。《隋·天文志》已言之详，而朱子所撰之《天元玉历》及青霞散人之歌诀亦颇可参看。若夫声音之道，孔子吹律而知己为殷之苗裔，师

---

① 此处所论中土著作，指卷十七之后所论传统军国占著作。在传统军国占中，一般仅仅以一种天象进行预测，所以张氏认为"止观其一端，而不论其全体"。

② 此处张永祚阐明了为何在卷十六之后接着论述望气、审音等内容。

③ 善相人之术者为风鉴家。

④ 张氏此论与薛凤祚看法相似，当受到薛凤祚的影响："今算术既密，乃知绝无失行之事，其顺逆迟留，掩食凌犯，一一皆数之当然。此无烦仰观，但一推步，皆可坐照于数千百年之前。若预行饬备，令灾不为灾，为力更易。至于日月五星之外，别有云气风角之异，殆如人生相貌骨格既定于有生之前，及祸福将至，又复发有气色以示见于外。其事弥真，其救弥急。"（《历学会通·致用部·中法占验部》）

⑤ 《尔雅·释诂》云："畴，谁也。"

旷吹律知南风不竞而决楚之必败,其道亦甚微矣哉![1] 后之人何勿察也,岂非失传之故乎? 因于卷末更附以望气、审音及分野之概。

论观象亦古疏今密

推步之法在古为疏,在今为密,而天文之学亦何独不然? 故推步之法至我朝垂有定法而无以复加,而天文之学亦至我朝薛凤祚订其书,梅文鼎详其义,而其法诚为至精至密,观其书自见。

论学贵有体有用

《历法西传》中言西庠之学其大者有五科:一道科,二治科,三理科,四医科,五文科,而理科中傍出一支为度数之学。其言似涉于太夸。然我中土胡安定[2]原有经学、治事之分,以经学而兼治事,志道、据德、依仁、游艺[3],非判然为两截事矣。出而报效国家,有体有用,岂西痒之所能望见也?

推算天时人事总论

《象宗西占》云:凡书中紧要之理,备言之有二等。第一等要知天轮行度之法,必用浑天仪并测星之器以算法推详,其理已撰二书在前。盖系推步之书[4]。若人能于此二书精通,则知此为至高至实之文矣。第二等论天轮七曜有吉有凶,则应世上之吉凶,其吉凶云何。必用上文所云浑天仪及算法体验而后知之。无非一定之理,然当深明其源,不可因或效而止也。如太阳性热且燥,太阴性湿且润,又如四时不等、寒暑不同,或多雨或少雨,因各星与太阳相遇,或太阳与各星相遇在何宫分,或各星自相遇,以此故也。此是显然之理,自古相传至今。人能参透各星性情衰旺及各星相遇之性情,与夫相遇宫度之变性,则欲知四时寒暑、旱涝疾疫并人事吉凶祸福,不难

---

[1] 《论衡·卷第三·奇怪篇》云:"孔子吹律,自知殷后。"《左传·襄公十八年》云:"晋人闻有楚师,师旷曰:'不害。吾骤歌北风,又歌南风。南风不竞,多死声。楚必无功。'"

[2] 胡安定,即胡瑗。胡瑗(993—1059年),字翼之,学者称安定先生,海陵(今江苏泰州)人,北宋著名儒家学者,与孙复、石介并称"宋初三先生"。

[3] 《论语·述而第七》云:"志于道,据于德,依于仁,游于艺。"

[4] 此处小字部分系张永祚对引文的注释发挥。《天文书》原文所论"已撰二书在前"即是指数理天文学著作,此处张氏称"盖系推步之书"是准确的说法。

矣。既能先知，凡事可以豫备，尽人道以事天，可也。① 凡论天文形象阴阳吉凶之理，备载于此，至矣，尽矣。所应祸福依此书逐一推断可也。一切决断人事吉凶，看星象强弱旺衰，但遇一吉星不可便作吉断，遇一凶星不可便作凶断，须再看有吉凶星助，然后可以断其为吉为凶。②

《天步真源》云：历数所以统天，而人之命与运亦天也。故言天而不及人，则理不备；言人而不本于天，则术不真。凡人不可知③此学者有三：日月星历，迟速常变，皆非不可知者。惟人禀赋天地之全能，不明其理，是负天地之生也；世有水旱饥疫，人苦不知，知之则凡事可以豫备，诚持世者之急务；昔圣贤先务以前民用，如授时戒农，此其大者，至于物理可推，历法皆能旁通及之，诚便民之大者。④ 但言命亦有其要。命之时与星有不真，则吉凶大异。必晰入细微，方能有准。变度之法或转祸为福，或移急就缓，如凶照变为吉照⑤。万有不一，非息心入密，不易得真。前人之于天道，不患不知，及知又虞泄漏，况人事动多关系，若能省察以代蓍蔡⑥固善，不则甚不可也。⑦

---

① 见《天文书》第一类第一门"说撰此书为始之由"。
② 见《天文书》第四类第三门"总结推用此书之理"。
③ "不可知"当为"不可不知"。
④ 此三者，第一种对应于历法，第二种对应于星占，第三种对应于实用技术。
⑤ "吉照""凶照"是指星体或元素之间产生的吉凶相位关系，一般来说六十度与一百二十度相位是吉照，九十度与一百八十度相位是凶照。关于照与吉凶之照的介绍，见《天象源委》卷二。
⑥ "蓍"，占筮用的蓍草；"蔡"，占卜用的大龟。
⑦ 见《人命部·人命》。

《天象源委》卷二

卷《天象源委》卷二

象　性

象，星象也。性，星之性情也。星有本性，有全性，有合性，有兼性，有杂性，有变性。性有增减，有强弱，有盛衰。倘执一而论，无怪乎所占之不验矣。曰本性者，如土有土之本性，木有木之本性是也。又如土值火而变热，究为土之热，不得谓火之热。火值土而变冷，究为火之冷，不得谓土之冷。盖其本性犹存也。曰全性者，土纯乎其为土，木纯乎其为木，无偏倚驳杂之谓也。曰合性者，如木与金合，木力与金力又相等，两性合为一性也。亦有数性合为一性者。曰兼性者，如土与木合，力不相等，而土与木或惟光合，或吉照，或凶照，或冲土星，则兼有木星之性。亦有一性而兼数性者，若日月合璧、五星连珠，此谓七曜之大合，吉何可言！他若有吉星与吉星合，或与吉星吉照而倍成其为吉者，比比有之。又如凶星与凶星合，或与凶星凶照，如木与水合为风，加之以土，则雷雨且电。其在人也，水与火合而加以金，则为善于诓谝而且多凶恶。曰杂性者，性不一也，星不一星，性不一性，顺逆不一，善恶各殊，谓之杂。曰变性者同是此星，同是此性，或与太阳会留冲而性遂异，或遇黄道之宫不同而性遂迁。至于增减强弱盛衰，又各移步换形。如此之类未易悉数，其秘在此，其妙亦在此。前人未及详言。所贵得心会意，触类旁通，则天下之名理正自无穷耳。邵子《皇极》亦论至此，谓物有飞之飞、飞之走、飞之木、飞之草等，其理相符。[1] 但《皇极》本卦体而言，此本天道而言，又有不同也。辑"象性"。其论宫度等见三卷。

---

[1]　见邵雍《皇极经世书》。

七 曜 本 性

《象宗》云：太阳性热且燥，能热所照之物。太阴性湿润，所照之物亦皆湿润。土星性寒微燥。木星性温和，又热而润，热多润少。火星性极燥极热。金星性亦温和，又热而润，润多热少。水星性不定，遇热则热，遇寒则寒，遇润则润，遇燥则燥。又说水星属气而生风。① 故木水合为风。《史记·天官书》云：水星出入躁疾。

七 曜 性 情 所 主

《会通》②云：天下万物之性，有冷有热，有干有湿。③ 天上星曜之性亦然，天下万物之性有善有不善，天上星曜之性亦然。第一不善者土星，性冷性干，其冷更甚于干。离太阳远不能受太阳之热，离人远，热不能到人，行迟不能作热，光小又散亦不能热，故冷。凡物热则干，土不热何以干，因太冷故中干。称为大祸，主草木，性冷无虫，故主草木。观下文火亦主草木，但为有毒者。主人命六十八岁外，主为人性冷，性慢，不爽快，心贪，多谋，以土主思虑也。难信，土弱主难信。主细民，主人肝，宜主人脾。④ 主土中铅。不善者第二火星，性热性干，其干更甚于热。离太阳近故热，其光散如火，受地之湿气皆散，故干。称为小祸，主人四十一岁外十五年，主人胆大颠狂，善言语，喜反覆火性忽起忽伏。争斗，主兵，以其猛也。主黄痰⑤，痰有火。在土中主铁，主禽兽草木之有毒者。第一善者木星，性热性湿，其热甚于湿。在土星、火星之中，离太阳不远不近，故热。热比火为少和。光大，多收地气，其热不足以散之，故湿。称为大福，主人血，中以主肝言，则肝统血，而下却言主肺。主人命五十六岁外十二年，主人聪俊稳重，性宽宏不悭吝，主官府，主师长，主客商，一云水主经商，在水之主经商必为行商；木之主必为富贾。主人肺，宜主肝。土中主锡。第二善者金星，性热性湿，其湿过于热。去

---

① 见《天文书》第一类第二门"说七曜性情"。

② 即薛凤祚《天学会通》。

③ "冷""热""干""湿"是古希腊哲学中讨论世间万物基本构成元素的性质时使用的两两相对的范畴（其中冷与热相对，干与湿相对）。这一元素与水火土气联系。在亚里士多德哲学中，构成月下界的四个基本元素——水土火气具有不同的感觉性质，水是冷和湿，火是热和干，土是干和冷，气是热和湿。希腊化天宫图星占学在后来的发展过程中吸收了亚里士多德哲学的内容。此处冷热干湿被用来指星体的性质。

④ 此处张永祚以中医脾胃五行属土的学说为立论依据。

⑤ "黄痰"即黄胆汁，是古希腊医学"体液说"四体液中一种，其他三种在《天象源委》所引《天步真原》中的翻译是白痰、黑痰、血，今天译为黏液、黑胆汁、血液。

太阳近，去人近，光大，故热。光大，多收地气，故湿。主人命十四岁外，称为小福，主好色，喜欢乐歌唱，不耐劳苦，土最耐劳苦。主人肾，宜主肺。土中主铜。中等第一水星，性不热不湿，同太阳、火星则极干，同土星则极冷，称为祸星。同木星、金星为热为湿，称为福星。主人四岁至十四岁，主人不稳重，多浮，好谋诈，水至弱，主之。主贼，亦水星弱之主。主肺，宜主肾。土中主水银。中等第二太阴，性冷性湿。月无光，借日光，故冷。离人近，《性理》①云：月与人为近。多收地气，其热不足以散之，故湿。满时称为福星，空时称为祸星，主小儿一岁到四岁，为人不稳，性浮好游，为塘拨②为水手。以其行最疾也，曰水手者，人以与水同体言。主人目睛，日亦主目。主脑，主髓，主白痰，主妇人月事，地中主银。③

《淮南子》云：月虚而鱼脑减，月死而蠃蚌膲④；又云："蛤蟹珠龟与月盛衰。"《泰西水法》云：月为阴精，与水同物，既为同物，势当相就。月既下济，水亦上行，欲就于月故。月轮所至，水为之长，而成潮汐也。当潮长时，长则气入，水为之轻；潮降气出，水复故重。以瓶盛水，每日权之，轻重不等。则潮升时轻，潮降时重耳。草木百昌，苟资湿润。无不应月亏盈，月满气滋，月虚气燥。故上弦以后，下弦以前，不宜伐竹与木以为材用，易蠹，生气在中也。⑤绎此言则知月主脑之说非诬，而并可以通于潮汐物类竹木与月相应之理。

太阳性热性干，光大体大，故热故干，主人命二十二岁外一十九年，主君王，主人长命有福，主贤良聪明，性宽宏，主得君宠，主人心，主人脉，地中主金与宝石。⑥

以上二书所言七政之性并七政之所主，其大略也。在一星之性与所主，亦宜触类旁通。如《易》以乾为天，此统论也，为圜以形言，为君⑦本国言，为父本人言，为玉本物言，为金本货言，为寒本时言，为水本行言，为大赤本色言，为良马、为老马、为瘠马、为驳马以马言，为木果本木言。七政之所主亦如是。八卦以八，七政以七，八卦之德方，七政之德圆。七与八名虽异而理无不同。如八卦坎为水又为盗，七政水星亦主贼；八卦离为火为戈兵，七政火星亦主兵，余可类推。八卦之重，亦必更有所主，而圣人不尽言，俟后学之自会。兹七政之性二书之言，已不如《易》之详。其相遇也，所主之不同则散见于各卷中，言均未详，只可意会。况七政之遇又复参错不齐，

---

① 《性理》即李光地奉旨纂集的《御纂性理精义》。
② 古时递送公文的驿站类机构称为"塘拨"，此处指当差者。
③ 见《纬星性情部·日月五星之性第一门》。
④ "蠃蚌"，螺蚌。"膲"，螺蚌肉瘪缩。
⑤ 见《泰西水法》卷五。
⑥ 见《纬星性情部·日月五星之性第一门》。
⑦ 乾卦为天、为圆、为君等说法见《周易·说卦传》。

其象见于寰中,其理最耐玩味,至为精微,至为变化,占验之要正在此处,当于各卷中取而合参之。①

《天文实用》云:木金皆热而湿,性最和,其效与惠有不同者,木热主其湿,专主也。金热和其湿,则木最惠而金次之。太阴生明之初,湿胜于热,施惠为少。赖其几望也,热甚等于湿以补之。土火皆恶性。及下物,土甚冷,为最害,火甚热,害次之。日与水性适中,为惠为害未决也,俟与他曜会而决之。水会日或火,所显愈干,会土即最冷,为恶;一云水土性合,然不能无偏于冷。会木或金,热湿维均。日光盛甚,所会善则曲己性而本效减,所会恶则借彼力而恶效增,日有害原此也。然固有大惠焉,凡曜与之距而远也,获偕②适中之照,即于善者加其善而恶者减其恶,以较诸曜,惠更广大莫及也。③

七 曜 分 吉 凶

《象宗》云:木星、金星吉,性温和,故吉。土星、火星凶,土星性极寒,火星性极热,故凶。太阳、太阴吉,太阳与太阴或与五星三合、六合照则吉,相冲、相会并二弦照则凶。会不尽凶。水星遇吉则吉,遇凶则凶。若水星独在一宫,与各星不遇,则取所在宫分并主星④为吉凶。⑤ 宫主星⑥也。

七 曜 分 阴 阳

《象宗》云:太阳、土星、木星、火星属阳,土本阴却属阳,犹下文言土甚冷却属昼之理,见下文。太阴、金星属阴,水星遇阳星则为阳,遇阴星则为阴,又一说水在太阳前出为阳,在太阳后入为阴。又一说水在人安命宫至十宫为阳,对宫⑦至第四宫亦为阳,其余六宫为阴。⑧

---

① 此为张永祚自述。

② “偕”,《天文实用》作“借”。

③ 见《天文实用·七政性情》。

④ “主星”(Lord),一般指特定位置(度数、宫位等)为日月五星所主管,此日月五星即为主星。星体在主管位置具有大的效力。这一概念,与《天步真原》《天文书》《天文实用》中的术语用词相同。

⑤ 见《天文书》第一类第三门“说七曜吉凶”。

⑥ “宫主星”指黄道十二宫的主星,如火星为白羊宫主星。

⑦ “对宫”当指第七宫。

⑧ 见《天文书》第一类第四门“说七曜所属阴阳”。

《会通》云："凡星日出时在地平上为阳,在地平下为阴。"①

《天文实用》云:七政力大者为阳男,力小者为阴女,要皆准于四情。湿热干冷为四情。其情有热胜其湿者,日也。居日上者为火、为木、为土,故并属阳,为男类。土性冷,乃热微之所致,然绝无湿。故其热尚胜湿而属阳,其性有湿胜其热者。居日之下为月与金,故并属阴,为女类。维水则异,是得其本然为女,偶有所感即又为男。②

七曜分昼夜

《会通》云:太阳、木星、土星属昼。③ 日光大,木星热,故为昼。土甚冷以剂日、木之热,使不伤物,故皆属之于昼。太阴、金星、火星属夜,月、金湿大,故属夜,火甚热以剂月、金之湿,使不伤物,故亦为夜。火星夜不伤物,因有月、金之性;水星晨见属昼,夕见属夜。④

《象宗》云:水星遇昼星则属昼,遇夜星则属夜,出太阳之先属昼,入太阳之后属夜。土火二星比他星异常,土性寒却属昼,火性热却属夜,故曰异常。七曜中阳星属昼,阴星属夜,而火乃阳星却属夜。

《天文实用》云:时分昼夜,为效各异。诸曜适值其时,与其性合,施力必强,欣欣如有喜焉。有喜昼者,其性随日木与土是也。木热胜湿,二情和平,昼合其性,因之施力甚强,厥功懋焉。土则性冷,藉昼热补之,虽无善势,恶效亦鲜。有喜夜者,其性随月金与火是也。金湿胜热,夜属阴,正合其性,因之施力亦强。火效为要⑤甚,强于昼,俾出夜中,补其偏干,足以杀之。水无专向,递受变于昼夜。大约东出,仿昼之热,自增其干;西入,仿夜之冷,且更为湿也。⑥

---

① 见《纬星性情部·日月五星之性第一门》。

② 见《天文实用·七政类及势情》。

③ "昼"(Diurnal)、"夜"(Nocturnal)是区分行星、星座的一种方式。一般将阳性星座(如白羊、双子)定为昼,阴性星座(如金牛、巨蟹)定为夜。至于星体,一般将具有消极属性的星体归为属夜,反之则归为属昼。这一组概念,与《天步真原》《天文书》《天文实用》中的术语用词相同。

④ 见《纬星性情部·日月五星之性第一门》。

⑤ 《天文实用》"要"作"恶"。

⑥ 见《天文实用·七政类及势情》。

太阳分盈缩

考日平行五十九分零八秒①，日高冲一点，盈之始；高行一点②，缩之初。春分至秋分，半周历时多；秋分至春分，半周历时少。③

太阴分有光无光及上升下降④

考月有光，即各事大。第一望前到上弦，其次十五到下弦，又次初一到上弦，又次下弦到初一。月升以朔日所离宫度，定子十五至酉十五为正升，酉十五至未初度为斜升，未初度至寅十五为横升，寅十五至子十五为斜升。见《七政经纬躔度时宪书》。朓朒见第三卷。

月上升有五，不止言四。一小轮最高，一不同心圈最高，即日行。子到午上行，午到子下行，午时圈。冬至到夏至为上，夏至到冬至为下。黄道。月自行起于最高左旋，次轮心循自轮左旋，而月在次轮之上右旋。月距日一周，次轮行二周，凡朔望必在本轮之内最近。

太阴在自行轮高卑力分强弱，附孛行

考月有自行轮、次轮，兹但论自行轮。月平行一十三度一十分零三十五秒，自行

---

① "日平行"即太阳每日视运动的平均行度。张永祚曾在《天象源委》最开始部分论及书中涉及历法计算的部分数据来自于《历象考成》《御制万年历》。《历象考成》中太阳平行数据为"五十九分零八秒一十九微四十九纤五十九忽三十九芒"。张永祚所言"五十九分零八秒"当自此来。

② "日高冲一点"与"高行一点"当指太阳运行去地最卑点（近地点）与最高点（远地点）。在远地点太阳实行速度（视运行的实际速度）最慢。在近地点相反，实行速度最快。它们是计算实行时，在平行基础上加减修正值最大的位置。《历象考成·日躔历理·最高行及本轮均轮半径》云："太阳之行因去地有高卑，遂生盈缩。故最高最卑之点即极盈极缩之度，而为起算之端。"

③ 此部分至下"太阴在自行轮高卑力分强弱，附孛行"节（该节《会通》云一段除外），当为张氏自述。

④ 此节与下节当为张氏自述文字。

一十三度零三分五十三秒,两行相较差六分四十一秒,即月孛行①。故平行历二十七日三十刻一十三分零五秒,而复于原度。自行必历二十七日五十二刻一十一分五十四秒,而始复于最高。月与日会在最高,与日冲在最卑,上下弦在中距。日月有中会、实会之分,其详见《日指》②。

《会通》云:"月在最高力强,在最卑力弱。"③高强卑弱与朔望光小光大却相反。

五星在不同心圈高卑变性

《会通》云:土星、木星、火星在不同心最高为湿为冷,在不同心最卑④为干为热,以三星本轮在太阳上;金星、水星在不同心最高为热为干,在不同心最卑为冷为湿,以二星本轮在太阳下。⑤

土木火在岁轮、金水在伏见轮分高卑

考土木亦有自行轮并小均轮及岁轮,兹但论岁轮。火星同。金水亦有自行轮及伏见轮,兹但求伏见轮。⑥ 土木平行一日,土二分,木四分五十九秒,火三十一分。

---

① 关于"月平行""自行""自行轮""次轮""月孛行"等概念,《历象考成·月离历理·太阴各种行度》云:"太阴行度共有九种,而随天西转之行不与焉。一曰平行。盖太阴之本天带一本轮,本轮心循本天自西而东,每日平行一十三度有奇,二十七日有余而行天一周,即白道经度也。二曰自行。盖本轮心循白道行,自西而东,即平行经度,太阴复依本轮周行,自东而西,每日亦行一十三度有奇,微不及本轮心行,而与本轮心之行顺逆参错,人目视之遂生迟疾,故名自行以别之……七曰最高行。最高者,本轮之上半,最远地心之处。而最高行者,平行与自行相较之分也。均轮心从最高左旋,微不及于平行每日六分有奇,即命为最高左旋之度,亦名月孛行度也。"可见,平行是本轮心之行,实际即月亮视运动的日平均行度。自行是月亮在本轮上围绕本轮心的行度,作为月行迟疾的修正。月孛行即最高行。张永祚所言次轮当泛指月亮其他行度轮(据《历象考成》尚有均轮行、次轮行、次均轮行、交行、距日行、距交行)。

② "中会"就是利用日月平行度推算出的日月平交会,即日月平黄经相等或差180°。"实会"是在平交会的基础上考虑日月盈缩差的影响,进而推算出的日月实交会(实黄经相等或差180°),其实就是日、月与地心三点连为一线的状态。《日指》此处不知所云,对于实会概念的介绍在《历象考成·交食历理》中。

③ 见《纬星性情部·日月五星之性第一门》。

④ "不同心最高""不同心最卑"指以托勒密体系为代表的西方古典天文学体系对分圆中远地点与近地点,即前述"最高""最卑"。

⑤ 见《纬星性情部·日月五星之性第一门》。

⑥ 土木火三星的"岁轮"以及金水的"伏见轮"相同,在《历象考成》行星模型中均称为次轮,被用来计算五星的冲伏留退等运行状况。具体介绍见《历象考成·五星历理一·五星总论》部分。

金水平行与日同，金伏见平行一日三十七分，水伏见平行一日三度零六分。①

太阴朔望两弦及五星与太阳会留冲变性

《象宗》云：太阴与太阳相会后至上弦性润，上弦至望性热，望至下弦性燥，下弦②再会性寒。土木火三星与太阳相会后至第一位留处性多润，自第一位留至与太阳相冲时性多热，自相冲处至第二位留处性多燥，自第二位留至与太阳再相会时性多寒。金水二星与太阳相会后至第一位留处性多润，自第一位逆行后复与太阳相会时性多热，自相会后至第二位留处性多燥，自第二位顺行后复与太阳相会时性多寒。星有性润、性热、性燥、性寒，各星或三合、六合、相冲、相会。改变性情，或四正角。等处相遇并有力无力，所以天之气候有不同也，推算者宜细详之。③

各曜顺逆迟疾，力分大小

考月自行从高左旋为逆行九十度留，顺行至半周最卑又九十度留，复逆行至原界，行最高极迟，行最卑极疾。土木次轮即岁轮，凡星与日会，在轮最高，行顺而疾；与日冲，在轮最卑，行逆而迟。起于最高右行，每岁与日会冲一遍，而满轮一周，火同。金水自行轮④以日为心环日行，伏见轮又环自轮行，其星平行亦自最高起右行。金星凡历五百八十三日八十八刻行一周。水星凡历一百一十五日八十五刻行一周。水星之轮却在金轮内。金行伏见一周，在上右行，与日相合，为合伏。伏而疾，疾而见，见而迟，迟而留，则在日之前。留而退，退而疾，复与日合伏于下。仍复退而迟，迟而留，则在日之后。留而疾，又复与日合于上。水行伏见一岁三周余。水天行一周，伏见轮之上则有六伏六见六留六迟三疾并三退，惟其伏时多，所以不恒见，当见不得见。又因纬度之不远，金纬远十一度有奇，水纬远十六度，南北全纬。查水无此远。⑤

《会通》云："五星之行有速有迟，迟者热冷干湿俱重，速则轻减。五星有不动时，有退时，退而往返旋绕，其力加重，不动时亦重。"⑥"各星行有迟疾，其实行大于平行

---

① 此段当为张氏自述。
② "下弦"后《天文书》多"至"字。
③ 见《天文书》第一类第六门"说各星离太阳远近性情"。
④ 据伏见轮环自行轮之说，此处自行轮当指《历象考成》所说均轮。
⑤ 此段当为张氏自述。
⑥ 见《纬星性情部·日月五星之权第一门》。

者为疾,平行大于实行者为迟,平行与实行同者,不迟不疾,星疾行力大。"①

五星两留限

宣城李光地《本要》云:前留土近合后百一十四度,木百二十六度,火百六十三度,金百六十七度,水百四十四度。后留土二百四十六度,木二百三十四度,火百九十七度,金百九十三度,水二百一十六度。两留之间则俱退行。又前留距合在本天最高则少,最卑则多;后留在本天最高则多,最卑则少。与前论留限阔狭异原同归。②《乾坤正切》③中亦有图。

日月五星正会冲三合六合两弦照分吉凶

《象宗》云:凡七曜相照,在经度上有八等。一相会、一相冲、二二弦,_{离九十度}。二六合,_{离六十度}。二三合,_{离一百二十度}。共八等。④

《会通》云:离九十度与冲皆凶,而况尤凶;离六十度与合皆吉,而合尤吉。会冲等有二,其一曰正相遇,一秒不异;其一不正相遇,论本星光之半数。⑤

《象宗》云:太阳前后光⑥十五度,太阴光十二度,土木火三星各九度,金水二星光各七度。假如火星追逐,土星相离七⑦度,则二星沾光,号为初会。凡星光度数均者,初会则各星度数减半,同沾光。不均者,初会时度数多者先沾光,少者光未及沾。凡二星同度为相会,但过一分即为相离。虽相离力尚在,为二星后光未尽也。若二星相会后或相离一二分,却又有一星在后追及,体虽未到,光已相沾,即与后星

---

① 见《纬星性情部·日月五星之权第二门》。
② 见杨文言《历象本要》。
③ 《乾坤正切》是袁士龙的历学著作。袁士龙又名士鹏,字惠子,号觉庵,杭州府仁和县人,清初学者,具体生卒年不详。关于《乾坤正切》的介绍请参看褚龙飞《袁士龙〈乾坤正切〉探析》。
④ 见《天文书》第一类第十九门"说七曜相照"。
⑤ 见《纬星性情部·日月五星之权第一门》。
⑥ "光"即容许度。容许度是指星占师在考虑相位时,并非严格按照准确度数,如三分为120°,而是会在此度数上考虑些许差异。如汤若望在《浑天仪说》中说:"如土得十度(前十后十),木十二度,火八度,太阳十七度,金水皆七度。"文中所举"土得十度"等情况就是指容许度。如土星与一星体在黄道上相差70°,严格意义上两星并不构成六分相位,但由于土星有10°的容许度,所以还是可以认为它们之间形成相位,会发生一定效力。在古典星占学中,容许度大小一般由星体决定。在现代星占学中则由相位本身决定,如三分相位是6°,不论星体如何。容许度在《天文实用》中称为光界,在《天步真原》中亦称为光。
⑦ "七",《天文书》原作"九"。

又为初会。各星相会并同此例。此是论各星经度。若各星在纬度相会，或黄道南、黄道北纬度亦同，则下星掩却上星，故相会为尤紧。再论二星相遇，若二星同出度数对①黄道的赤道度数②相同，如双鱼宫二十五度与白羊宫五度同，或二星在两处日长短同。如一星在阴阳宫二十五度，一星在巨蟹宫五度。似此之类，亦呼为相遇。若二星相会后，一星前去追及一星，即将先会星光移向后会之星。如火在白羊宫，木星在双女宫，金星在阴阳宫，金星离火，追及木星，却将火星之光移向木星，似此火星与木星亦为相遇。为金星先与火星六合照，后与木星相弦照也；又火星在白羊宫，木星在双女宫，土星在阴阳宫。土星与火星六合照，与木星相弦照，土星将木火二星光聚于一处，似此亦为相遇。若一星在本宫，或旺宫③，或在分定度数④上，却有一星来与相会，或三合照，则主星受客星之喜、吉。主客之分在是。若一星在本宫又在分定度数上，与一星或三合或六合或对冲、二弦相照，主星喜受相照。星之力比上文所言之星，其力稍轻。可类推。若金水在白羊宫或在狮子宫，与太阳虽无相照，太阳亦喜二星在其宫也。白羊乃日三角⑤。言喜受之理者，不问大小，一切事皆成就顺快。若一星与一星同宫同度，一星逆行或在太阳光下，主星无力则阻客星。亦有客星无力。若主星在四正宫及分定度数上，虽阻不甚阻者，凡事不能成就，有损伤败坏之理，

---

① "同"，《天文书》作"东"，"对"前《天文书》有"与"。
② 此处是通过子午线或过天极的大圆（直径过球心）获得的黄道度数对应的赤道度数。具体如何投影，《天文书》并未介绍。
③ "旺宫"当即庙旺（Exaltation）概念。在《天文书》第一类第十四门中又称庙旺宫（今天或翻译为旺），表示行星到此宫时，其效力会得到很好的提升。《天步真原》中称为升："日升白羊，月升金牛，土升天枰，木升巨蟹，火升磨羯，金升双鱼，水升双女。"又称为升宫、上升宫。《天文实用》中称为进。对于庙旺的取用规则，《天文实用》《天步真原》所遵从的是托勒密《四门经》传统。在多罗修斯《星占之歌》传统中，庙旺精确到黄道十二宫具体度数，《天文书》即秉承多罗修斯传统。
④ "分定度数"是《天文书》中使用的星占概念。《天文书》第一类第十八门"说各星宫度位分"对此概念有详细介绍："又每一宫三十度，将三十度分作十二分，每分二度半，不问何宫，以第一分，分与本宫主星，第二分，分与第二宫主星，第三分，分与第三宫主星，余依此例分去……天秤宫第一分，二度半，分与金星。第二分，二度半，分与火星。第三分，二度半，分与木星。第四分，二度半，分与土星。第五分，二度半，亦分与土星。第六分，二度半，分与木星。若别一星，到此木星分定度数上，同相照一般。遇吉则吉，遇凶则凶。余星皆同此论。此木星是每宫分十二分的主星，极与命宫出力。其余财帛等宫，依上例取用。"天秤宫宫主星为金星，所以第一个二度半分与金星。天秤宫紧接着天蝎宫，天蝎宫宫主星是火星，所以下一个二度半分与火星。依次类推。不过，由《天文书》的底本——阔识牙尔（Kūšyār ibn Labbān ibn Bāšahri alJīlī）的《星学技艺入门》（al-Madkhal fī Ṣinā at Aḥkām al-Nujūm，简称 Madkhal）——可知，此处张永祚所引分定度数似乎是指称星占中另外一个概念——界。关于界，见卷三"象度·界"。
⑤ 此处"三角"当指在三合宫（《天步真原》称为"分"）主星，今称三方主。如白羊、狮子、人马为三合宫，其三合宫主星为日、木，则日、木为白羊、狮子、人马三角。这一用法参见《天步真原·世界部·七政宫升三角界表》。

不吉。①

《会通》云："太阳光②十七度，太阴光十二度三十秒，土星光十度，木星光十二度，火星光七度三十秒，金星光八度，水星光七度。不正相会有二，一为来者，一为去者，若二星来者性速，去者性迟，速者过迟者前行，亦有二，一为逐，一为离。月离逐另见。又一等二星俱顺行，一等二星俱退行，一等顺行者追退行者，一等顺行者离退行者。"③

七曜照分左右，论强弱 附十二象

《会通》云：五星在前者名右，如白羊从金牛顺推，在后者名左，如白羊从双鱼逆推。论日月五星在右者比左者强，论十二象在左者比右者强。④

五星上下升降

《会通》云：各曜自最卑至最高皆为上升，自最高至最卑皆为下降。土木火与日会，定在其小轮最高；与日冲，定在其小轮最卑。金水与日合，伏于上，定在其小轮最高；与日合，伏于下，定在其小轮最卑。最卑至相会为升，相会至最卑为降。⑤ 月在自行轮高卑见《日指》。⑥

五星在太阳光下

《会通》云：五星在太阳光下不能主事，凡事皆太阳代之，星善则善，星恶则恶。如土星在日光下，土不能伤人，太阳因有土星之性，反能伤人。星在太阳光下离八度三十秒，在太阳心离十七秒，在太阳心不吉。⑦

---

① 见《天文书》第一类第十九门"说七曜相照"。
② 此"光"即《天步真原》中的容许度。
③ 见《纬星性情部·日月五星之权第一门》。
④ 见《纬星性情部·日月五星之权第一门》。
⑤ 见《纬星性情部·日月五星之权第二门》。
⑥ 此句当为张氏自述。
⑦ 见《纬星性情部·日月五星之权第一门》。

月五星在太阳东西权分大小

《会通》云：月自朔至望属太阳东，自望至晦属太阳西。又上弦至望、望至下弦属东。

土星、木星、火星同太阳相会至相冲，属太阳东，在小轮前半；相冲至相会属太阳西，在小轮后半。以岁轮言。金星、水星相会至相冲，属太阳东，相冲至相会属太阳西。① 以伏见轮言。

考土木火会日，日超星，金水会日，星超日，东，权②大，西，权小。③

《真源》云：五星在日东西有七。一、星在东，日未出；星在西，日已出。二、日未出，星在十宫；或日在地平，星在十宫亦是，但少弱。④ 四、日入，星在四宫。五、日出，星在四宫。六、日在十宫，星或出地平或入地平。七、日将出，星落地平，或少在日前后，亦少弱。⑤

两星行之不同 论行

《会通》云：日月自相近或自相离，皆有能力。一、一星与一星相近，皆顺行，少迟者在前，少疾者在后。如土星在六度，木星在十二度，木前土后。以右行言，则十二度为前，六度为后，疾前迟后。二、一星与一星相近，皆顺行，少疾者在前，少迟者在后。三、有二星相近，一星在前顺行，一星相近，留。四、有二星相离，一星在前顺行，一星在后，留。曰相近者必后星，原行远；曰相离者必前星，原行速。五、两星相近，一星疾行在前，留，待后迟行者行到为和。六、两星相离，疾行者在后，乃退离而去为戀。七、两星相近，疾行者在前，留，迟行者在后顺行而来，不能及。八、两星相离，疾行者在前，迟行者顺行在后，留。⑥

---

① 见《纬星性情部·日月五星之权第一门》。
② "权"，相当于《天文书》中的力，是指星占元素由于某些特殊的位置或状态获得的效力的大小。
③ 此句当为张永祚自述。
④ 《天步真原》原文有第三，为"三、日入，星在十宫"。
⑤ 见《人命部·上卷·性情》。
⑥ 见《纬星性情部·日月五星之次权第三门》。

三星行之不同 论光

《会通》云：一、三星相近，中有一星疾行，能使后星之光移于前星。二、后两星光俱移于前星。三、一星疾，前行，离二星光。四、一星疾，前行，近二星光。五、前后二星行疾，中一星行迟，隔前后二星之光，使不能及。六、有三星同在一节或一气内，迟行者在前，疾行者在后，中一星能加光力于前之迟行者。七、二星相近将合，有在前一星退行来二星之中，令不得合。八、二星相近将合，有在后一星行疾来二星之中，令不得合。①

外 八 权

《会通》云：一、星在本舍。二、星在他星之舍。三、星在喜乐宫。四、星在他星喜乐宫②。俱见三卷。五、本星性软，别星性强。六、两星性皆强。七、一星软，第二星强。此必本一处言。八、二星皆软。③

又 九 权

《会通》云：一、二星围一星，无他星来救。二、星得他星之权，如在他星之舍，或在他星之升，或离他星一百二十度、一百八十度、九十度、六十度，能分他星之权。三、星所在之方与别星不相会照为贱者、软者、野者。四、星疾行者与迟行者将会，未会而先与他星相会，为虚费其行。五、星与他星将相冲或将相会，留，不能冲会，亦为虚费其行。六、星离此星前去，并无他星会照，称为空虚，此项第一大用在月。七、有星居其方，其方全无本星之大小能力，为至弱之星。八、星属阳又属昼，又在地平上，其宫分又为阳。或星属阴，在地平下，其宫分又为阴，亦为一权。九、二星相会之方于二星皆有大能，有彼此相借之权。十、或上等星得下等星之权，或下等星得上等星之权，为彼此相接。上下等有四。一、小轮在最高者为上，卑者为下。二、纬

---

① 见《纬星性情部·日月五星之次权第三门》。
② "喜乐宫"（Joy），指日月五星落在"喜乐"的位置，会得力，表现出更好的象征意义。此概念在《天文书》中称为喜乐位分（《天文书》第一类第十八门）。《天步真原》又称为喜乐之地、快乐宫。另见卷三"象度"的介绍。
③ 见《纬星性情部·日月五星之次权第三门》。

在北为上，在南为下，或同在北则以离黄道远者为上，同在南以离黄道近者为上。三、以在西、行迟者为上。此尚西。四、以近天顶者为上。①

月五星南北纬

考月在正交之六宫，纬北；中交②之六宫，纬南。土木距正交，如在初宫至五宫纬北，六宫至十一宫纬南，火星同。金水以次实引即得距交数，来查本星纬前表得前中分，又以伏见实行去查前纬限、中分纬限，两相乘得秒进分为前纬。次实引在初、一、二、三、四、五宫伏见实行，如在三、四、五、六、七、八纬南，初、一、二、九、十、十一纬北。次实引在六、七、八、九、十、十一宫伏见实行，如在三、四、五、六、七、八纬北，初、一、二、九、十、十一纬南。水星但有实引，无次实引，南北反是。更以次实引来查后纬表，即得后中分。又以伏见实行去查后纬限，次实引在初、一、二、九、十、十一宫伏见实行，如在初、一、二、三、四、五纬北，六、七、八、九、十、十一纬南。次实引在三、四、五、六、七、八宫伏见实行，如在初、一、二、三、四、五纬南，六、七、八、九、十、十一纬北。水南北反是，后中分与后纬限相乘得秒为后纬，更以前纬后纬之所向同类为加，异类减，得视纬。不拘前与后，总以大为决，便是定纬南北术。③有图别见。④

黄赤纬二十三度三十分。月朔望四度五十八分三十秒，两弦五度一十七分三十秒，半弦五度零八分。土星小二度一十六分，大二度四十九分；木小一度零六分，大一度四十分；火小一度零四分，大六度四十七分；金水纬见各曜顺逆迟疾，力分大小节。⑤

宣城李光地《本要》：“土星南纬三度四分，北纬三度二分，岁轮一周，轮心平行十二度奇。木星南北纬俱二度四分，岁轮一周，轮心平行三十三度奇。火星南纬六度四十七分，北纬四度一十一分，岁轮一周，轮心平行四百余度。金星南纬九度弱，北纬八度半强，岁轮一周，轮心平行五百七十余度。此言岁轮，即伏见轮。水星南北纬俱四度，岁轮一周，轮心平行一百一十五度奇。”

考纬北强，纬南弱。上下见九权。

---

① 见《纬星性情部·日月五星之次权第三门》。
② 《历象考成·卷五·月离历理》云：“白道出入于黄道之内外，大距五度有奇。其自黄道南过黄道北之点名曰正交（即如春分自赤道南过赤道北）。自黄道北过黄道南之点名曰中交（即如秋分自赤道北过赤道南）。”如此，“中交”指降交点，“正交”指升交点。
③ 此处所论定五星南北纬，与《历象考成》内容相差较远，而与薛凤祚《历学会通》、黄宗羲《历学假如》论述相近。
④ 张氏书中未给图。
⑤ 此段当为张氏自述。

《天象源委》卷三

象　度

　　度者，天之度数，有黄有赤，割为十二宫，截为三百六十度，定为舍、升、庙旺、分、界、位①等。其在天则有二十四节气之分，其在人则有命财等十二宫之别。其界限之所在有如刑名家之法律不容游移迁徙，最为谨且严者。然星有星之性情，此固因阴阳分为五行之所致矣。而度何为亦有度之性情？不观之人乎！人有人之性情，而五脏六腑亦各有其性。庄子所谓肝胆楚越是也。不宁惟是。头目手足皮肤毛发寸寸性各不同，此医家所以治法亦各不同也。在物亦然，同一物也，而皮一其性，壳一其性，实一其性，首一其性，身一其性，尾一其性。或熟食而性与生食不同，或咸制而性与蜜制各异。此七曜所以至其度而性变，宫度所以有其星而性亦异也。惟其异故，有宜于此者，有宜于彼者，有应求之此者，有应求之彼者。如占晴雨则当论五星，亦当论日月，占功名则当论星之舍，又当论星之升。种种妙理，各有其故，惟在乎权度之精切，衡量之不爽也。辑"象度"。

十　二　宫　名

子	丑	寅	卯	辰	巳	午	未	申	酉	戌	亥
元枵	星纪	析木	大火	寿星	鹑尾	鹑火	鹑首	实沉	大梁	降娄	娵訾
宝瓶	磨羯	人马	天蝎	天秤	双女	狮子	巨蟹	阴阳	金牛	白羊	双鱼

---

① "位"是星占概念，指因日月五星在其本宫（即舍）时，因为其本宫之间的相位所产生的关系。在《天步真原》所给的例子中，太阳本宫为狮子，木星为人马，若太阳在狮子，木星在人马，虽然太阳和木星之间的实际角度并不是三合的相位关系，但由于两者的本宫三合，所以两者依然可以发生影响，即有位。

立象安命十二宫 天人公用

卯①	寅	丑	子	亥	戌	酉	申	未	午	巳	辰
一宫	二宫	三宫	四宫	五宫	六宫	七宫	八宫	九宫	十宫	十一宫	十二宫

直十二宫、衡十二宫、斜十二宫、百游十二宫辨

宣城梅文鼎云：浑圆之体，析之则为周天经纬之度。周天之度，合之成一浑圆，而十二分之则十二宫矣。然有直十二宫焉，有衡十二宫焉，有斜十二宫焉，又有百游之十二宫焉。以天顶为极，依地平经度而分者，直十二宫也。其位自子至卯左旋周十二辰，辨方正位于是焉用之。以子午之在地平者为极，而以地平子午二规为界，界各三宫者，衡十二宫也。其位自东地平为第一宫起右旋，至地心，又至西地平，而历午规以复于东。立象安命于是乎取之。赤道十二宫从赤极而分，极出地有高下，而成斜立，是斜十二宫也。加时之法于是乎取之，则其定也；西行之度于是乎纪之，则其游也。黄道十二宫从黄道极而分，黄道极绕赤道之极而左旋，而黄道之在地上者从之转侧。不惟日异而且时移，晷刻之间周流迁转，正斜升降之度于是乎取之，故曰百游十二宫也。然亦有定有游。定者，分至之限；游者，恒星岁差之行也。知此数种十二宫，而俯仰之间缕如掌纹矣。然犹言经度未及其纬，故曰经纬中之一法也。② 经纬二法中之一法。

七 曜 本 宫 天人公用，中西同法

《象宗》云：狮子宫属太阳，巨蟹宫属太阴，与二宫相对者宝瓶宫、磨羯宫属土星。因土星性情与太阳太阴相拗。土星轮下是木星，因此人马宫紧依磨羯宫，双鱼宫紧依宝瓶宫。此二宫属木星。白羊宫与天蝎宫属火星。天蝎宫紧依人马宫，白羊宫紧

---

① 将卯对应为第一宫上升宫，受到了七政四余星命术的影响。不过对于七政四余星命术，张永祚持批评态度，《天象源委》中也未收录七政四余星命术内容。

② 见梅文鼎《历学疑问·论经纬相连之用及十二宫》。此段所论"直十二宫"可对应于地平坐标系中的划分，"斜十二宫"可对应于赤道坐标系的划分，"百游十二宫"可对应于黄道坐标系的划分。"衡十二宫"即指依据雷格蒙塔努斯宫位制所得出的后天十二宫划分方法。关于衡十二宫方法，请参见郑玉敏《传入与发展——西方宫位制在古代中国》。

依双鱼宫。金牛宫与天秤宫①属金星。金牛宫紧依白羊宫，天秤宫紧依天蝎宫。阴阳宫与双女宫属水星，阴阳宫紧依金牛宫，双女宫紧依天秤宫。木星二宫与太阳、太阴宫分三合照。金星二宫与太阳、太阴宫分六合照，土星二宫与太阳、太阴宫分相冲照。似此则土得太阳、太阴之位不为佳。火星二宫与太阳、太阴宫分二弦照。各星在本宫有力，在对照无力。②惟水与太阳、太阴本无照。

此七曜分宫，中西同法，无参差不齐。至于命学财帛等宫，其大段亦同。惟论照，中土止有三方吊照③。而西占之照不惟三方且有六合、二弦，又将七曜光分别大小不等，斯为入密矣。至于二星相冲，亦原属中土所忌。中西语言不同，文字各异，而于天象立体占验之大处无不相同，是可见理之所在，放乎四海无不准者。④

黄道十二宫名之德 黄道十二宫性情所主，书未详载。因摘此节并下节以补之。又有十二象每象三分，主天时者，见"占时"。又有黄道性分四方，主血等，见"命理"

《天文实用》云：《浑仪说》分黄道为十二宫，引太阴会日十有二次。诸所以然，合以形物生存之故，计得十二数，因以分界黄道也。盖物之质为火为气为水为土，而物必先有其生，次有其存，后有其毁。凡三界，三四相乘，其数十二。各行⑤各依物界，得三宫，火得降娄、鹑火、析木，性热而干，戌午寅。气得实沈、寿星、元枵，性热而湿，申辰子。水得鹑首、大火、娵訾，性湿而冷，未卯亥。土得大梁、鹑尾、星纪，性冷而干，酉巳丑。以四元情冷热干湿。归四元行，各于其类，无相杂糅。准古宗动列宿各天，宫度适合。今则元行之配宫次稍有迁移矣，而指称犹同于古也。岁差之故，以上系论三角，下方论十二宫名之德。十二宫名，西国像以人物，从其德也。太阳躔一宫，戌宫起。大显热效，名白羊。羊性热也。躔二宫，照物益增光力，名金牛。牛之大力胜于羊矣。抑表时宜耕，牛耕，役也。躔三宫，会春夏之际，春近阴，夏近阳，名阴阳宫，又名双兄。日力胜于往时为强，而其长物之热循然顺之。一强一顺，阴阳之义也。盖双得之。躔四宫，名巨蟹。日至此并诸游星⑥，悉退行而南，有类蟹行。躔五宫，名狮子。狮

---

① "天秤宫"，《天文书》作"天称宫"。后面引文不再赘述。
② 见《天文书》第一类第十三门"说七曜所属宫分"。
③ "三方吊照"即三个宫之间形成120°的相位关系。
④ 此段当为张氏自述。
⑤ "各行"指土水火气。土水火气在《天文实用》中被称为四行、四元行。
⑥ 《天文书·七政依恒星之力》云："七政恒星皆右旋也，而称有游恒之别，盖缘七政各相距远近，时无定象，故谓之游。列宿终古常然，故谓之恒。"据此，"游星"指七政——日月五星。此处将日与游星并列，当是指五大行星。

子，百兽王，力强而性猛，太阳至此，干热极矣。性相似，故名。躔六宫，名室女。日之于物也，至此但令成熟，不复发生。辞劳而向逸，如未字之女然。躔七宫，去赤道之中而南，则象①名天秤。闲无所事，独分昼夜令平耳。次名天蝎。蝎，小虫，能暗中人不及防也。躔八宫，其热敛矣，冷气徐侵，人孰觉之？又次名人马，是时风狂雨骤，有跃马发矢之象，盖日躔九宫矣。躔十宫，名磨羯。仍自南而北，其行缓缓，山羊之上，木近之。躔十一宫，名宝瓶。十二宫，名双鱼。时多雨泽，瓶汲水，鱼游水，皆湿胜之象也。凡此十二宫各像各效皆缘黄道斜倚天体，乃致时变不等如此。设令黄赤以正相合，即七政之距各地平宫之天顶经度恒等，又何异效之有？②

黄道十二象主人性

《天步真源》云：十二象论人性。白羊主人狠戾大胆，暗谋害人。火之故③。金牛主人快乐、好色、奢华。金之故。阴阳主人聪明，水之故。有主意，应无主意。喜天文，不淳良。二体之故。巨蟹作客，月之故。有家业，性浮，妇人生此宫此宫作命宫。善持家。皆月之故。狮子为善人，老成稳当，喜天文；日之故。双女生人大聪明，善读书，在地平东地平。生人无不读书者，大文人，能明深微之理。双女系水宫，水主文章，故云。天秤④主快乐，能生利，好色，不甚朴实。金之故。天蝎大胆，争斗，不怕死，火之故。失信，火主反覆。喜作乱，火猛。多劳力。火属艰苦。人马性宽爱人，忠诚，善作事。木之故。磨羯生人丑大，土之故。难交，土弱无信。喜利。土主贪。宝瓶心野，性固执，土性。不喜同人，土性冷。不喜笑语。土主不爽快。双鱼为人小心明白，性宽，有主意，善作客，木亦主客。多才技。⑤

黄道十二宫分阴阳昼夜

《象宗》云：白羊、阴阳、狮子、天秤、人马、宝瓶属阳属昼，金牛、巨蟹、双女、天

---

① "象"，《天文实用》作"首"。
② 见《天文实用·黄道诸宫性情》。
③ 此处所谓"火之故"，乃张永祚将白羊宫所主人特征与白羊宫主星火星相联系（白羊宫为火星本宫）。后"金之故"等同。
④ "天秤"，《天步真原·人命部》作"天枰"。不过，《天步真原》中亦有作天秤的情况。后面引文不再赘述。
⑤ 见《人命部·上卷·论人生十二象之能第二门》。

蝎、磨羯、双鱼属阴属夜。①

黄道十二宫分动静

《会通》云：白羊、天秤、磨羯、巨蟹主动，_{辰戌丑未。}金牛、狮子、天蝎、宝瓶、主静。② _{子午卯酉。}

黄道十二宫分为转、定、二体及春夏秋冬_{并分南北}

《象宗》云：白羊与天秤二宫，太阳到此，昼夜均停。自白羊至双女为北六宫，天秤至双鱼为南六宫。太阳入白羊转北，入天秤转南。太阳至巨蟹宫初度后，渐转于南；至磨羯宫初度后，渐转于北。此四宫号为转宫。_{辰戌丑未。}金牛、狮子、天蝎、宝瓶，此四宫号为定宫。_{子午卯酉；}阴阳、双女、人马、双鱼，此四宫号为二体宫。_{寅申巳亥。}白羊、金牛、阴阳属春，巨蟹、狮子、双女属夏，天秤、天蝎、人马属秋，磨羯、宝瓶、双鱼属冬。③ 俱以太阳所到而为春夏秋冬四时正令耳。

舍_{无权附}

《会通》云：日舍狮子，月舍巨蟹，土舍磨羯、宝瓶，木舍人马、双鱼，火舍白羊、天蝎，金舍金牛、天秤，水舍阴阳、双女，乃第一有权。_{即本宫。}日宝瓶，月磨羯，土巨蟹、狮子，木阴阳、双女，火天秤、金牛，金天蝎、白羊，水人马、双鱼，为无权。④ _{相反宫是。}

升_{降附}

《会通》云：日升白羊，月升金牛，土升天秤，木升巨蟹，火升磨羯，金升双鱼，水升

---

① 见《天文书》第一类第十门"说十二宫分阴阳昼夜"。
② 见《纬星性情部·日月五星之权第二门》。
③ 见《天文书》第一类第九门"说十二宫分分为三等"。此处所论即四正星座分类，具体介绍见卷一"象理"注释。
④ 见《纬星性情部·日月五星之权第二门》。"无权"，《纬星性情部》作"第一无权"。

双女。与庙旺宫同。日降①天秤，月降天蝎，土降白羊，木降磨羯，火降巨蟹，金降双女，水降双鱼。② 升之对冲。

分 及 三 角 三角形每相去一百二十度

《会通》云：白羊、狮子、人马，火分，属热属干，皆为阳。其官太阳、木星亦为阳。昼太阳木星，夜木星太阳。主天下地方从西至北；寅午戌，日木三角。③ 金牛、双女、磨羯，土分，属冷属干，皆为阴，其官太阴、金星亦为阴，夜太阴金星，昼金星太阴。主天下地方从东至南。巳酉丑，金月三角。阴阳、天秤、宝瓶，气分，属热属湿，皆为阳，其官土星、水星亦为阳。昼水星土星，夜土星水星。主天下地方从东至北。中国在内。土星在此有大权，因此方土星上升。申子辰，土水三角。巨蟹、天蝎、双鱼，水分，属湿属冷，皆为阴，其官火星、金星、太阴。火星为主，夜月帮火星，昼金帮火星。主天下地方从西至南。亥卯未，火三角。各星至其宫，各皆有权。④

《象宗》云：白羊、人马、狮子宫属火，属东北方，与《会通》所言不同。主星⑤昼太阳、木星，夜木星、太阳，昼夜相助者土星。太阳性燥热，木星性热润。在土星性寒燥，故以解太阳木星之性。寒以解热，燥以解润，故平和。土助日木。金牛、双女、磨羯宫属土，属东南方，主星昼金星、太阴，夜太阴、金星，昼夜相助者火星。金星性热润，润多于热，太阴性润，在火星性极燥，燥以解润，故平和。火助金月。阴阳、天秤、宝瓶宫属风，即气。属西南方，主星昼水星、土星，夜土星、水星，昼夜相助者木星。土星性寒燥，木星性热而润，水星性随土木之性。木星性热润解土星寒燥，以此平和。木助土水。巨蟹、天蝎、双鱼宫属水，属西北方，主星昼金星、火星，夜火星、金星，昼夜相助者太阴。火星性极燥，金星性热而润，润多于热。在太阴性极润，以解金火之燥热，故平和。⑥ 月助火金。

---

① "降"（Decline）与庙旺相对，乃是指各星在其升所相冲宫位的情况。《天步真原》中又称降宫、本降、本降宫。《天文书》称为无力弱处、降宫。《天文实用》名为退居。《天文实用》《天步真原》遵从托勒密《四门经》传统，以十二宫对应降。在多罗修斯《星占之歌》传统中，降精确到黄道十二宫具体度数，《天文书》即秉承多罗修斯传统。

② 见《纬星性情部·日月五星之权第二门》。

③ "官"即主星，"分"与"三角"今称三方，分与三角的官即三方主。三方主在托勒密《四门经》与多罗修斯《星占之歌》系统中不同，此处遵从的是托勒密传统。

④ 见《纬星性情部·日月五星之权第二门》。

⑤ "主星"指三方主。不过，《天文书》中三方主所遵从的是多罗修斯《星占之歌》传统，而上面《纬星性情部》是托勒密传统。两者并不相同。

⑥ 见《天文书》第一类第十五门"说三合宫分主星"。

既曰助则须有相助之实。助有不同,此章所言是其一端。如以命宫言,则星在命宫度最有权者为主,次为助。凡星在四正角为主,二宫五宫八宫十一宫为助,其夹拱亦为助。①

界

《象宗》云:每宫分度数皆分属于五星,但多寡不同。大抵星至此有力则度阔。白羊初度至六度属木星,七至十二金,十三至二十水,二十一至二十五火,二十六至三十土。金牛初至八金,九至十四水,十五至二十二木,二十三至二十七土,二十八至三十火。阴阳初至六水,七至十二木,十三至十七金,十八至二十四火,二十五至三十土。巨蟹初至七火,八至十三金,十四至十九水,二十至二十六木,二十七至三十土。狮子初至六木,七至十一金,十二至十八土,十九至二十七水,二十八至三十火。双女初至七水,八至十六金,十七至二十一木,二十②至二十八火,二十九至三十土。天秤初至六土,七至十四水,十五至二十一木,二十二至二十八金,二十九至三十火。天蝎初至七火,八至十一金,十二至十九水,二十至二十五木,二十六至三十土。人马初至十二木,十三至十七金,十八至二十二③水,二十三④至二十四土,二十五至三十火。磨羯初至七水,八至十四木,十五至二十二金,二十三至二十七土,二十八至三十火。宝瓶初至七水,八至十三金,十四至二十木,二十一至二十五火,二十六至三十土。双鱼初至十二金,十三至十六木,十七至十九水,二十至二十八火,二十九至三十土。若本星行至所属度上则有力。不言太阳太阴者,木星行到所属度上则有太阳之力,金星行到所属度上则有太阴之力。每宫度数分属五星,有六家,今特选此一家。⑤

《会通》云:各星在界内,吉星遇又吉星起,为大福;遇者已遇,起者将来。无吉星遇,

---

① 此段当为张氏自述。
② "二十"当为"二十二"。
③ "二十二",《天文书》作"二十一"。
④ "二十三",《天文书》作"二十二"。
⑤ 见《天文书》第一类第十六门"说每宫分度数分属五星"。"界"(Term)指将黄道十二宫各宫分成不均等的五个部分,并分配给五大行星主管。《天文书》中界被称为所属度、分定度数。《天步真原》与《天文实用》中称为界。托勒密在星占《四门经》中提了三种界的划分方式,和《天文实用》相近的是第三种。该方式据托勒密介绍来自于一个他所获得的古抄本,在书中为了区分其他二者,他标记为托勒密的界。《天步真原》使用的是《四门经》中 Egyptian 类型。《天文书》数据与 Egyptian 类型相近。

又无吉星起，为祸①。又云界主祸福之来时。②

大　　福

白羊七度，阴阳十五度，狮子二十度，双女十四度，天秤十二度，天蝎十五度，人马九度，宝瓶二十一度，双鱼九度。

大　　祸

白羊二十六度，金牛二十六度，阴阳二十五度，双女二十四度，双女三十度，人马二十五度，磨羯二十五度，双鱼三十度。③

位④

《会通》云：如日在狮子，木星在人马，离日一百二十度，今二星相距亦一百二十度，为有位。水星在阴阳，离日三十度，今二星相距亦三十度，为有位。星在本宫位更佳。

太阳、太阴：土离一百八十度，木离一百二十度，火离九十度，金离六十度，水三十度。⑤日要在前，星在后。月要在后，星在前。位主吉星加吉，凶星减凶。

以上五项，舍升分界位。或遇二，或遇三，则主大权，一不为权。⑥

---

① "祸"，《纬星性情部》作"大祸"。
② 见《纬星性情部·日月五星之权第二门》。
③ "大祸"与"大福"均见《纬星性情部·日月五星之权第二门》。关于大福与大祸，文中介绍（如前文所说"各星在界内，吉星遇又吉星起，为大福"）似乎与"白羊七度"等说法并不能契合。
④ 此节均见《纬星性情部·日月五星之权第二门》。
⑤ 此处含义为土离日月一百八十度、木离日月一百二十度等。
⑥ 下面大权表即是对此段话的部分阐释。太阳在狮子是本宫，属于火分的狮子，其三合宫分主星是太阳，所以太阳在狮子有两权，即有大权。其他可以依次类推。

大权表

大权表	太阳	木星	水星
	大暑 立秋	小雪 大雪	处暑 白露
	狮子	人马	双女
	太阴	火星	
	夏至 小暑	霜降 立冬	
	巨蟹	天蝎	
	土星	金星	
	大寒 立春	谷雨 立夏	
	宝瓶	金牛	

七曜庙旺宫 即升。 并论度 其分向背,见"命法·取主星法"内

《象宗》云:自古论七曜庙旺度数并无不同。太阳在白羊宫十九度至二十五度,太阴在金牛宫三度至二十三度,土星在天秤宫二十一度,木星在巨蟹宫十五度至二十六度,火星在磨羯宫二十八度至三十度,金星在双鱼宫二十七度至白羊十二度,水星在双女十五度至二十一度,罗睺人马三度,计都阴阳三度。已上各星在庙旺宫分固旺,在本度上为极旺,各星离旺度则无力。何为旺宫、旺度,言各星到本位上高贵有力。与旺宫旺度对照者是各星无力弱处①。日庙者朝庙之庙也。

---

① 见《天文书》第一类第十四门"说七曜庙旺宫分度数"。此段引文中,张永祚未能引述《天文书》以下内容:"太阳在白羊宫第十九度,太阴在金牛宫第三度,土星在天称宫二十一度,木星在巨蟹宫十五度,火星在磨羯宫二十八度,金星在双鱼宫二十七度,水星在双女宫十五度,计都在阴阳宫第三度,罗睺在人马宫第三度。已上各星,皆为庙旺。"这实际上才是《天文书》中关于多罗修斯《星占之歌》传统的庙旺或旺的正面介绍。张永祚引述的"太阳在白羊宫十九度至二十五度"等并非真正的多罗修斯传统庙旺,而是《天文书》中的"庙旺有力"部分,即自旺度起向后延伸的一段区域。但该部分不见于《天文书》的伊斯兰底本。

黄道十二宫分度数相照

《象宗》云：凡宫分相照，隔一百八十度为相冲，一百二十度为三合，九十度为二弦，六十度为六合。相冲照系相离仇恨，宫凶；言相冲即同相离仇恨也。二弦照比相冲减半凶，三合照主和厚亲睦，吉；六合照比三合减半吉。若一星在白羊二度与双鱼二十八度同，一星在人马二十八度与磨羯二度同，一星在阴阳二十八度与巨蟹二度同，一星在双女二十八度与天秤二度同。①

黄道十二宫每宫分为三分 即分定度

《象宗》云：凡十二宫，每宫分为三分，每十度分与一星。白羊起一度至十度，分与火星；火系本宫主星，故为始，其后依天轮次第排去，周而复始。十一度至二十度分与太阳，二十一度至三十度分与金星。白羊前十度火，中十度太阳，后十度金。金牛前十度水，中十度太阴，后十度土。阴阳前十度木，中十度火，后十度太阳。巨蟹前十度金，中十度水，后十度太阴。狮子前十度土，中十度木，后十度火。双女前十度太阳，中十度金，后十度水。天秤前十度太阴，中十度土，后十度木。天蝎前十度火，中十度太阳，后十度金。人马前十度水，中十度太阴，后十度土。磨羯前十度木，中十度火，后十度太阳。宝瓶前十度金，中十度水，后十度太阴。双鱼前十度土，中十度木，后十度火。② 总以火星、太阳、金、水、太阴、土、木为序。

---

① 见《天文书》第一类第十二门"说十二宫分度数相照"。

② 见《天文书》第一类第十七门"说每宫分为三分"。此处所论即三面（Decan），指从白羊座起始位置开始，每十度为一个单位，将黄道十二宫分为 36 个区间，并将每个区间分予日月五星中一种。此概念张永祚在本节标题中标记为"分定度"。《天文书》第二类第九门"说物价贵贱"有"三面度数"一说。三面度数指日月五星所对应的度数，日月五星在其对应度数上即有权或力气。在"说物价贵贱"中实际上将"分定度数"与"三面度数"并列："若太阴，或朔望命主星，看二星何者有力。其有力之星，在命宫，或在第十宫，或在第十一宫，或在第五宫。又在分定度数上，或在三面度数上。又比前行度增，或在庙旺宫度上。或与一星相照，是增价之星。"可见，以分定度称三面值得商榷。关于分定度数的意涵，见卷二"象性"注释。

《天象源委》校注

黄道宫分性狠有毒

《会通》云：狮子人马十五度后生人性狠，本命宫言或论命主星①。天蝎有毒。②

黄道宫分人兽性

《会通》云：黄道宫有人性者，阴阳、双女、宝瓶、人马前半，有禽兽性者，金牛、狮子、天蝎、双鱼、人马后半。③

黄道宫分南北高卑上升下降

《会通》云：白羊宫初度至双女宫末度，属北道，高，系升上。天秤宫初度至双鱼宫末度属南道，卑，系降下。④

黄道上离二至度数相同

《象宗》云：黄道上离冬夏二至度数相同，或前或后俱三十度或六十度，其力相等。⑤

黄道分四象限及四时、四年、四痰、四方

《天文实用》云：其一为降娄、大梁、实沈，其性如春，为热而湿，以得和平，故类红痰，与童年合，纪其方则为东。其二为鹑首、鹑火、鹑尾，其性如夏，为甚热而干，故类黄痰，其德长生⑥与年富力强合，纪其方则南。其三为寿星、大火、析木，其性如秋，为冷而干，德衰物悴，故类黑痰，与中年合，纪其方则西。其四为星纪、元枵、娵

---

① "命主星"指整个算命天宫图的主星，关于取命主星之法，参见卷十一"命法·取命主星法"。
② 见《纬星性情部·日月五星之权第二门》。
③ 见《纬星性情部·日月五星之权第二门》。
④ 见《纬星性情部·日月五星之权第二门》。
⑤ 此段论述当出自《纬星性情部·日月五星之权第二门》，因此，段首"《象宗》"当误，应为《会通》。
⑥ "长生"，《天文实用》作"生长"。

訾，其性如冬，为冷而湿，故类白痰，与衰老合，纪其方则北。①

<h1 style="text-align:center">罗　计</h1>

《天文实用》云：太阴在正交，性同木金；在中交，性同土火。②

<h1 style="text-align:center">月　朓　朒</h1>

考晦而月见西方曰朓，朔而月见东方曰朒。③ 因自行之故。

<h1 style="text-align:center">五星晨夕伏见</h1>

考土木火与日合，伏后，日在前，星在后，为晨见东；合前，亦有夕不见西，必因星行已入限，与日对冲后为夕见东。以日速星迟，故日入地平，星体却在地平上。冲前亦有晨不见西。必因星在岁轮右。金水与日合，伏后夕见西，则以星超日之前，合前亦有晨不见东，必因星行已入限，逆行与日冲，伏在日下。冲伏后晨见东，则以星绕日之后。冲前亦有夕不见西，必因星行已入限。土定限距日十一度，木十度，火十一度三十分，金五度，水十一度三十分。④

<h1 style="text-align:center">五星先后太阳出入</h1>

《象宗》云：五星先太阳出谓东出，后太阳入谓西入。各有度数。土木火离太阳六十度，金四十五度，水二十五度，远者不在东出西入之数。⑤ 一云金四十八度、水一十四度。土木火先太阳东出有力，金水后太阳西入有力。⑥

---

① 见《天文实用·黄道诸宫性情》。红痰、黄痰、黑痰、白痰，即四体液说中的血液、黄胆汁、黑胆汁、黏液。
② 见《天文实用·黄道诸宫异同各类》。
③ 此段当为张氏自述。
④ 此段当为张氏自述。
⑤ 见《天文书》第一类第七门"说五星东出西入"。
⑥ 见《天文书》第一类第二十门"说各星力气"。

地平宫分正、辅、降

考一宫、十宫、七宫、四宫为四正角,二宫、五宫、八宫、十一宫为四辅宫,三宫、六宫、九宫、十二宫为降下角。①

地平宫分阴阳、上下、升降及东西南北

考一宫到十宫、七宫到四宫为阳,余六宫为阴。子到午上行,午到子下行。十二门到十门为东,门即宫。九门到七门为南,六门到四门为西,三门到一门为北。②

十二舍性情 又名十二门,即地平宫

《天文实用》云:先据子午圈东西平分各半天,一升一降。次据地平直角以交前圈,复平分各半天,一上一下,是四象限也。与四时、四方、四痰、四年应,此亦约与黄道同。见前。乃每象限分有三舍,起东地平,右行一周而复。一舍二舍等系右行。一限在上,居天之东,内为十、十一、十二三宫,属阳,主红痰,其性干,缘东风之嘘拂及太阳之初照皆能散去夜湿故。二限亦在上而居西,内为七、八、九三舍,属阴,主黄痰,其性干热,缘太阳因风增力故。三限下地平亦居西,内为四、五、六三舍,属阳,主黑痰,其性湿,缘太阳方退,引发同性之风并湿气故。四限自下天正中③至东地平为界,内为一、二、三三舍,属阴,主白痰,其性湿冷,其风北,缘距太阳远甚故。象限之一与三,谓之至,至天中也;二与四,谓之离,离天中也。又各象限内,凡起自地平及子午圈者为枢舍,又为角舍,着效大于他舍。次得中效者为随舍,又次得微效者为倒疑是侧字。舍,而每舍初度又名为顶,一云中,力强。七政自第十二舍行至十舍顶,天中之顶④,力盛而效速。至第一舍顶次之,至第七舍顶又次之。而行至第四舍顶,天顶之冲,强力莫之与比。如十一,如九,如二,如五,如十二,如三舍,皆约有力,惟六、八、二舍最劣。⑤

---

① 此段当为张氏自述。

② 此段当为张氏自述。

③ "下天正中"即天底。

④ "天中之顶"即天顶。

⑤ 见《天文实用·十二舍性情》。《天文实用》遵从的宫位制应该也是雷格蒙塔努斯宫位制,即与《天步真原》相同,亦即梅文鼎所说的"衡十二宫"。

喜 乐 宫

《象宗》云：水星在一宫，即一门，东方卯上。月三宫，金五宫，火六宫，日九宫，木十一宫，土十二宫。①

① 见《天文书》第一类第十八门"说各星宫度位分"。

《天象源委》卷四

恒　星

　　《天步真源》言：赤道春分与黄道春分相合三万六千年一次。[1] 而《天文实用》言："就今躔度而论，白羊宫起降娄二十八度，止大梁十八度，必应岁差之故，当时黄道春分起娄初，至后退行当降娄二十八度耳。其初星娄宿主风雨，然古多而今少。本风雨言。缘距赤道北，较古为远，遇日加热，能散风雨故"[2]也。考《新西法选要·恒星经纬表》，娄宿在降娄宫，黄经度二十八度四十六分，黄纬度八度二十九分，赤经度二十三度三十二分，赤纬度一十八度四十九分。[3] 以娄宿在今较古为远，则是古为近矣。古近于赤，亦未始能远于黄。意者近字写为远字之误。近赤则近黄，所以能遇日也。今姑存其说，见本卷。第勿深考，只以现测为据。至于赤道春分与黄道春分三万六千年相合一次之说，其所谓黄道春分者，盖就恒星之春分度言耳。恒星有岁差，七十二年差一度零一十二秒，照此推算，亦不必满三万六千年而始相合，意者岁差有不同耳。[4] 然西法之岁差实多于今，今亦姑存其说，见"占变"。第勿深考，所应深考者，宫分之性情与恒星之性情耳。以言宫度之性情不本恒星而生，则何以《天文实用》言"凡谓天有性情皆兼星而言。如宗动天之黄道，设无下星随行，其情莫验，其效难成矣。乃列宿天之黄道，既有恒星布列，其下又有游星，力增效著，所必然也"。[5] 味此言，则恒星之性情即宫度之性情矣。以言宫度之性情，必本恒星而显。则何以《象宗

---

[1]　见《世界部·在天大小会》。
[2]　见《天文实用·恒星总像力》。
[3]　此数据就娄宿一而言。《新西法选要·恒星经纬表》即收入《历学会通》的《新西法选要·恒星性情》（即《天步真原·经星部》）。
[4]　张永祚此论准确，"赤道春分与黄道春分三万六千年相合一次"乃就岁差一百年一度而论。三百六十度正好三万六千年。一百年一度的数值来源于托勒密《至大论》。
[5]　见《天文实用·黄道诸宫性情》。

西占》又言"今将杂星①内选出光显有力者三十星,各星属何宫,系何等第,是何性情,属何方纬度"②。昧此言则既知宫分,尚须辨其星之性情。宫度自有宫度之性情,而恒星亦自有恒星之性情又明矣。平情以论,与其强为合观,不如顺以分观之为得也。且如白羊为火纬本宫③,而杂星不皆火性也。白羊一度至六度为木星界,而杂星亦不皆本④性也。白羊前十度为火分⑤,而杂星亦不皆火性也。《象纬真机》云:用清黑油照天轮行度之色与光,油未详。可识度数逐时之五行。又云:观云气之初生可以验天度之五行。云气初生,天气下降之初也。夫天轮逐时且有五行,天度亦随时有其五行,矧天之本度无有一定之性情乎?但从来观象者惟知观五星中之一星,而不能兼观四星。且惟知观五星中之一星而不能兼观恒星。即能兼观五行与恒星,亦不能为之立象安命,更观其在天顶、在命宫与东出西入之星。此西法之所以为密也。惟知观五星而不及恒星,是得其本而遗其末矣。惟知观恒星而不及五星,据其末而忘其本。可乎?西法于恒星之性情又俱为比例于五星之性以为观。其理似尤属有据。观象者欲操其本不失其末,其先观日月,次观五星,又次观恒星比例于五星之性,而再兼论其所主。如中法紫薇垣、三公主太尉、司徒、司空,阁道主辇路、宫掖之类。又次观云气,仍证之以四时,凭之以人事,庶几无负其观矣。⑥《象宗西占》所言三十星,如人坐椅子等象,与中土所定恒星之形象,名色不可通,故不载入。新西法⑦有"恒星受凌犯表"取黄道左右每至八度内四等之星,列为此表。《新西法选要·恒星经纬表》并载性情,凡在天经星一等二等三等皆载,四等离黄道八度以内者载,五六等小星在八度以内关系星座者另有成书⑧。又求各星在各地方天顶。知北极出地度,即知天顶距赤道。以星纬于距天顶相加减,即知某恒星距天顶。经加九十度,即知赤道东出;减九十度,即知赤道西入。再检《恒星经纬表》,即知恒星同五星东出西入。如欲求恒星之应入某宫,用赤道在天顶变赤道不在天顶。见"求地平宫法"。辑"恒星"。月北恒星须算高卑差。

---

① "杂星"即恒星。

② 见《天文书》第一类第八门"说杂星性情"。

③ 金木水火土又称为纬星,故将火星称为"火纬"。白羊宫主星是火星,即火星的本宫是白羊宫。

④ "本",疑当为"木"。

⑤ 此即三面概念。见卷三"象度·黄道十二宫每宫分为三分"。

⑥ 此处议论颇为重要,阐释了张永祚如何结合中西星占进行观象之法。

⑦ 此处"新西法"指薛凤祚《天步真原》所载历法星占内容。

⑧ 张永祚"五六等小星在八度以内关系星座者另有成书"说法有误,《新西法选要·恒星性情》云:"凡在天经星一等二等三等光大易测皆载,四等离黄道八度以内者载,五六等小星在八度以内关系星座者载,余不载。"

岁　差

《天文实用》云："开辟初时，适当春分。中西皆以是日时中星为征。"注云：中西皆以角初为首宿，即因开辟首日昏时角当天中故也。今依恒星本行逆推，设角退九十六度，计年则七千矣，与《圣经》纪年正合。① 据此说，在开辟时春分角为昏星，至尧时而星为昏星，已差有四十五六度，是相距已三千余年矣。华湘曰：尧之冬至日初昏昴中，今之冬至初昏室中，计今去尧未四千年而差五十度矣。② 按至元十八年冬至在箕十度，至康熙辛未历四百一十年而冬至在箕三度半。授时法每年岁差约七十年差一度，本朝定一年差五十一秒，《康熙甲子年七政时宪》③列宿距度限分依黄道，每年每位加五十一秒。④

恒星大小分为六等与四十八象

《会通》云：论各星大小，一等十五星，二等四十五星，三等二百八十星，四等四百七十四星，五等二百一十六星，六等五十星。⑤ 共一千二十九星。天星共四十八象，十二象在黄道，十五象在黄道以南，二十一象在黄道以北，在南者十有二象，中国不见。⑥

恒星性情

《天文实用》云：中历分垣分宿，计二百八十座，见界诸星尽矣。西国于此见界诸星，约以四十八像。与《会通》合。别加近南诸星，都为六十像。验时依像，推效各异。

---

① 见《天文实用·黄道诸宫性情》。
② 此段议论见华湘《正历元以定岁差疏》(《皇明嘉隆疏朝》卷十八）。华湘（约1470—约1535年），明代中叶学者，精通历法。曾任光禄少卿，掌管钦天监事务。
③ 清代颁布的历书中有一种称为《七政经纬躔度时宪历》。其中记载有该年七政经纬运行度数。此处《康熙甲子年七政时宪》当即指此种著作。
④ 此段中引用他书原文与张氏自己的议论相杂糅。
⑤ 此指古代星等概念。
⑥ 见《纬星性情部·在天经星之性第四门》。"象"即指星座。此处"四十八象"，当是遵从托勒密《至大论》传统。

古历家详察星之形、星之性,与某物合,因以某物像之,是像具有所以然①矣,安得其无效乎?其效最著者,如参、井、心、尾等宿,因内有五车、大星、柱星,故主风;参、觜、大角、贯索,主暴风;昴、毕同日月出地平,主雨;轩辕、南河、狼星主热是也。更详十二宫次各像。就今躔度而论,白羊宫起降娄二十八度,解见前。止大梁十八度,其初星娄宿主风雨。然古多而今少,缘距赤道北较古为远,已详。遇日加热能散风雨故。中星左更性约和平,稍偏干热,末星天阴等较古稍热,照上文解。而为害少。其向北星胃宿、天阿等,多属土火水诸星,甚热,多害。其向南星性冷,易生水②。缘有天囷,属土故。金牛宫起大梁十九度,止实沈二十五度,内有昴宿主风雨及雾,皆较古为少。次有天街、月③等星,古湿而热,今较和平。末为毕宿,主多雷与霹雳。其北砺石,和平。其南天才④、天节,并属火土金月诸曜,无定情。双兄宫起实沈二十六度,止鹑首二十四度,内有井宿、积薪、天镈、五诸侯、北河等星。前者在西,稍湿而热,次者微过于干,后者在东,情杂,亦稍偏干。在北者主风行地动,在南者主天暑地燥。巨蟹宫起鹑首二十四度,止鹑火十二度,首得鬼宿,及水位之东星,主雾多地动,中有无名数星。古和今热,末为酒旗,甚热,又稍主风。南之无名星,并蕴毒热。狮子宫起鹑火十三度,止鹑尾十六度。内有轩辕、御女、少微、长垣以及五帝座。其前星闷毒,居中者稍湿而温平,后星古恶,今约和平。迤北属火,而无恒效;迤南者恒湿。室女宫起鹑尾十六度,止大火六度,其星日⑤内屏而右,以及亢宿多星。前者稍热为害,次者和平,后者主多雨。北者主风,南者和平。天秤宫起大火六度,止大火二十六度,内星为氐,为阵车,为西咸,为日⑥,为天辐。前者多和平而稍干,次者和平,后者主雨,北者主风,南者干毒。天蝎宫起大火二十七度,止析木二十六⑦度,内为房、心、尾、东咸、从官等星。前者主雪,次者约湿而多和平,又次者主天变。北者热,南者湿。人马宫起析木二十六度,止星纪二十八度,内为箕、斗、建星、天渊诸星,又狗国、天鸡等。前者湿且冷,次者温和而稍冷,后者属火。北者主风,南者无恒效而多湿。磨羯宫起星纪二十八度,止元枵⑧二十二度,内为牛女二宿、垒壁阵西西

---

① 此"所以然"乃汤若望在《天文实用》中借用宋明理学话语阐释欧洲星占。此种方式在张永祚《天象源委》中也可以看到。张永祚或是一定程度上受到了汤若望的影响。
② "水",《天文实用》作"冰"。
③ "月"指星官月星,而非月亮。
④ "天才",《天文实用》作"天谗"。天谗为昴宿天区星官之一。
⑤ "日",《天文实用》作"自"。
⑥ "日"并非指太阳,而是一星官,即日星。
⑦ "二十六",《天文实用》作"二十五"。
⑧ "元枵",《天文实用》作"玄枵"。此段中"元枵"下同。

字恐字误。等星。前者性热，为害，次者和平，后者主雨。南北并湿而恶。宝瓶宫起元枵二十三度，止娵訾十五度。内包垒壁阵、虚、危及羽林军。前湿次和，后主风。北热，南主雪。双鱼宫起娵訾十五度，止降娄二十七度。内为云，为雨，为霹雳，为外屏，为奎。前者稍偏冷，次者湿，后者热。北者主风，南者主水。① 其各宫度大小不齐，必因黄赤相较之故。

恒星有五星性，所主天时人事

《会通》云：各星有土星之性，皆属冷属干，下雪雹，坏人命。有木星之性，生风，有福，能救人。有火星之性，大热，雷电，风暴，瘟疫。有金星之性，属湿，属冷，有雨。有水星之性，无定性，同土即冷，同木生风火，乱天气。有太阳之性，亦热，亦生风。有月性，海中乱且浪涌。②

恒星仿他星变性

《天文实用》云：恒星虽同一天，同一行，而其著效于下物则时有异。缘会合他星所仿情性不同故。或与日、与诸游星会，游星指五星。或受其照，或出入地平及至天中，皆与之偕，则仿之。其仿之也，或仿一星，或并仿二三星。以其本性更合他性，其力安得不增，其效安得不倍。如仿土，其效冷时变云雨为雹，以损下物；仿木，虽主风而益下物，却又主雷，亦顺时而缓声，缘木性善故。仿火，主猛雷雨，主酷热。若并仿土则益闷与毒矣。缘二星皆恶故。仿太阳，主多风或加热。仿金，主湿而冷。仿水，无定情。所忌者，并仿他星而合双性。如并仿金必仿火兼仿金。为最恶，毒物甚。并仿木，或仿水兼仿木。主暴风。并仿火或土，效各仿之。所谓并仿者，必已仿一星又兼仿一星。文不明言，必秘之。故其止言仿，并应明言以某星仿。下文有观色以辨之诀。仿太阴，主阴暗，起雾，海水扬波。③

观星色以辨星之仿

《天文实用》云：恒星所仿是何游星，以色别之。最白著而大光者，仿木。最明而

---

① 见《天文实用·恒星总像力》。
② 见《纬星性情部·在天经星之性第四门》。
③ 见《天文实用·恒星各本力》。

光大稍红者，仿日。最亮而色类黄木者，仿金。色如月白而光钝不尖也。且微，仿月。甚红者，仿火。青如铅者，仿土。厌其色而大光者，仿水。云气蒙蒙者，仿月并仿火。昏甚约、无光者，仿月并仿土也。又即光之多寡以测效之强弱，光大明，其效大显。光多闪，主荒乱。光密，力强。至若星稀，则力少。似明似黯，如云如雾，其效必恶。总于其色辨之。①

距黄纬及距赤纬，并居四角等处

《天文实用》云：天圈有定有移。赤道居二极之中，黄道出入赤道内外度分各等，终古常然，命为定圈。地平与十二舍圈皆从地平分，不论天极何居，命为移圈。今论恒星，于定圈只就黄道经而论。凡星入此一宫或彼一宫，即从而得其力。若论强弱，须论黄纬，凡在黄道纬南北七八度内者，必得其力。然亦不等。当躔道线上者，俱得与诸游星会合，其力广。南北距绵②二度，月与土火金水会合者次之。距纬③四度，与月火金合；五度，与金火合，又次之。盖由七政凌犯，以体相掩，或以光相照，因而得其性情，足以补其地远距地远也。行迟恒星行最迟。之缺。就赤道经而论，前后俱无变力之端。就纬论，则力有损益。盖星距赤道北者正照力增，距南者斜照力少也。如论星于移圈，地平宫。星居四角，则其效大显。居各舍之顶，顶是初度。而又当地平东地平。或当天顶，为力必倍。若但居舍顶，或效或否，未可必也。④

依七政八因

《天文实用》云：总论恒星依七政而生占验，其因有八。一因黄经，距纬多少无论。一因凌犯，二体同度分者是。一因光照，以二弦、四、一百二十度。六⑤六舍。诸距为准。一因同出没，依各地平而分。一同至天中，或上或下，正午正子，皆有本效。一因距七政出没，或游出恒没，或恒出游没。一因中与侧之异处，游与恒一星居天上下之正，而一星居其左右，以当地平。一因游恒皆居十二舍顶，或同居，或别居。凡

---

① 见《天文实用·恒星各本力》。
② "绵"，《天文实用》作"线"。距线指距离黄道的度数。
③ "纬"，《天文实用》作"线"。
④ 见《天文实用·恒星较黄赤道等力》。
⑤ "二弦、四、六"，《天文实用》作"三四六"。张永祚此处在"四"之后注释为一百二十度有误，"四"应该为"三"。二弦即四，指四分相位。

此皆为增损本力著效不同之故。①

恒　星　之　权

《会通》云：第一，星大者，权大。第二，色精光者，权大。作事物明白，不暗昧。第三，色不甚光明者，作事物昏暗，不明白。光密，密不散者，作事物稳当长久。光动摇者，如狼星，喜作乱，做人不平心。第四，星正在黄道内，太阳经过，极有大权。第五，离黄道三度，在黄道南，其权在南；在黄道北，其权在北。第六，离黄道三度至五度，太阴、火星常到。第七，黄道七度至八度，金星能到，其权小。②

恒　星　之　权　论　十　二　所　在

《会通》云：一在黄道。二在黄道三度至八度，因与五星相会。三离黄道在北，北有能。四离赤道在北。五在本国头上，与顶近者其力更大。六各星之经同五星之经。七离冬至夏至，同五星一体。八出地平或入地平同五星，能加五星之力。九有五星同各星午时圈，其力大。十各星自出地平。十一自入地平。十二五星照其光，其力为软。③ 日月且喜五星吉照，恒星何为不同？

恒　星　性　情　歌

降娄戌宫。恒星初起。④

---

① 见《天文实用·恒星较黄赤道等力》。
② 见《纬星性情部·在天经星之性第四门》。
③ 见《纬星性情部·在天经星之性第四门》。
④ 此部分当为未竟之作。

《天象源委》卷五

占　　时 风雨雷雹雾露霜雪

《易》曰："天地定位,山泽通气,雷风相薄①,水火不相射②,八卦相错。"又曰："雷以动之,风以散之,雨以润之,日以暄③之,艮以止之,兑以说之,乾以君之,坤以藏之。"在《书》之《洪范》曰："八、庶徵,曰雨,曰旸④,曰燠,曰寒,曰风,曰时五者来备,各以其叙,庶草蕃庑。一极备,凶;一极无,凶。"庄子曰："木与木相摩则燃,金与火相守则流,阴阳错行则天地大絯⑤,于是乎有雷有霆,水中有火,乃焚大槐。"故阴阳之精为日月,五行之布为五星。而五行之情不止于相生相克两端,又有相济之情。如水火之相济,人所共知者。而金木之相济,人所未察。如木为生气,主生长百物,而无金气以为收,则生而不能成,有如果实然。阳舒为华,阴敛为实。阳以发生,阴以凝结。昼气属阳,夜气属阴。阴阳循环,物乃成形。又有相薄之情。或火与金薄,金与火薄。火走则奋而为雷,金走则结而为雹。或水与火薄,火与水薄。火走则流而为电,水走则散而为霖。又有相迫之情。以水迫火而火反见于上,以阴迫阳而阳反著于外。或迫之甚,如日食以阴掩阳而反成旱干。或迫之未甚,阳虽暂露而阴终密布,火虽上见而雨即下施。又有相抑之情,以土抑火,而火之发必毒。以阴抑阳,而阳之性不和。大抵木不挟水,则风不长。水不挟火,则雨不大。金火不挟土,则雷不坏物。木火不挟土,则风不伤人。情状既繁,难以枚举,效验自别,理可类推。又星之冲会仍复辨其宫度,虽不论干支而干支已寓于其中。仍复占以四时,虽不论月

---

① "薄",入之义。指雷风虽各动,却能相入相应。
② "射",音 yì,厌烦之义。即水火虽异性,却相互资助以成而不厌烦。
③ "暄",又作煊,干之之义。
④ "旸",日出晴天之义。
⑤ 王先谦《庄子集解》云:"《释文》:音骇。宣云:骇,动也。"据此,"絯"音 hài,为惊动义。

建而月建已存乎其内。只此风雨雷雹雾露霜雪，得其常则百工叙，失其常则百事乖矣。然风雨之来，其大者为天象之征，其小者为地气之召。惟考天象而不考地气，但知阳而不知阴之学也。如江南芒种后逢壬入梅①为梅雨。江北并无梅雨，而惟长伏水。盖水至伏而每涨，犹水得火而势浩大也。《史记·天官书》云："自华以南，气下黑上赤。嵩高、三河之②气正赤。恒山之北，气下黑上青。勃碣海岱之间，气皆黑。江淮之间，气皆白。"地气有南北东西之不同。则其为风雨也，其不关乎天象而小者，但观云气可以得之。其有关乎天象而大者，应之多寡要亦有南北东西之悬殊。审几③者其静体之可耳。辑"占时"。

星 宫 性 情

七曜在舍占天时

《会通》云：土星在舍，冬至天寒，夏至天温。木星在舍，天晴气爽，小风。木主风。火星在舍，或热或干。太阳在舍，大热，有小雨，热能致雨，若不与他星有干，则热极亦能生风。金星在舍，有小雨，天不冷比木星为冷。不热。水星在舍，天气善变，水性动。无三日不变。月在舍，有雨有云，常变。④ 月阴象云是阴之气，月行疾故善变。

亥卯未子午宫并月金水所主

《象宗》云：凡双鱼、巨蟹、天蝎三宫系水局。狮子、宝瓶并太阴皆主大雨水。金星亦主雨并雾露。水星主风云微雨。土亦主云雾。若当年安命主星⑤，并四季安命主星⑥，并朔望安命主星⑦，是太阴或金星，又在亥、卯、未、子、午宫分内一宫，月金水

---

① "逢壬入梅"指芒种节气之后遇到包含天干壬的日子即入梅。

② "之"后，《史记·天官书》有"郊"。

③ 《周易·系辞》云："几者，动之微，吉之先见者也。"

④ 见《纬星性情部·日月五星之权第二门》。

⑤ "当年安命主星"指为一年时间所安天宫图（即安年命宫，又称年命星盘、年命），决断一年的情况。安年命宫的方法，据《天文书》伊斯兰底本介绍，乃是以太阳到白羊宫初度时刻安命宫。

⑥ "四季安命主星"指四季所安天宫图（四季命宫）的主星。四季命宫是指以太阳到二分二至的时刻安命宫的天宫图，用于论断天气等。关于四季命宫安命法介绍见 Michio Yano 的《Kūšyār Ibn Labbān's Introduction to Astrology》。

⑦ "朔望安命主星"指朔望所安天宫图（朔望命宫）的主星。朔望命宫指以朔时或望时的天象所安的天宫图。

三星内一星为命主星，而二星与之相照，主依旧雨多。① 命宫主星或月在亥卯未子午宫，而金水与之相照，主雨；或金为命宫主星，在亥卯未子午宫，雨水；月与之相照亦然。水仿此。在水局应雨不必言。在午亦雨者，热能蒸为雨也。在子能雨者，性相同也。

太阴近朔望

《象宗》云：太阴近朔望，主雨水。朔望何以易雨，日月相合与相冲之故。

太阴行疾 检自行轮与倍离圈

《象宗》云："太阴行疾度数渐增，主雨水。"气盛之时。

太阴升高

《象宗》云：太阴在小轮上，自下往上升高时，主雨水，从上弦至望日是升高之时。未可以此为定，宜检自行。

水星交宫并行迟

凡水星每交一宫，则天色更改，晴则阴，阴则晴。凡星交宫则改性而水更甚。若水星行迟，不问在何宫分，亦致天色更改并阴雾。迟则力重。

水行迟，月金在亥卯未 水当行迟之时，与金星太阴同在亥卯未相照

《象宗》云：水星行迟，或太阴，或金星，在亥卯未宫，主雨连阴。

金冬至顺行

金星冬至顺行，在东冬至雨少，冬至将尽，雨大。②

金星退行，月在丑子亥 金性润，退行更甚，在东力大，而月又在丑子亥喜雨之宫。若日在戌宫日旺雨少。若日在未宫，日不旺，雨多矣

金星退行，又在东。月在磨羯、宝瓶、双鱼，春分雨少，夏至雨多。

黄道十二象，每象三分，主天时，分南北 未验过，与黄道宫每宫分为三分不同

《会通》云：白羊第一分③作风作雨，二分不热不冷亦有热干，三分热。北方有火

---

① 见《天文书》第二类第六门"说阴雨湿润"。后紧接之"太阴近朔望"至"水行迟，月金在亥卯未"节同。
② 见《世界部·春秋分至论天气》。下节"金星退行，月在丑子亥"同。
③ 此"分"即三面概念。

星之性,属热。南方有土星之性,属冷。金牛第一分有昴星,不吉,<small>查昴星合在第三分而此指为一分,必因岁差之故。</small>有风雨乱天气。其二分温湿多。三分属热,大雷电。北方湿,南方多不同性之星,其性不冷。阴阳第一分湿。其二分温。其三分干,性不定。北方主风,南方生燥。巨蟹第一分大干大燥,二分三分大热大干。北方干热,南方坏人物。狮子第一分热干,二分三分温。北方热干,南方湿。双女第一分热,坏物。二分温有雨,三分温。北方生风,南方气冲和。天秤第一分干,二分温。三分温,有雨。北方生风,南方坏人命。天蝎第一分雪,二分温。三分天气乱,有风雨。北方热,南方湿,如象,性温。五星之性亦温,相遇又有权,即雨,余皆同。<small>此诀也。</small>人马第一分冷湿,二分冷,三分热干。北方生风,南方不定,亦湿。磨羯第一分少热,坏物。二分温,三分有雨。北方温,坏物。南方湿,坏人。宝瓶第一分湿,二分温,三分生风。北方热,南方温,飞雪。双鱼第一分冷,二分温,三分热。北方生风,南方生水。①

立象安命法

二分二至及相近朔望占天时

《会通》云:论天气,看春分及春分相近朔望,秋分冬夏至皆然。见春分即知春分三月,见春分朔望,即定春分三月。四季皆同。<small>亦有定转宫、二体宫、一年、半年、四季占之法。</small>第一要看命宫,<small>分至朔望之安命宫。</small>次即日月宫,<small>日月宫论其强者。</small>次送朔望之宫。日月二曜中取强者论,<small>如日强论日,月强论月。</small>如日在午巳为送宫,其宫要取五星有权者为主星,论其燥湿及顺行逆行。②<small>望时日月有两宫主星,亦照此取强者论。</small>

朔望占天时法

《会通》云:看朔望主星<small>是日月并看矣。</small>及主星所在宫寒热燥温,命宫主星及命宫主星所在宫寒热燥湿,及五星<small>此云五星即上所指主星。</small>所在黄道宫之性。如宫为白羊,即火星之性。上看局,此看宫。又看十二宫之四角内<small>先命宫,次十宫,次七宫,次四宫。</small>及上来者十一、八、二、六③。下去者④之性。以探其往来消息,十二、九、六、三。又看朔望及上下

---

① 见《纬星性情部·黄道一十二象第五门》。

② 见《世界部·春秋分至论天气》。

③ "六",当为五。

④ "上来者"即上来宫、递上星(十一宫、五宫、八宫、二宫),"下去者"即下去宫、递下星(三宫、六宫、九宫、十二宫)。

弦后月离五星六十、九十、一百二十、一百八十度。即照冲以占将来。再看主星同相近之经星相助何等之力。假令主星是湿，各星性亦湿，即雨多；俱干，即旱多；各性如不同，为天气多变。各地方旱涝不同，看各处天顶经星同五星之性。其地方不远，旱涝相反者以此。凡在本地方观晴雨，日日观东方出地平再观星之东出地平。及天顶上星，不过一年，阴晴可以尽知。① 占岁仿此。凡月内算朔望，亦要算上下弦。间有来去消息。

月内占晴雨四法

《会通》云：朔时月②与日月相会宫之主星，或会或冲或弦照，其日天气必变。要看主星及主星之宫之性，干则晴③，湿则雨。月与朔望宫主星会冲弦，此单看。月日可并看。二法月到朔日命宫，如安命在白羊一度，月到白羊一度，天气必变，如上占。三法月命宫到主星，天气必变。取命宫几时到主星，以命宫赤道度减主星所在赤道度，如主星赤道度少加一圈减之余数十三度一十一分作一日。见流日法④。如余三十九度，即是月之初三日天气有变。以上三法极真。即朔命宫也。第四法五星入其最高冲之宫，有表。亦主天气有变。如土星至白羊之类。⑤

黄 道 宫

太阳交巨蟹视火星 即最高

《象宗》云："太阳交巨蟹宫初度，夏至。此时火星先太阳出，主天色极热。"⑥

太阳交磨羯视金星 即最卑

太阳交磨羯宫初度，冬至。此时金星先太阳出，主天气极寒。

---

① 见《纬星性情部·杂会论天气》。
② "朔时月"，《世界部》作"朔后月"。
③ "晴"，《世界部》作"暗"。
④ "流日法"见卷十一"命法"。
⑤ 见《世界部·月内占晴雨天气变有四法》。
⑥ 见《天文书》第二类第五门"说天时寒热风雨"。此节至下"日在申月在寅观风"并见《天文书》第二类第五门。

太阳交巨蟹，月与火冲复离火 即最高

太阳交巨蟹宫初度，若太阴与火星相[1]后，火冲月往往冷者，先逼出阴气及人也。离了火星，又在寅午戌宫分内，火分。主夏季极热。

太阳交磨羯，月与土合复离土 即最卑

太阳交磨羯宫初度，若太阴与土合后复离，土星在巳酉丑宫分内，土分。主冬季天色极寒，有雪。

日在申月在寅观风 小满后也

《象宗》云：太阳在阴阳宫，太阴在人马宫，看此时有和风，则一年之风皆善风；恶则一年之风皆恶。阴阳系申宫，为风局之首，故云然。

日在白羊金牛，金退行

《会通》云：日在白羊或金牛，其时金星退行，其年春分三月雨多。[2] 金星必同在白羊金牛。

日在火界

《会通》云："日在火星界上，夏至热多，冬至春分干多。"[3]

太阴金水交亥卯未宫

《象宗》云："太阴、金星、水星初交亥卯未三宫，主及时雨。若不当雨时，则天昏暗，风起扬尘。"[4] 太阴必同金水交亥卯未三宫也。

土在申子辰亥卯未 及火木金水在

土星在申子辰，或亥卯未宫分，主天寒雨雪雾暗。若火星在内，主天热并热风，又主天旱、井泉水少。若木星在内，则有和风。若金星在内，则和风不急。若水星在

---

① "相"后当有"冲"字。
② 见《世界部·春秋分至论天气》。
③ 见《世界部·春秋分至论天气》。此处张永祚漏掉了一个论断条件，《世界部》原文为："冬夏至日在火星上，夏至热多，冬至春分干多。"
④ 见《天文书》第二类第六门"说阴雨湿润"。

内，则清风频转方位。① 须论四时，申子辰，气分。亥卯未，水分。水亦主风，次于气。土在内，不为风，而为雨雾。火木金水在内，毕竟单指气分言为验。

月金水在亥宫或亥三合

《象宗》云：太阴、金星、水星皆在亥宫或亥宫之三合，则雨多，有水灾，甚广。② 亥三合，亥卯未也。

火在本宫及土星宫

"二至二分，火星在本宫内，三月之中雨甚多，以热能生水。恐太热则干。火星在土星本宫，三月之中雨少，在他星本宫亦雨少。"③ 总须活看。火在土宫一热一冷，两情相竞。火胜则晴，土胜则雨。天气燥闷有之，何为无雨？在他星官亦不得为雨少。

地 平 宫

命主星为月金水 凡称命主星，该当年四季朔望

《象宗》云：命主星是太阴，主大雨水，多且广。是金星，则有风雨阴晴雨水。是水星，则风云多，雨少。若已上星在主星位分不系雨时，则阴晴风起微雨。④

命主星月金水在亥卯未子午宫

《象宗》云：当年安命主星、四季安命主星并朔望安命主星是太阴或金星或水星，又在亥卯未子午宫分内一宫，主雨；或三星内一星为命主星，二星与相照，主依旧多雨。此节与前文略同。若已上星在主星位分不系雨时，则阴晴⑤风起微雨。⑥

命宫主星或金或水木或月，与月金水交相照

《象宗》云：命宫主星或金或木或月，遇太阴、金、水在亥卯未宫，与金、木、月交相

---

① 见《天文书》第二类第五门"说天时寒热风雨"。
② 见《天文书》第二类第六门"说阴雨湿润"。
③ 见《世界部·春秋分至论天气》。
④ 见《天文书》第二类第六门"说阴雨湿润"。"若已上星在主星位分不系雨时，则阴晴风起微雨"，张永祚节录有误，《天文书》原文为"若已上星在所在位分，不系作雨时节，则阴暗风起微雨"。
⑤ "晴"，据《天文书》当为"暗"。
⑥ 见《天文书》第二类第六门"说阴雨湿润"。

照，月止与金、木交相照。或在命宫或十宫，又是亥卯未宫，亦主雨水频频，比土稍减，不为灾。命宫主星金，遇月、水在亥卯未水分，与之照，而亥卯未又作命宫或十宫，有权，润象重重，焉得不雨？木月仿此。

命宫主星土与月金水照又降下

《象宗》云：安年命宫主星是土星，遇太阴、金、水在亥卯未宫，与土相照，或在命宫或十宫，又是亥卯未宫，土星又当降下之时，亦主大水。① 命宫主星土，遇月、金、水在亥卯未水分，与之照，而亥卯未又作命宫或十宫，值土又降下，以冷兼润，安得不雨？冷阴象。所以热能致雨，冷亦能致雨。当热时而冷，阴胜阳，故春夏冷则多雨。当冷时而热，阳胜阴，故秋冬热则多雨。

命宫主星火与月金水照，及金水又逆行

《象宗》云：当年安命宫主是火星，遇太阴金星水星在亥卯未宫分，与火星相照，火又在十宫或在命宫或十宫又是亥卯未宫，主无限大水。若金水又系逆行，复遇恶星相照，则水灾尤甚。命宫主星火遇月金水在亥卯未与之照，而亥卯未又作命宫或十宫，主水者以热能发水也，水非热势不大。

太阴在安命宫离土遇日

《象宗》云：太阴在四安命宫年季朔弦。遇土星后离土星，却遇太阳，主夏季极热，冬季极寒。冬季极寒，太阴应离太阳后又遇土。

太阴在安命宫，离火遇金或离金遇火

《象宗》云：太阴在安年命宫，或四季命宫，或朔望命宫，或二弦时②遇火星后离了火星，又遇金星。或先遇金后遇火，主雨水多。③ 月金火以热兼润，故雨多。

太阴在安命宫与土木火各星照

《象宗》云：太阴在四安命宫④与土星相照，主冬季极寒，多雪；与木火⑤二星相照，则多风。⑥ 火炎上亦能生风。

---

① 见《天文书》第二类第六门"说阴雨湿润"。
② 《天文书》原文此处"或二弦时"作"太阴与太阳相会时，或二弦时，或相望时"。
③ 见《天文书》第二类第五门"说天时寒热风雨"。
④ "四安命宫"当指"安年命宫，或四季命宫，或朔望命宫"。
⑤ "火"，《天文书》作"水"。
⑥ 见《天文书》第二类第五门"说天时寒热风雨"。

太阴在四正柱上

若安年命宫或四季命宫或朔望命宫,太阴在四正柱上,主大水。安年命宫见之,应在其年,四季朔望例此。①

太阴在六阴宫

《象宗》云:太阴在当年安命宫星盘内第十宫、九宫、八宫、四宫、三宫、二宫六阴宫分,主多大水,若在此宫相对宫分五、六、七、十一、十二、一。系阳宫,主雨水少。②

年命星盘分四行,视火土之在 大抵占天时用分处居多

《象宗》云:若年命星盘是火宫,寅午戌。土星在内则减热,火星在内则发热③。年命星盘是土宫,巳酉丑。土星在内则添寒,火星在内则减寒。年命星盘是风宫,申子辰。土星在内则减热,火星在内则添热。若太阳、木星、水星或二星在风宫,则多风。年命星盘是水宫,亥卯未。土星在内则添寒,火星在内则减寒。④

命宫前有土火二星在寅午戌亥卯未

《象宗》云:若近安年命宫之前,或近四季安命宫之前,或近朔望安命宫之前,有土星在寅午戌宫分内则减热,在亥卯未宫分内则天气极寒;有火星在寅午戌宫分内,则天色极热,在亥卯未宫分内,则天色减寒。⑤

命宫前有星在申子辰,或与申子辰相照观风

《象宗》云:若近安年命宫之前,或近四季安命宫之前,或近朔望安命宫之前,七曜内一星在申子辰宫,或与申子辰相照,则多风。看星何性,其风随其性也。观风自何方来,看本星二三度⑥属何方。若火星在其宫,申子辰。则有恶风,天红云色。若土星在内,则不⑦风不急而寒。若木星在内,则有和风,比土星之风微急。若金星在

---

① 见《天文书》第二类第六门"说阴雨湿润"。

② 见《天文书》第二类第六门"说阴雨湿润"。

③ "发热",《天文书》作"添热"。

④ 见《天文书》第二类第五门"说天时寒热风雨"。

⑤ 见《天文书》第二类第五门"说天时寒热风雨"。

⑥ "二三度",《天文书》作"纬度"。

⑦ 据《天文书》,此"不"字当为衍字。

内,则和风带润。若水星在内,则有清风。①

朔望命主星与七宫主星照

朔望安命宫主星与第七宫主星相照,或移光相沾,或聚光,似此亦主当时有雨,不当雨时则天暗,风,热时则极热,冷时则极冷。② 七宫者,相对命宫之宫,观配偶视此宫,观仇敌亦视此宫。故观雨亦视此宫。此宫主星如与命宫主星相接,相和有雨,相战亦有雨,故云云。

开 门 之 理

太阳舍巨蟹、土舍磨羯

《会通》云:如太阳舍在巨蟹③,土星在磨羯,不论何时,相会冲方④,或太阳在未,而土亦在未,或相弦照。即为开门⑤。门开即有入门者,其冷热晴雨皆倏忽有变。⑥ 未系太阴本宫。

开门有三

《会通》云:一、土星、太阳是开水门。若在冷干宫、温热宫,定有大冷、大云、大昏沉。若在湿冷宫,定大雪大雨,夏至则冷雨。若土星权大于太阳,其冷更甚。土性冷干,力大,会日则冷融化而为水,不干矣。故加以宫性之冷干为昏沉,加以宫性之湿热必大雨,加以宫性之湿冷,冬则雨雪,夏成冷雨云。二、木星、水星是开风门,坏树木房室。三、火星、金星是开水门,有雹,雷霆,坏树木。⑦ 金性润,火性热,润遇热而更润,故为开水门。火性燥,金性冷,以冷抑燥而燥愈甚,雷之发所自来矣。

---

① 见《天文书》第二类第五门"说天时寒热风雨"。
② 见《天文书》第二类第六门"说阴雨湿润"。
③ 太阳之舍(本宫)当为狮子。
④ 指太阳与土星相会、相冲、相方(弦照)。
⑤ "开门"指本宫相冲的日月五星之间,形成一定相位的现象。本宫相冲的日月五星组合有三种:日或月与土星(太阳本宫是狮子,月亮本宫是巨蟹,土星本宫是摩羯、宝瓶,狮子与宝瓶相冲,巨蟹与摩羯相冲),木星和水星(木星本宫是人马、双鱼,水星本宫是双子、室女,人马与双子相冲,双鱼与室女相冲),火星和金星(火星本宫是白羊、天蝎,金星本宫是金牛、天秤,白羊与天秤相冲,金牛与天蝎相冲)。这三种组合形成一定的相位均称为开门。即下"开门有三"所介绍的内容。
⑥ 见《世界部·论天气开门之理》。
⑦ 见《世界部·论天气开门之理》。

会冲方无他星，及有月有金水并有退行之星在内

开门一为相会相冲方，中无他星。无他星，论前行星之性，在后者不论。如太阳追土星相会冲方，则论土之性。土退追日会冲方，论太阳之性。前者为首。一为会冲方之中有月在内，离一星近一星。视月之离与近。一为会冲方之中有金星、水星在内。中间相近一星论其性，如近太阳定善定热，近土星定恶定冷。若中间有退行之星，定开大雨之门。① 亦当视其星之性。

五星在日光下并退行

春分时四正宫内五星在日光下，必云多有雨。夏至热雷，秋分冷雨，冬至云多南风。若五星俱在日光下，则论星之强弱与主客，再论星之远近，远日者稍为有权。金水在日光下，春秋时作冷作温②，春分风多。作冷作湿，金水与时相成，而在春更为多风。夏至热有雷，热亦与时相成，而雷由金气和日所致。冬至云有南风，云系金所生，风系水所发，而南因日之温。土星、火星、木星亦略同。秋分时五星或一或二或三在日光下退行，主一年大旱。亦宜论星之性。夏至五星顺行，天气冲合。五星有一二退行并权大者，夏至热。亦宜论星之性。五星退行热，顺行寒。③ 顺行应平和。

七　曜　会　冲 ④

日月

《会通》云："太阳、太阴会冲方，湿宫雨，热宫干晴。"

土日

"土星、太阳会冲方为大门开，大雨雪雹。春分冷雨，夏至雹雷减热，秋分冷雨，冬至冰雪云。"

土月

土星、太阴会冲方，湿宫冷云小雨。月与土同性冷，故雨小。月满天蝎人马，加冷。

---

① 见《世界部·论天气开门之理》。
② "温"，《世界部》作"湿"，当为笔误。
③ 见《世界部·春秋分至论天气》。
④ 此部分均见《世界部·论天气日月五星之能》。

应加雨。月空，干，黑云小雨。干则雨不能大。春分天气变，夏至湿减热，秋分云，冬至雪冷。

土木

土星木星相会及冲方，各减冷。木可减土之冷。湿宫加水。春分在湿宫，冷热多变。夏至雷有雹，雷者木之升，雹者土之结，皆乘热而成者。秋分大风大水。风因木，水因土。全看上下，如土星在上，天气风雨大雷饥疫，土权大之故。木星在上相反。

土火

"土星、火星相会及冲方，前后数日大雨雹，大雨火之力，雹则土之凝。天气坏，坏则昏暗，不分上下。春分大雨雹，夏至大雨雹，秋分大水，冬至减冷。"火减土之冷。乾隆二年十一月二十四日，火土正冲，火在寅，土在申，逆行，冲，前后颇雪冷，本日之夜大雷雨。

土金

土星金星会冲方，湿宫雨水，春秋分冷雨，夏至倏忽雨，夏至土金力减，故止倏忽雨。冬至雪冷。

土水火

土星、水星、火星会冲方，干宫旱。在干宫则火不能融土之冷。温①宫大水。在湿宫则火能发土之性，而成为大水矣。热宫风，水与火俱成风。冷宫冷干，水火俱成干性。春分风雨，夏至同，因春夏热而成。秋分风云，冬风雪。因秋凉冬冷而成。

木日

木星、太阳会冲方，天气和，天晴，小风细雨，细雨和气所生。凡物皆冲和，春分秋分风，夏至小雷，冬至小冷。

木月

木星、太阴会冲方，有风，天晴冲和，湿热冷干随所在宫之性，俱不大不小。木主风，月性疾，故相合为风。湿热冷干指宫气而言。

---

① "温"，据《世界部》当为"湿"。

木火

木星、火星会冲方,热宫、干宫大热,有风。湿宫大雨热极所致。雷电。雷为木所升,电为火所发。春分风,春气,木也。天气不安,夏至热,大雷。秋分风,秋系消散之时故为风。天气不安;冬至天气冲和。

木金

木星、金星会冲方,天晴和生物,皆养人,湿宫雨,湿助金以成雨。别宫天晴,风①。热宫则热性,助木而生风。

木水

木星、水星会冲方,有风,热宫内大旱,热风,亦为门开。

火日

"火星、太阳会冲方,热宫大干大热,湿宫有雹宫性湿,或为火日遇,出成雹,外击。大雷电,冷宫风极大,宫性冷则热性外奔而生风。春分秋分风干,夏至大热雷电,冬至减冷。"

火月

火星、太阴会冲方,湿宫有雨,湿胜故。热宫、干宫有大热红云,热胜故。夏至雷,火必发。大抵天气有变。

火金

"火星、金星会冲方,亦为大门开,春分秋分水极大,夏至雨,冬至减冷,定有兵起。"见"开门有三"条注。

火水

火星、水星会冲方,春分风,冬至雪,夏至雷电,秋分大风。热宫、干宫,大热大干。春多风之时,火与水两性合为风,火行水亦行故也。秋当气爽之时,故为风且大。夏当热之时,火与水两情乘而为雷电。火性猛烈,以水抑之,气必冲撞,所以成雷光,必四射,所以成电。冬当凝冱之时,非火则水气不上行,何以为雪之本?故水火会冲,水乘火气上行凝而成雪。

---

① "风",《世界部》作"小风"。

金日

金星、太阳会,湿宫气①有雨,四季皆有雨,夏至雷。同火金。

金月

金星、太阴会冲方,小雨,春分湿气云,夏至小热,秋分云,冬至雪。天气乱。金润月湿,故雨。日小者较之土日之开水门为小,在春且多湿气并久云阴,在夏则可以减夏之暑热,秋分湿少而云多,冬至并凝而为雪,皆因时以成之理也。

金水

金星、水星会湿宫,风云。以润而合湿宜乎雨矣,惟主风云者,水性使之然也。

水日

水星、太阳会,湿宫湿气有雨。以风热乘湿之故。干宫热干,有热风伤人,以风热乘热之故。大抵有风。风乘热所致。

水月

水星、太阴会冲方,干温②冷热随十二宫之性。水行疾,月行亦疾,故善于随物之性以为性。

杂 会 冲

月在子与日弦冲

《会通》云:月离日一百八十度或九十度,月在宝瓶,雨。③宝瓶,多雨之宫。以月秉之性相近,而且又与日弦冲,当弦望之时,焉得不雨?

日月合时土相冲照

二至二分前朔望日月相会冲处,土星若在一百八十,及九十,及一百二十,及六

---

① "湿宫气",《世界部》作"湿气"。
② "温",《世界部》作"湿"。
③ 见《世界部·杂会论天气》。

十度，必有雷电。① 冬至前土必合冲火，方雷电；否则日月与火合，而土又冲之，始雷；若止与土冲，主雪冷。

月离日或金，冲在辰戌卯亥

月离日或金星，冲，是月初离日，金冲月，并冲日故。在白羊、天秤、天蝎、双鱼内，有雷电雨。② 金在白羊天蝎雷电，天秤双鱼雨。

月与土冲照水金离木

春分前朔望，月离土星六十、九十、一百二十、一百八十度，土月③皆在温宫，黑云常有小雨，或水星金星离木星六十九十一百二十一百八十度，雨大且久。④ 再加水金离木，雨大且久者，以润乘热之故。

月与火冲视日

月与火冲，火在天蝎，日在宝瓶或双鱼，雨。⑤ 月与火冲，火在水分湿宫，而日又在子亥多雨之官，故应雨。

月与火会，金水冲照火，及日土木冲照火

月与火星会湿宫内，其时金星、水星离火星六十、九十、一百二十、一百八十度，大雷电冰雹，不能有雨。若火星离日与土星、木星六十、九十、一百二十、一百八十度，即日雨。⑥ 以日土木力大于金水也。

月与金水合

月与金水相合，有雨，二星皆合必雨。⑦ 湿性相合之故。

水金同月在湿宫

二至二分，水星金星同月在湿宫，大雨。⑧

---

① 见《世界部·春秋分至论天气》。
② 见《世界部·杂会论天气》。
③ “月”，《世界部》作“日”。
④ 见《世界部·春秋分至论天气》。
⑤ 见《世界部·杂会论天气》。
⑥ 见《世界部·杂会论天气》。
⑦ 见《世界部·杂会论天气》。
⑧ 见《世界部·春秋分至论天气》。

月入子亥，与水冲照

月入宝瓶、双鱼，天多变，离水六十及九十，及一百二十，及一百八十度，雨。① 月入宝瓶、双鱼，而与水三六合、弦、冲。

日月金水相会

日月金水相合，必雨。②

金月冲照，及水金冲照

冬夏二至，金星离月六十、九十、一百二十、一百八③十度，金星在湿宫，雨甚多。冬夏二至，水星在天蝎，离金星六十、九十、一百二十、一百八十度，大雨。④ 天蝎水分。

月在阴宫，与退行星冲照

月在阴宫⑤，与退行之星六十、九十、一百二十、一百八十度，必雨。⑥ 亦宜论星之性。

金火冲照

金星离火星六十、九十、一百二十、一百八十度，在天蝎，雨。⑦ 天蝎水分。

杂　照

太阴与五星照

《象宗》云：太阴与金星、火星相照，主雨；与木星、水星相照，则风；与土星相照，则极寒风雪。⑧

---

① 见《世界部·杂会论天气》。
② 见《世界部·杂会论天气》。
③ "八"，《世界部》作"六"。
④ 见《世界部·春秋分至论天气》。
⑤ "阴宫"见前"太阴在六阴宫"节。
⑥ 见《世界部·杂会论天气》。
⑦ 见《世界部·杂会论天气》。
⑧ 见《天文书》第二类第六门"说阴雨湿润"。

太阴在水宫与金照

"太阴在水星宫分内,与金星相照,主雨多阴重。"①

太阴在水宫分,水又与金照

太阴在水星宫分内,水星又与金星相照,则阴雨多且大。②

太阴离一星,又与一星冲照

太阴先与一星相照及相离,后又另与一星相冲照,后相照之星却是太阴所在宫主星,主润泽并风。③ 月与宫主星冲照,主风雨,然亦宜论星之性。

附

五星在最高冲 七政行最高卑,推步所重,而占验书惟载于此卷,目此亦可以类推见

五星在最高冲,天气必有变。④

金后太阳西入

金星后太阳西入,在亥卯未三宫内一宫,主当时有雨。亥卯未水分。若又有太阴、水星相照,主有雨尤多。但止一件不全,则雨稍减。⑤

附冬至用时日占一年及用秋分占明年法

《会通》云:冬至子时看天气,子至卯主七日半,卯至午七日半,午至酉七日半,酉至子七日半,共一月。冬至后第一日主十二月,二日主正月,用十二日知一年大概不爽。⑥ 大抵明年雨多雨少占秋分,以秋分本性湿故。⑦

---

① 见《天文书》第二类第六门"说阴雨湿润"。
② 见《天文书》第二类第六门"说阴雨湿润"。
③ 见《天文书》第二类第五门"说天时寒热风雨"。
④ 见《世界部·月内占晴雨天气变有四法》。
⑤ 见《天文书》第二类第六门"说阴雨湿润"。
⑥ 见《世界部·杂会论天气》。
⑦ 见《世界部·春秋分至论天气》。

《天象源委》卷六

占　变 _{大会、交食、扫、流}

　　《象纬考》载：一、瑞星，一曰景星，二曰周伯，三曰含誉，四曰格泽；一、流星；一、妖星，一曰彗星，二曰孛星，三曰天棓，四曰天枪，五曰天欃云，六曰蚩尤旗，七曰天冲，八曰国皇，九曰昭明，十曰司危，十一曰天欃彗，十二曰五残，十三曰六贼，十四曰狱汉，十五曰旬始，十六曰天锋，十七曰烛星，十八曰蓬星，十九曰长庚，二十曰四镇，二十一曰地维藏光；一、客星，一曰老子，二曰国星，三曰温星，老子一星，休咎半之，国星、温星皆为休征。至宋《天文志》，而其名更增，其占更详。然所谓详者，不过详其形状而已。而推测之详，孰有详于薛氏之所定者。一七政之会也，而有大小会之不同，且有年月日之可考，会于某宫之有权无权。一交食也，而有命宫主星及交食宫①主星之分。且食时有经星之占，又有五星相合、经星与五星相合之占，又有在各人命宫四柱内等占。一扫孛也，亦作十二宫占，其占之详且密更有百倍于古者，故曰古疏今密，不特推步为然，观象亦何独不然。辑"占变"。

总　论

　　《会通》云：天下之变有关一国者，有关一城者，变有大小之分，其小者见于二分二至，应于地下不过人事之常。其大者应于地下为洪水，为地震，为瘟疫，为大兵，事非寻常，则天象之见亦非寻常，如大会、日月食、扫流等是。②

---

① "交食宫"指依据交食发生情况所安天宫图中，交食所在的宫位。交食宫与交食命宫不同，交食命宫指所安天宫图的第一宫位。

② "等是"之"是"，《世界部》作"事"。此段论述见《世界部·论世界大权》。

在天大小会

《会通》云：一、赤道春分与黄道春分相会，三万六千年一次。二、土星、木星相会白羊初度，七百九十五年。① 《象宗》云：土木二星同宫同度时，十九年三百十四日十四时零一刻半②相遇一处，为一次相会。③ 是不及二十年会一次，此言七百九十五年约可会四十次。然《象宗》又云：前后共相会四十九次之后方交火局④。似此则相会四十次之时尚在水局，不知何以此土木相会白羊却定为七百九十五年也。其详见"世运"中。三、土星、木星相会，一百九十九年会金牛方为大权。如会白羊再会狮子再会人马，不为大权，惟过一百九十年会金牛在别三合宫内，方为大权。一百九十九年会阴阳，又一百九十九年会巨蟹，又一百九十九年再会白羊，其权更大，四项共七百九十五年。⑤ 据《象宗》云，会一次过八宫又二度二十五分，则一百九十九年之后尚未能交别局。详见"世运"。

四、土星到白羊初度，三十年行周十二宫，又到白羊初度，不拘何时，总为大权。五、土木星相会，不拘何宫，二十年一次。⑥ 不及二十年，此犹是旧西法⑦之约数，下同。六、木星到白羊初度，十二年一次。七、火星、木星相会，不论宫，二十七月一次。八、太阳、火星相会，不论宫，二十六月一次。九、土星、火星相会，不论宫，二十五月一次。十、火星到白羊初度，二十三月一次。十一、太阳、木星相会，不论宫，十四月一次。十二、太阳、土星相会，不论宫，十三月一次。十三、太阳到白羊初度，十二月一次。十四、金星、太阳相会，二百九十二日一次。十五、水星、太阳相会，五十八日一次。十六、太阳、太阴相会，二十九日十小时。十七、太阴满自行圈，二十七日八小时。十八、或经星或纬星行至地平并午时圈。凡星至白羊初度有大权，若在地平及午圈，其权同。各星相会，若在地平上，其权亦大。十九、火星、水星相会，五月三日一次。二

---

① 见《世界部·在天大小会》。

② "零一刻半"，《天文书》作"零一十七分"。

③ 见《天文书》第二类第十一门"说土木二星同度相缠"。

④ "火局"即《天文书》对三合宫（《天步真原》称为分）分类的用语。白羊、狮子、人马为火局。另外有土局、风局、水局。见卷三"象度·分及三角"。

⑤ 见《世界部·在天大小会》。

⑥ 前二、三、五所论为土木相会占法。该占法在古典星占学历史上非常有名，具有探讨历史发展的性质。其起源于波斯萨珊王朝，经过伊斯兰世界的发展而广泛流行，最终影响了中世纪后期以及后来的欧洲与中国。对此一占法的详细介绍见《天文书》第二类第十二门"说土木同度相缠"。张永祚则述编《天文书》此门于卷十"世运"。

⑦ "旧西法"在《天象源委》中出现过两次，当指《天文书》中的数据与占法。

十、五星自最高一宫移一宫，有大权，_{高指巨蟹、狮子。}如火星自巨蟹入狮子，即有大权，即有大乱，待木星到天秤秋分之权甚大，必有大人升。各星到有权之时吉凶皆如其性，如水到天秤则天下多出才人，当论各宫之性及各星之性。①

日 月 交 食

交食总论

《交食历指叙》云："日月薄蚀，宜论其时论其地。论时则正照②者灾深，论地则食少者灾减。然月食天下皆同，宜专记时。日食九服③各异，并记地。迨于五纬恒星，其与二曜，各有顺逆乖违之性，亢害承制之理，方隅冲合之势。"④

《会通》云：太阳太阴光能利物，其失光自有所害。要见其害之所主，要见其害之所在，又当究其为害之时。害之作不但在日月，更当论五星与太阳太阴相会、相冲、相方。_{弦照也。}大会扫孛不常有，日月食常有，极当留心。⑤

中会 _{天地大数论中会，而其应验仍论视会，世运等均同此理}

《会通》云：日月食吉凶事从中会算起，_{不用实会。从中会作十二宫。}⑥ 据《历指》⑦则宜论实会与视会⑧。

地平圈午时圈

《会通》云：日食所在宫地平圈、午时圈，用赤道宫界，不用黄道宫界。⑨

---

① 见《世界部·在天大小会》。
② "正照"，指能够发生全食的情况。
③ 《周礼·职方》云："乃辨九服之邦国。""九服"，指王畿周围千里之外的九等地区。每五百里为一服。此处泛指天下各个地区。
④ 见《西洋新法历书·法原部·交食一》。
⑤ 见《世界部·日月食》。
⑥ 见《世界部·日月食》。
⑦ 《历指》即前述《交食历指叙》。
⑧ 中会、实会见卷二"象性"注释。视会指考虑到观测者位置、大气现象等因素后得到的日月交会情况。
⑨ 见《世界部·日月食》。此处所谓赤道宫界、黄道宫界，当指雷格蒙塔努斯宫位制下的十二宫在赤道与黄道上的位置。

送宫

《会通》云：日食有送宫，如日食在东，送宫为命宫；日食在西，送宫为十宫。于二项宫①中取宫主星有权者为主星。

交食分重轻

凡日月交食，其应不同。太阳所应之事重，太阴所应之事稍轻。②

何星主亏食

五星中是何星主亏食之灾？亏食在何宫分，看此宫主星，又看亏食安命宫并宫主星，二星何星力强。若二星力同，以亏食宫主星为主，安命宫主星为助。若安命宫主星力大，即以安命宫主星为主，彼为助。又杂星内有一星，在亏食宫分度数上，或在安命宫分度数上，或在安命星盘第十宫，并五星中有一星先太阳出地平环微高，或土木火三星在顺行时，将已上有力之星，或一星，或二星，或取杂星内一星，亦可做亏食主星。③

照星所在

《会通》云：若日月食照星④在东地平至午时，当坏有气之物，如少年人、草木花之类。在午时圈坏壮盛稳当之物，如君王第一稳当者之忧⑤。在午时至西地平坏气衰之物，如老年人、草木实之类。⑥

主星

《会通》云：日食宫主星或送日食角内⑦主星，其性善，又是本地方星⑧，其他恶星

---

① "二项宫"当指送宫、日食所在宫。
② 见《天文书》第二类第十门"说日月交食"。
③ 见《天文书》第二类第十门"说日月交食"。
④ "照星"（又称征象主星或体星，Significator）是与"许星"（或称允星、流年星，Promittor）联系的概念，经常被用在星占推运的主限向运法（Primary Direction）中。星盘中某个行星或者位置代表某类事物（即照星），另有一具有相位或其他关系的星体或点向它移动（即许星），或照星向许星移动，进而通过两者之间的弧度得到某类事情的发生时间。此处日月食照星当是代表日月食对应灾害的行星或位置，被用来预测灾害发生的时间。
⑤ "之忧"，《世界部》作"忧之"。
⑥ 见《世界部·日月食》。
⑦ 日食送宫为命宫与十宫，故称"角内"。
⑧ "本地方星"与分野有关，见本卷"害所在地方"以及卷七"占国·地理分为七界"。

无大权，能坏日食。主善星，即日食不为本地方之害，且仍有吉事。若善星无权，为主星而无权。及善星不主本地方，或恶星有权，亦有害，但轻减。日食主星或送食角内主星是恶星，又为本地方主星，有善星有大权对恶星，地方害亦轻。若各星俱不善，又主本地方，又无善星为之对，即为大害。①

应在何人物上

看所取主星在何宫分，又看宫分是何体象，其祸应在其象上。在阴阳、双女、天秤、人马、宝瓶五宫，应在人事上；在白羊、金牛、磨羯三宫，应在六畜上；在巨蟹、双鱼，应在水中之物；在天蝎，应在蛇蝎蜈蚣等物；若在狮子，应在猛兽上。若其宫分中有一杂星，此星是何等象，即应在其象上。其象在黄道南则有大风雨水火，在黄道北则主地震、地裂、地陷。若亏食主星在土局内，应在土中所产之物；在风局，应在人马并六畜②；在水局，应在水中之物；在火局，应在金银铜铁等矿，并宝贝等物。若亏食主星在白羊，应在春季所产之物有损伤；在巨蟹，应在夏季所产之物有损伤；在天秤，应在秋季；在磨羯，应在冬季。若亏食主星在白羊或天秤，其灾祸应在寺院庵观；在巨蟹或磨羯，则人之性情多改移不定。在定宫，应在人间房屋多损坏；在二体宫，应在人事上；在转宫，应在庶民并小人辈。日食关系君王，月食关系后妃并臣宰。若太阳亏食主星在西入时，太阴亏食主星在东出时，已上所陈灾祸轻减，反此则灾祸增重。③

应何等灾祸

看亏食主星是何星，依其星之性断之。若有二星三星者，值二星或三星会时。将各星之性相合断之。若亏食主星是土星，主极寒，伤百物。论人事则人多患冷症，缠绵日久，并愁闷恐惧。论六畜则有灾祸损伤。论天色则极寒结冻，天昏云暗，天气不正，人多灾亡。地下主④伤人之物，如龙虫之类。论水类则主江河湖泊泛涨伤物，海中恶风损船。若亏食主星是木星，万物滋长，人事高贵安宁，诸物价贱，食用丰足，六畜蕃息，天气和平，江河不滥。若亏食主星是火星，则燥热伤物，人事中有争斗争战⑤，人患卒症暴死，瘟疫热病吐血，强窃贼人生发，天气极热，起热风，雨少，井泉水

① 见《世界部·日月食》。
② "应在人马并六畜"，《天文书》作"应在人事，并六畜"。
③ 见《天文书》第二类第十门"说日月交食"。
④ "主"，《天文书》作"生"。
⑤ "争战"，《天文书》作"征战"。

缺，干旱，有火灾，天色红，流星多，海中有狂风伤船，五谷果木之类亦有损伤。若亏食主星是金星，其应如木星之应。又人事中得阴人①济人之所好，亦多偏于阴人，多成婚姻之事，增子嗣，天色清朗明润，江河水增。若亏食主星是水星，看与何一星相照，随所照之星论性情。若不遇星照，比别星起多事，论人事性急，有机变，能知未来之事。又强窃盗发谋起②意，人身干燥病症，时常发热咳嗽，怯弱吐血。论天色，因本星性燥轻动，必有狂风雷阵霹雳雳地动，一应孳畜有损。③

日食所主

《会通》云：日食在白羊、狮子、人马，主大干大燥，火灾凶年。设土星、火星又在凶恶之方，为灾更甚，烧山林。在巨蟹、天蝎、双鱼，洪水江河溢，如火星在金牛或他凶地更甚，以三宫水地，火星性又害人。在阴阳、金牛、双女，大乱大兵。在天秤、磨羯、宝瓶，大瘟疫，以三宫能坏人命。天上四宫，狮子大干，天蝎大狼，双鱼大湿，金牛温。月食同日食，其害减小。④

食时五星之权

食时五星之权：行速者，最高者⑤，五星纬在北者，或星在日月宫，如日在地平上在日宫，指星言。月在地平上在月宫。指星言。大抵日与土星主寒热，木星水星主风，火星主雷电雨，金星主雨，月全主。全主⑥无解。有五星在日光内及留者，事大。⑦

经星

在天经星在日月食，有大能力。食在西，从午至西。经星在西者力大。食在东，从午至东。经星在东者力大，皆与主星参看。土性多饥馑疾疫，不甚主兵。火性多有兵革，又经星所居之宫，亦当论其性。经星离赤道南，水灾，赤道北，地震。如主星是土，在北同经星，主地震。⑧

---

① "阴人"，指妇女。
② "起"，《天文书》作"造"。
③ 见《天文书》第二类第十门"说日月交食"。
④ 见《世界部·日月食》。
⑤ "最高者"，《世界部》作"最高近者"。
⑥ "全主"当指寒热风雨雷电，月全部主管。
⑦ 见《世界部·日月食》。
⑧ 见《世界部·日月食》。此段两处小字注亦出自《世界部·日月食》。

五星相合及经星与五星相合

《会通》云：五星相合有六十、九十、一百二十、一百八十。经星与五星相合有三。一、同在一小圈①内，去极远近等，或俱在南，或俱在北。如阴阳、巨蟹同一小圈，金牛、狮子同一小圈，称为相见者。或一在南，一在北。如白羊天秤、阴阳人马相对，在北为有权者，在南为听使役者。二、经星在午时圈，或一在天顶一在地下相对，或二俱在天顶，俱在地下相对。三、或同出地平，或同入地平，或一出地平或一入地平。此四者看五星中何星同经星之性。假如日月食白羊，命宫在阴阳，一主火星，一主水星。如水星在金牛，火星在双女，即算为第一日食宫主火星，第二双女，第三命主水星，第四金牛。火星主争斗反乱事，并双女方可②有经星同火星之性相关何如，以知其事。次看水星，水星同凶星则凶。在金牛之方有经星同水星之性相关何如，以知其事。又看白羊是何地方，便知其所在之方。③

祸应多寡

日食时看日月相会是何宫分，月食时看日月相望是何宫分。相会与相望时是何命宫，又看亏食主星在何宫分。若亏食主星吉，又与上所言宫分吉照者，已上所言灾祸稍轻。若亏食主星凶，又与上所言宫分恶照者，已上所言祸应凶重。又一说若亏食主星与上文所言宫分相照，先太阳东出或留者，灾祸增重。若亏食主星与上文所言宫分相照，先太阳西入，或逆行或与太阳相冲，灾祸轻减。④逆行及与太阳冲未必轻减。

应在各处城池

《象宗》云：凡各处城池创立之时，定一命宫。以安命为主，看日月亏食在何宫分⑤，是何局，其局属何方，其祸应在彼处。上古人多体验来。如一城池命宫属白羊宫，是年日月亏食在白羊宫分，则灾祸应在白羊所属城池。其余可以例推。⑥

---

① "小圈"，当指纬度圈。
② "方可"，《世界部》作"方"。
③ 见《世界部·日月食》。
④ 见《天文书》第二类第十门"说日月交食"。
⑤ "看日月亏食在何宫分"前，《天文书》有"看日月亏食在何宫分，其宫分属何局，其宫分下属何处城池。若不知各城池安命宫时"。
⑥ 见《天文书》第二类第十门"说日月交食"。

害所在地方 此原应叙入"分野",今先载此卷以听体验

《会通》云：以天下分四分。从西至北属西地方,大西洋回回,为主者火星木星,宫分白羊、狮子、人马。从西至南属南地方,黑人国,为主者火星金星,宫分巨蟹、天蝎、双鱼。从东至北属东地方,日本中华,为主者土星木星,宫分天秤、宝瓶、阴阳。从东至南属东地方,小西洋①佛国,为主者土星金星,宫分金牛、双女、磨羯。无北属何也？日月食在其宫,害在其国。日月食要看所食宫在本国所分之宫否,又看日月食所安命宫在本国所分之宫否,又看日月食在本地主人之十宫否。若无此三者,其食与本国无害。②

应日期多少

《象宗》云：凡日月亏食,看初食时至生光时准时刻多少。太阳亏食每一时准一年,其祸应在一年之内。太阴亏食每一时准一月,其祸应在一月之内。③ 小时。

《会通》云："日食各凶事尝在朔,月食各凶事尝在望。"④

害起之时

《会通》云：害起之时,日食从东地平至午,其害在第一月至第四月,第一月尤甚。在午,其害在第五月至八月,第五月为尤甚。从午至西地平,其害在九月至十二月,第九月为尤甚。地平下不占。⑤

最重处在何时

灾祸最重处在何时,看日月亏食分数至极处,是正食看初食时至食尽时共成几个时辰,至食甚时应几何时刻,最重处照上法推,应在其时。⑥

色

《会通》云：日月食色不同,天首离日一度色密黑,二度色⑦稍疏,三度黑紫,四度

---

① "小西洋",指印度洋。
② 见《世界部·日月食》。
③ 见《天文书》第二类第十门"说日月交食"。
④ 见《世界部·日月食》。
⑤ 见《世界部·日月食》。
⑥ 此段当为张氏自述。
⑦ "色",《世界部》作"黑色"。

紫黄,五度紫光亮,六度紫红,七度紫黄,八度黄,九度黄少绿,十度红黄少绿,十一度金黄色,十二度黄白。月食纬十分,纬离最高一百八十度,其色密黑,三百十度、一百五十度,其色黑如常。纬二十分,离最高二百四十度,黑色少绿。纬三十分,离最高三百七十度①或九十度,黑色少红。纬四十分,离最高三百度或六十度,绿色有白。纬六十分,离最高三百三十度②,绿白有光。纬九十分,色黄。本地方有不吉应,其地之色多见,即地方之害大。色青黑如死人色者,土星;色白者,木星;红者,火星;各色变者,水星;其为灾如五星之性。③

交食在各人命宫四柱内 又见"命理·总论"

交食在各人命宫四柱内,则所临之处有灾。假如在人命宫则本身有灾。在十宫则宫④禄事不偕。在七宫妻妾有祸。在四宫则田宅耕种有伤损。⑤

交食在各人安命星盘太阳所在宫分及冲 又见"命理·总论"

《象宗》云:各人安命星盘,看太阳在何宫分。若此宫分内日食,或太阳所在宫分相冲处日食,则其人必有灾伤,太阴同。⑥

<h2 style="text-align:center">扫　　流 扫孛亦作十二宫占,见"占岁"</h2>

扫星

《会通》云:扫星有水星火星之性,火言其烈,水言其速。一四方有芒,一芒指下如须,一芒傍出如猬,多自天河边出。扫星之出,天下定有事,或乱或饥或干或水,要知其所主之事与其来之时。一看其所出黄道之方,向何方行。如出自白羊,渐与狮子近,是往东行,必主东方有变。论扫出宫分,出白羊,东方有乱;金牛,北方西方有乱;阴阳,人多好色,好杀,好斗;岂以阴与阳为不同性故? 巨蟹,大瘟。普天下东西南北,朝代当换;狮子,坏草木五谷,大饥;双女,大臣亡,读书者殃;天秤,盗多;天蝎,谋反者众,人多怀私相杀;人马,学术坏,如焚书等事;磨羯,南方生恶人,多淫者;宝

---

① "三百七十度"疑有误。
② "三百三十度"后《世界部》有"或三十度"。
③ 见《世界部·日月食》。
④ "宫",当作"官"。
⑤ 见《天文书》第二类第十门"说日月交食"。
⑥ 见《天文书》第二类第十门"说日月交食"。

瓶,多乱,天下瘟,人暴死;双鱼,天下兄弟朋友争斗,祸起家庭。①

《象宗》云:凡彗星有四等。第一等尾向上指。二等尾向下垂。三等其象似枪竿。四等其象似觿䇿,身细头大,其星之性与水火二星同。若此等彗星见时,世上所应之事有刀兵征战、火灾地震等事。然其事亦有轻重。按宫分论所应方位。在寅午戌宫分上,应在东北方。巳酉丑宫分上,应在东南方。申子辰宫分上,应在西南方。亥卯未宫分上,应在西北方。若此星东出地平环上微升高,所应之事止在东方,灾祸微轻,验在近。势疾,若西方见者应亦如此,但愈迟耳。若此星升高到午位前后,其应验则广大。②

《会通》云:论普天下地方在本处东地平西地平,或正午或正子,君忧。在上来宫大臣死,下去宫灾病伤人。芒指东,大瘟病,人多死,甚凶;指西,减凶;指南,南方大水;指北,北方大干。芒在四方,论其色与所在之宫。扫星性皆属水火,亦有五星之性,观其色知其所主。稍黑者有土星之性,争斗瘟疫,地震下雪。光大者,木星之性,学术乱,有道之人忧。红者,火星之性,强盗相杀,火灾干燥,大热。光明似日者,太阳之性,大人忧。芒长色白,金星之性,疫病,国法变。凡色不定者,水星之性,雷电暴风,邪教出。扫星见最少,如出,定有变。此等星出,有十二三年大变。其息也有三,或其力到十分散;或别有扫星来,彼当退;或有大日食在五星冲位,彼当退。③

流火

《会通》云:流火或东西过;或南北过;或自上而下;或不是火是星;或星有尾长大,亦与扫星略同,但其灾差小,不甚远。流火主天气长干无雨,鱼多死,大饥多风,风从流星方来。日月食时有流星,其灾更的。火旱大饥。④ 日月食外少缓。昼见且多,占同日月食。⑤

彗起之由及天暗、地震、火灾、发矿

《象宗》云:若火星在安年命、第十宫或四季命宫,并朔望命第十宫,主天上有红气如火,并起彗星。若十宫是风局,主已上所应之事愈重。又兼水星与火星相会或相冲,则已上所应之事尤重。若此时火星与太阴恶照,则已上所应之事亦重。若火

---

① 见《世界部·扫星》。
② 见《天文书》第二类第八门"断说天象"。
③ 见《世界部·扫星》。
④ 此小字注是《世界部》原文。
⑤ 见《世界部·流火》。

星在小轮上升时，则彗必显大。论十宫。若土星在安年命宫，或四季命宫，或朔望命第四宫，主天色黑暗并地震。若第四宫是土局，比前事愈重。若土星与水星同度或相冲，则已上所应之事亦重。若太阴与土星恶照，则已上所应之事亦甚重。若土星在小轮上升时，则天暗地震甚重。四宫。若火星在安年命宫，或四季命宫，或朔望命宫内第四宫，又是土局，无吉星与之相照，却有水星相照，则主地上有火灾，并地震、地裂发矿。四宫。若安年命宫或四季命宫或朔望命宫内第十宫是风局，或火土二星在此宫，或太阴至此与恶星恶照，则天暗地震。① 一宫。

---

① 见《天文书》第二类第七门"说天地显象之事"。

《天象源委》卷七

占　国 _{国家政治人事祸福}

人君参赞化育，人臣燮理阴阳，至诚格天，人定胜天，何休咎之占？然观其微而加以修省，亦何莫非王道之要乎？况天人一理，呼吸相通，《诗》云："昊天曰明，及尔出往；昊天曰旦，及尔游衍。"①夫大经大纬，固在纪网之布，而其他化育阴阳之细，虽一端之著见，一时之感应，要皆参赞燮理者之所兢兢也。辑"占国"。

立象安命法

定流年安命法_{此流年系国之流年}

《象宗》云：定流年安命之法，太阳交白羊宫初秒时，此即日躔也。以日躔加所用时看东方卯宫地平环上，得何辰为命宫。凡春分到处为白羊，非实指戌宫。_{恒星有岁差，天上之戌宫不能一定无迁。}盖天星四十八象，_{见"恒星"。}每一象地下必有一物象以应之。地下物象应天上星象，吉凶响应，凡交新年必有安命之理。安命在定宫，一年祸福皆依此宫分断之。在二体宫，只断在上半年候。太阳交天秤宫初秒时，再看是何宫度出地平环上，定为命宫断之。若安命在转宫者，将祸福四季断之。② _{每季须安命宫。}

---

① 出自《诗经·大雅·板》。"旦"，明朗。"游衍"，游逛。
② 见《天文书》第二类第一门"总论题目"。

总诀

凡七曜所见吉凶,皆应于人间。各星有庙旺升降①,或在本宫,或在分定度,或三合,或顺或逆。在庙旺,在本宫,主其人高贵;在降宫,主其人低微;在升宫,主其人发达,遇吉则吉,遇凶则凶。若星顺行,诸事顺遂;逆行,凡事颠倒。一切星象皆照此例推之。②

入城登位安命

若看人主之命,不知其年月日时,则看其入城与登位之时是何宫度出地平环上,安一命宫,以断其始终吉凶。③

日月会冲二弦视星在太阳光下

若太阴与太阳相会、相冲或在二弦,此亦呼为四柱。有吉星在太阳光下逆行则减吉,有凶星在本宫或在庙旺宫或在分定宫度,则凶不为凶。④

日月会冲二弦视太阳与星在地平何宫

在四柱此四柱谓四正角。主成全创立之事,光显有力。在四辅,主企望成立,功力减半。在四弱则蹭蹬不成,全无气力。⑤

以杂星到命宫占流年此是西法

看君王登位时安一命宫,又看宫度数⑥并主星,取一命主星及命宫主星⑦。并太阳太阴在何宫分,占君王应看日月。又看命宫出地平度对黄道的赤道度数几度,此论安命

---

① 此处《天文书》的"升降"概念与前述《天步真原》中升降(见卷二和卷三注释)不同。《天文书》中的"升降"指黄道十二宫的位置属性,《天文书》第一类第十二门"说十二宫分度数相照"云:"白羊宫初度,至双女宫末度,属北道,高,系升上。天称宫初度至双鱼宫末度,属南道,低,系降下。"
② 见《天文书》第二类第一门"总论题目"。
③ 见《天文书》第二类第一门"总论题目"。
④ 见《天文书》第二类第一门"总论题目"。
⑤ "四柱"即始宫,即后天十二宫命宫、第四宫、第七宫、第十宫。"四辅"是续宫,为二宫、五宫、八宫、十一宫。"四弱"是果宫,即三宫、六宫、九宫、十二宫。此段论述见《天文书》第二类第一门"总论题目"。
⑥ "宫度数",《天文书》作"命宫度数"。
⑦ "命宫主星"指命宫所在宫主星,"命主星"指天宫图整体的主星。

之赤道度①。又看命宫前有何吉凶杂星，出地平几度，对黄道的赤道度数几度，此论命宫前杂星之赤道度。以命宫赤道度数与杂星赤道度数相减，余剩几度，一度准一年，该几年至吉星之度，则主其年大兴旺也。照恒星行推。若此星系杂星内第一等第二等吉星，主疆宇开拓，为福甚大；系凶星则主心神不宁，又多忧虑，诸事不如意也。②

此推法与后文论日推法不同，杂星在命前者可照恒星行推，若杂星在命后者，似竟置勿论矣。③

大圣人大贤人出世

凡一大圣人出世或一大贤人出世，即将本年年命④为主，断其吉凶。⑤

一岁之事

国家

若要知国家一岁之事，其安年命在昼者，看太阳并第十宫主星⑥。安年命在夜者，看太阴及第十宫主星⑦。

民间

若要知民间一岁之事，看安命宫⑧，取最旺有力之星，并太阴为主。

臣宰吏人

若论臣宰并吏人及公使人等，看水星。

贤人君子

"若论贤人君子之人，看木星。"

---

① 此类似雷格蒙塔努斯宫位制算法中命宫初始赤道度数位置。
② 见《天文书》第二类第二门"论上下等第应验"。
③ 此段当为张氏自述。
④ "年命"，《天文书》作"年命宫"。
⑤ 见《天文书》第二类第一门"总论题目"。
⑥ "第十宫主星"，《天文书》作"第十宫并第十宫主星"。
⑦ "第十宫主星"，《天文书》作"第十宫并第十宫主星"。
⑧ 此指年命宫。

故家、老人、农人

若论有名望故家及老人农人，看土星。

军官军人

若论军官军人及军器并一切军务，看火星。

阴人乐人

若论阴人及乐人，看金星。

行人使臣

若论快行人①并使臣，看太阴。已上看各星辰衰旺断其吉凶。

论人身体

论人身体安宁，看本星得本体之力②。

官贵兴旺

论官贵兴旺，看本星得相助之力③。

经商财利

论经商财力，看第二宫主星。已上各星④与命宫或命宫主星相照者，各得顺受之力。

人多出外

若年命在第九迁移宫，有一二星系庙旺或三合，或在分定度，主其人多出外。

太阳入白羊、巨蟹、天秤、磨羯，星遇庙旺

若太阳入白羊宫或巨蟹宫或天秤宫或磨羯宫初度，此时各星⑤除相冲外，得遇

---

① "快行人"指传送紧急公文的差役人员。
② "本体之力"是《天文书》中使用的星占术语，具体介绍见卷十四"命理·各星力气"。
③ "相助之力"是《天文书》中使用的星占术语，具体介绍见卷十四"命理·各星力气"。
④ 即从"国家"至"经商财利"各节论述之星体。
⑤ 此处"各星"，据《天文书》上下文，当指从"国家"至"经商财利"各节论述之星体。

庙旺度数，此季必然高贵兴旺。①

五星分管事

《会通》云：金星水星在太阳下，管日用寻常事；土星木星火星在太阳上，管军国朝代等事。②

月主百姓

《会通》云：月主百姓。春分前，或朔或望，与木星会冲方，则一年百姓平安，无饥馑疾疫。若与火土会冲，反此。③ 冲亦取。

看太阴定作事

《会通》云：太阴在不定宫，宜为速用事；转宫、降下宫是。在定宫，宜为久远事。一云要开市，宜于太阴在转宫。

安命度论日算到杂星法 亦西法

凡当年安命在何宫度，看命前宫分有何吉凶杂星。从安命度上数起，依太阳每日所行中道④，每日五十九分八秒，算几日到前项杂星上。星吉则诸事皆吉，凶则诸事皆凶，应在其时。假如安命在狮子宫第十度，有一吉杂星在双女宫第十二度，相离安命处三十二度。从命度起三十二日有零，至其处，当有吉应，此系杂星在命宫后者。余同此例。又看当年七曜在命前后何宫何度，七曜右行，恒星左行，前后应亦准此。亦从安命处数起，该几日到其星处，即应其星之吉凶。如木星则应贤人君子，土星应农人老人之类。⑤ 论年论日各不相同。

小限 见"命法"后，亦西法

若安命宫⑥数至小限⑦在何宫分，看此宫分有何星。假如此宫分内有土星，则年

---

① 从"国家"一节至此，均见《天文书》第二类第二门"论上下等第应验"。
② 见《世界部·太阴五星杂用》。
③ 见《世界部·太阴五星杂用》。
④ 即黄道。
⑤ 见《天文书》第二类第二门"论上下等第应验"。
⑥ "命宫"，《天文书》作"年命宫"。
⑦ 此处"小限"是《天文书》中术语，相当于《天步真原》中的流年。关于流年的介绍见卷一"象理"的注释。

尊位高者有灾；若有木星，则臣宰有学之人灾；若有火星，则军官军人灾；若有金星，则阴人灾；若有水星，则吏人灾；若有太阴，则阴贵人主有灾。[①]

地理分为七界 此原应叙入"分野"，今先载此卷以听体验

《象宗》云：凡地理分为七界，每一界分一主星。从南起第一界是土星，第二界是太阳，第三界是水星，第四界是木星，第五界是金星，第六界是太阴，第七界是火星。看其年安命宫是何处，各星中何星有力强旺，则其界人诸事吉。若其星无力衰败则其界人诸事皆不利也。[②] 本文言第一界从南起土星，此决是前人欲秘此诀，故尔倒开。第一界土星理应从北起，观《象纬真机》自知。

---

① 见《天文书》第二类第二门"论上下等第应验"。
② 见《天文书》第二类第二门"论上下等第应验"。

《天象源委》卷八

占　岁 五谷丰歉、百物盛衰

　　《诗》云："民之质矣，日用饮食。"①《大禹谟》云："德惟善政，政在养民，水、火、金、木、土、谷惟修。"然则即日用饮食之中具水火金木土之用，裁成辅相，匪细故矣。《天官书》：候岁美恶，谨候岁始②，决八风，八风各与其冲对③；旦至食为麦，食至日昳为稷，昳至铺为黍，铺至下铺为菽，下铺至日入为麻，欲终日有雨有云有风有日；风起有云，其稼复起，各以其时；④用云色占种其所宜；或从正月旦比数雨；⑤日直其月，占水旱；⑥为其环城千里内占，则其为天下候，竟正月；⑦月所离列宿，日风云，占

---

① 出自《诗经·小雅·天保》。"质"，朴实无华。

② 据《史记·天官书》，岁始包括冬至日、腊明日（一年即将结束，阳气将发的时候。东汉崔寔《四时月令》称腊明日为小岁，即今小年）、正月旦（正月初一）、立春日四者。又称四始。

③ 观测与八风方向相反（冲）的风。

④ "旦"，于十二时辰为寅时，相当于 3～5 时。"食"，为辰时，即 7～9 时。"昳"（音 dié），未时，13～15 时。"铺"，申时，15～17 时。"下铺"，申末，相当于 16～17 时。"日入"，酉时，17～19 时。此诸种时辰对应不同农作物，是《天官书》在将生长收成的情况与固定日子的固定时间对应，观察此一固定时间的太阳、风与云情况进行占验。如无云而有风日的时间段，所对应的农作物将会扎根浅而结实多。如果有太阳，没有风、云，则那个时间段对应的农作物将会不好。如果有太阳，没有风、云的情况持续一顿饭时间，这种不好的情况尚小。如果多至煮熟五斗米的时间，那么农作物将会有大的歉收。但若是后来又有风起来，又有云，那么农作物也将会在后面好转。

⑤ 此处指从正月旦开始连续七天计算下雨的天数，进而占验某地或整个天下全年粮食、水旱的方法。"比数雨"，即连续计算下雨的天数。

⑥ 此句《天官书》原文前面有"数至十二日"，指将正月初一到十二，当成一年的一月到十二月，用十二天各天雨量占验本年各月的水旱。

⑦ 此句指对于疆域千里范围的占候，实际上是对整个天下的占候，则必须完整地以整个正月为占验依据。

其国。① 又云：冬至短极，县土炭；②要决晷景；③岁星所在，五谷逢昌，其对为冲，岁乃有殃。④ 此天象之著于上者也。若夫人事之当尽，所贵于因时制宜。周制司马法，六尺为步，步百为亩，一亩三畎⑤，百亩三百畎，成畎、平畎、易畎⑥俱各有法。后世沟洫不讲，而畎亩之法亦废，所谓"南东其亩"⑦者，不知何为。岂得委于生齿之繁，田不足耕，而民故衣食不给乎？《禹贡》辨土性，周官有草人掌土化之法⑧。间尝阅农政，略拟知原野泽国山亩粪壤，法各不同。并知土性之有淡者，则宜于咸，故粪田有用咸卤者。土性之有燥者，则宜于润，故粪田有用麻饼者。土性之有冷者，则宜于热，故粪田有用石灰者。土性之有瘠者，则宜于肥，故粪田有用猪鸡毛及牛羊骨者。曾见有土陇数百亩之长坚不能耕，乃依"强㯺用蕡"⑨之法，教以先种麻，俟麻熟焚枲⑩及蕡，以为粪壤，化刚为柔，而遂成良田。此举其一方之大略而言，要亦人事之所当尽也。一土也而性有如是之不等，则夫天象之变化无穷，非一端之所能尽，固可知矣。辑"占岁"。

---

① 对各个分野国作占候，要关注正月月亮位置在哪一宿，使用前述太阳、风、云占候之法占候该国本年的农业收成。

② 此为古人观测冬至阳气回升之法。冬至白昼短极，根据古代阴阳理论，阳气开始回升。在冬至前三日，悬放土和炭于天平两边，使得土和炭的重量一致。如果阳气开始回升，那么此时炭开始变重，天平倒向炭的一方。

③ 此处说通过炭土之法可以获得冬至到来时刻的大概情况，而关键是决断于晷影长度。冬至日晷影最长，以晷影长度确定冬至点是传统历法常用的方法。

④ 此为岁星占法。岁星所在之宿，此宿所当分野之国五谷丰登。与此宿对冲的分野之国，则次年有灾殃。以上从"《天官书》"至此均出自《史记·天官书》，对此段文字的解释参考自赵继宁《〈史记·天官书〉研究》。

⑤ "畎"，音 quǎn，指田间小沟渠。"一亩三畎"当指西汉赵过的代田法制度。代田法即在土地上开一尺宽一尺深的沟（畎）。挖出的土在沟与沟之间做成一尺宽的垄。作物在沟中长大时将垄上土逐渐锄下，保湿护根。第二年沟垄互换，实现代作，即代田法。"一亩三畎"指代田法中汉亩的规格为宽三畎三垄，总共六尺（有沟即有垄）。

⑥ "成畎""平畎""易畎"，即制作水沟，平整水沟与更换水沟（沟垄互换）。此三者是实现代田的重要步骤。

⑦ 出自《诗经·小雅·信南山》。

⑧ 《周礼·地官·草人》称："草人掌土化之法以物地，相其宜而为之种。"郑玄注释云："土化之法，化之使美也。"

⑨ 出自《周礼·地官·草人》。"㯺"，音 hǎn。"强㯺"，坚硬。"蕡"，音 fén，麻子。"强㯺用蕡"指坚硬成块的土地要用麻子汁整治。

⑩ "枲"，音 xǐ，麻类植物的纤维。

五星为本年主星分吉凶 <small>取本年主星法见下</small>

《会通》云：土星为本年主星，天气寒，云，冬至尤甚，有非常①之雪，多晦风，水涌，水中盗起，不利舟行，人多冷病，老年之人若②，畜物捐伤，多生毒虫，五谷寒伤。木星为本年主星，年中平吉，谋事易成，人心平善，诸事与土星相反。火星为本年主星，天气炎热，火灾，多热风雷电，舟楫伤损，河干井涸，人多热痛伤寒血症，百姓变乱，异国不和，人多强死，讼狱繁，盗贼起，用物五谷五果损伤。金星为本年主星，大概同木星之性，所主人物皆善，以金星湿性冲和，风气善，水路易行，五谷皆吉。水星为本年主星，看同何星相合相冲相方，<small>方必为弦</small>。同善则善，同恶则恶。水作主星，世上法度风俗多变，天气变在倏忽，多地震雷电。在地平上，水多河溢，在地平下，水涸河干。其行速，为人多急性，寇盗兴，海中不安，人多病干。③

占 岁 法

取命宫主

《会通》云："取本年春分真时刻算十二宫，先认东地平初分何星为宫主，如白羊在地平，即火星之类。"④

取日月所在宫主星为一年主星

《会通》云：次认春分初分日月，论日月所在宫主星。昼取日，夜取月，日月所在宫主星取第一有权者为一年之主。若遇退行、遇合伏及在下去宫即不取，下去宫三宫、六宫、九宫、十二宫是。<small>下去宫三宫、六宫、九宫、十二宫是小注。</small>若日月五星中不见一年主星，<small>言日月所在宫主星不可取</small>。即看五星在角宫第一十宫、第二七宫、四宫内何星有权，便取为一年之主。设宫内有二三星，但取一有大权者为主。倘四角全无五星，便取命宫内有大权之星为之。如戌宫为火星之舍之升⑤，即取为主星。⑥ 以日月五星

---

① "常"，《世界部》作"时"。
② "若"，《世界部》作"苦"。
③ 见《世界部·五星在地平吉凶》。
④ 见《世界部·占年主星》。白羊宫主星为火星。
⑤ "之舍之升"，《世界部》作"之舍之升之位"。火升摩羯，日升白羊，戌宫白羊并非火升。
⑥ 见《世界部·占年主星》。

较其为日、月、命宫宫主者更重。先取日月五星最强而为命宫、日、月宫主者，次取日月五星最强不为命宫、日、月宫主者，其宫分先取在一、十、七宫，次取在十一、八、九宫，地平下不取，倘地平上无星可取，只下去宫不取，天人同此，"占时"卷中言第一要看命宫，次日月宫。

日进天蝎二十度作十二宫

《会通》云：占年如不作大算，但用日进天蝎二十度作十二宫①，同上推亦可知一年。②

春分前朔望作十二宫

《会通》云：占年又看春分前或朔或望，作十二宫，同上对看③。何星有大权者为主星，善者更善，恶者更恶。④

春分前朔望月离日、同五星

《会通》云：太阴主百姓，看春分前或朔或望，月初离日，若同火或合或冲或方见上。等照，年中百姓多灾，五谷不登，诸事不吉，土同火性⑤。若同金木，则百姓安，诸事与火土反。冲合亦有美恶之分。下同。⑥

日月食扫孛亦作十二宫占

《会通》云：年中有日食月食，亦依十二宫，以五星有大权者为主星。见卷六。有扫星亦作十二宫，比上占更凶恶，占扫星论初起之时。以上占年，第一是扫星，次交食，又次春分，又次春分前朔望，可参用之。⑦

占朔望

《会通》云：以合朔时作十二宫，一占地平上主星，命宫主星是也。一占日月同度时

---

① 即以太阳到天蝎二十度的时候安命宫，获得天宫图占验。
② 见《世界部·占年主星》。
③ 据《世界部》，"同上对看"指将春分前或朔或望时所立天宫图，与该年春分时刻或太阳在天蝎二十度时刻所立年天宫图参看。
④ 见《世界部·春分朔望》。
⑤ "土同火性"，《世界部》作"同火土之性"。
⑥ 见《世界部·月离太阳》。
⑦ 见《世界部·日食扫孛》。

所在宫主星,以五星有权者为主,吉凶随各星之性。第一主星之性。有命主星,有命宫主星。第二主星所在宫之性。第三命宫之性。第四三角宫五星之性。如主星在戌为日木三角。第五朔后月初会五星之性,或会或冲或方俱论。第六主星同经星相近之性,若湿多雨多干多旱多,性各不①,反覆不定。②

朔望有金星在四角

《会通》云:"朔望有金星在四角内,其日有雨。"③朔望太阴在四正柱亦主水。

朔望主星到温宫

《会通》云:"朔望主星到温宫④之时,有雨。"⑤

水星在各宫及日光内并退行占

《会通》云:水星在白羊、戌。巨蟹、未。狮子、午。双女巳。加热,有木相合更甚,在宝瓶在西⑥亦同,在巨蟹在北⑦有热风。水在白羊,在日光内,在东,天气爽快养人。若水在此退行,即多病。水在金牛,在日光内,大黑乱风,在西养人,在东有湿,退行,天好养人。水在阴阳,在日光内,海中地内皆大风,在西大风,在东天晴,若退行,人心闷。水在双女,在日光内,有热风,在西干,在东湿,养人,退行,多妖言。水在天秤,在日光内,有大风,在西养人,在东湿,退行,百姓乱。水在天蝎在日光内,在西晴,在东雨,退行,兵马作乱。水在人马在日光内,雨多,在西甚湿,在东养人,退行,山内多险己⑧。多有误险待己者。水在磨羯,大抵雨多,退行,为人好漂海。水在宝瓶,在日光内,下雪,在西热,天黑,在东雨,退行,人有病。水在双鱼,天黑有雨,在西天气好,在东天晴,养人,退行,大臣有险厄。⑨ 占东西又言北,必指地平宫南北东西。⑩

---

① "不"后《世界部》有"同",当补。
② 见《世界部·占日》。
③ 见《世界部·占日》。
④ "温宫",《世界部》作"湿宫"。上小标题同,应当作"湿宫"。
⑤ 见《世界部·占日》。
⑥ "在宝瓶在西",《人命部》作"宝瓶在西"。
⑦ "在巨蟹在北",《人命部》作"巨蟹在北"。
⑧ "己",《人命部》原作"己",疑为"厄"之误。
⑨ 见《人命部》卷上"水会各星"。
⑩ 《天象源委》底本此句话上面,有"文中一行低一字"的批注。此句话当为张氏自述。

物 价 贵 贱^①

占法

《象宗》云：凡物价贵贱，看各月朔望安命宫^②。最要者是当年安命之前朔望命宫，_{当年者，春分也。}并四季安命之前朔望命宫。又看命宫主星。又看太阴。

七曜所主

《象宗》云：凡七曜，土星主乌香、沥青但药材墨色者。木星主五谷并一切味甜之物。金星与木星同。又主银并妇人首饰、香货及奴仆。火星主一切辣物并兵器。水星主金并一切花样及浅色之物。太阳与水星同。太阴与金星同。

土木主物价分贵贱

《象宗》云：凡木星主物价贱，_{物盛之故。}土星主物价贵。_{物衰之故。}

宫分所主

《象宗》云："若宫分是土局，主一切五谷之类。若宫分是水局，主一切水中所产之物。若宫分是火局，主一切矿中所产之物。若宫分是风局，则干系奴仆、六畜之类。"

各星力强弱在本轮上升下降及在地平上上升下降

各星若力强，又在本轮上升及出地平环上升，主所属之物贱。_{原系贵字。}各星若力弱，又在本轮下降及西落时，主所属之物贵。_{原系贱字。}

细看此篇，论物之贵贱与盛衰不同，物盛则价贱，衰则价贵，安有星力强在上升而反价贵为物衰之理，亦安有星力弱在下降而反价贱为物盛之理，故不揣固陋，揆之以理，将贵贱字互易，庶与物理相符，下同。^③

---

① 此部分未标注者均见《天文书》第二类第九门"说物价贵贱"。
② "朔望安命宫"，《天文书》作"朔望安命宫、主星"。
③ 此段系张永祚议论。

木在命宫与宫主星相照,及金照命,再看四二两宫主星

若木星在当月朔望命宫内,又有力,又与朔望命宫主星相照,或金星来照命宫①,第四位宫主星又有力,无凶照,无凶星与之照。第二位②主星与命宫主又相吉照,则主百物丰阜,价贱。当年当季要兼看。

土恶照月及五星,在下降,而水与土又相恶照,再视土在何局

若太阴当朔望时与土恶照③,及五星④在小轮下降时,原系上升。主百物贵。若又有水与土照,应恶照。则百物腾贵。再视土在何局,土在土局主五谷之类贵,土在水局主鱼蟹之类贵,土在火局主矿中一切物贵,土在风局主奴仆六畜之类贵。

命主星在四柱行疾

若安年命宫主星在四柱内一柱上,又行疾,比平行大。则物盛,在命宫更美⑤。

命主所在宫分四季占

春分至夏至,若在第十宫,物盛。原系贵字。夏至至秋分,若在第七宫,物盛。原系贵字。秋分至冬至,若在第四宫,物盛。原系贵字。冬至至春分,若在第一宫,物盛。原系贵字。

太阴与朔望命主星分有力无力,在何宫及界分庙旺

太阴与朔望命主星校⑥有力无力,有力之曜在命宫,或在十宫,或在十一宫,或在五宫,又在分定度上,累。或在三面度上,行疾,又在庙旺宫度,与吉星吉照,主物盛⑦。

二星中间有一星力强

此二星指太阴与朔望命主星。在四宫、七宫,或四宫七宫中间有一星,力强,则物价

---

① "或金星来照命宫",《天文书》作"或金星相照,命宫",即将金星与木星相照,命宫连下第四宫主星而言。

② "第二位"即第二宫。前"第四位"即第四宫。

③ "恶照",《天文书》作"相照"。

④ "五星",《天文书》作"土星"。

⑤ "则物盛,在命宫更美",《天文书》作"则物添价。若在命宫,物贵"。

⑥ "校"之意当即较,即比较太阴与朔望命主星二者的有力无力。

⑦ "与吉星吉照,主物盛",《天文书》作"或与一星相照,是增价之星"。

不增，物盛之故。而人买者却多；无力①，则物价增②，物衰之故。而人买者少。

一星在四宫，一星在七宫，中间一星，各吉照。或二星俱在四宫，俱在七宫，而一星在两星之中间。③

二星中有力之星在下去宫

若有力之星太阴、朔望命主星中一星。在三宫或九宫，下去宫。则物价减而卖疾，物盛之故。若其星无力，则物价增④，物衰之故。且卖迟。

四柱上主星有力上升又在界占

安年命宫四柱上，并四季命宫四柱上，看是何星所管，其星有力，又在本轮上升，又在分定度，界。则其星所属之物盛；行疾，易卖，行迟，物少⑤。

---

① 即"中间有一星"无力。
② "则物价增"，《天文书》作"则物价不增"。
③ 此段是张永祚的论述，解释"此二星在四宫、七宫，或四宫七宫中间有一星"。
④ "物价增"，《天文书》作"物价减"。
⑤ "则其星所属之物盛；行疾，易卖，行迟，物少"，《天文书》作"则其星所属之物，贵而稀少。若本星行疾，则物愈贵，添价难得。若行迟，则物亦少，其价不增"。

《天象源委》卷九

占　异 _{旱涝、疾疫、兵戈、盗贼}

　　且夫阴阳之所系大矣。庶征①不外乎阴阳，阴阳贵于和，而不贵于毗。毗于阴，毗于阳，②皆足以致灾异。人君为天地百神之主，和气积于宥密，则休征充于宇宙。《洪范》言："五、皇极③。皇建其有极，敛时五福④，用敷锡⑤厥庶民。惟时厥庶民于汝极，锡汝保⑥极。"而其道端在"有猷⑦有为有守"之念，"不协""不罹"⑧之受，"而康而色"⑨"攸⑩好德"之锡。由是四海仰风，共保太和，猗欤休哉，何其治之盛也。然所谓保合太和者，苟一物不得其所，亦足以违天地之和，旱涝之召有所不免。智者洞其机而豫为之备，是或一道也。辑"占异"。

---

① "庶征"，庶为众多，征为征兆、应验。庶征出自《尚书·洪范》，指君王、大臣的行为会影响到天气的情况，反之，天气的情况可以作为君王大臣执政情况的征兆。如《洪范》中说君王恭敬，雨水会适时降落。君王行为狂妄，则天一直降雨。需要指出的是，庶征根基于人能感应于天的思想，所以张永祚在后文说"然所谓保合太和者，苟一物不得其所，亦足以违天地之和，旱涝之召有所不免"。但是，张永祚此卷所收入的占法乃是根据正常天象占验，是根基于天感（影响）人的思想。
② "毗"，厚也。厚于阴，厚于阳，即偏于阳偏于阴而不和。
③ "皇极"，君王的统治准则。
④ "敛"，聚。"五福"，谓寿、富、康宁、喜好美德、善终。
⑤ "用"，以。"敷"，遍。"锡"，赐予。
⑥ "于"，以。"于汝极"，即庶民接受你（汝）的准则。保，遵循。锡，进献。
⑦ "猷"，谋。
⑧ "协"，合。"罹"，陷于，遭受。《洪范》原作"不协于极，不罹于咎"，指民众不合于君王的准则，亦不陷于罪。
⑨ 第一个"而"，你。第二个"而"，连词。"康"，安。"色"，温润。
⑩ "攸"，修。

旱　　涝 详见"占岁"

《会通》云：土星为本年主星，风水涌，详见"占岁"。火星为本年主星，天气炎热，火灾，多热风雷电，河干井涸。详见"占岁"。水星为本年主星，看同何星相合相冲相方，在地平上，水多河溢；在地平下，水涸河干。[1] 详见"占岁"。

疾　　疫[2]

看二命宫二命主二太阴

《象宗》云：先定当年安命宫，又定年前朔望命宫，看此二命宫并命主星，又俱要看太阴，若二命宫并命主星，二命主。并太阴二太阴。六件皆居吉位，又无凶星相照，主其年人民安乐无病。若此六件为吉多凶少，亦主安乐。若此六件不得地[3]，又有恶星相照，其年必有天灾，又多疾病。每季亦依此例。

命主与六宫主会照，并太阴不得地

若年命主星与第六宫主星相遇相照，太阴又不得地，其年必有天灾人祸。朔望及四季安命宫亦同此例。

命主与八宫主会照，并太阴不得地

若年命主星与第八宫主星相遇相照，太阴又不得地，其年人多死亡。

各星与太阴恶照

凡人病，因各星与太阴恶照而然。土星与太阴恶照，则有久病，淹连岁月，肌肉赢瘦，痞满[4]，及妇人小腹气虫痰症，一切冷湿症候。木星与太阴恶照，有肺病、喉疾、中风、昏晕、头疼、心痛一切风症。火星与太阴恶照，则发热并脾胃症候，及吐血，及妇人堕胎，一切热症。金星与太阴恶照，则心气痛，肾经病，虚肿，浮游不定，

---

① 见《世界部·五星在地平吉凶》。

② 此部分见《天文书》第二类第四门"说天灾疾病"。

③ "不得地"相当于不得位，即不在有力位置。

④ "痞满"乃病名，以自觉心下痞塞，胸膈胀满，但触之无形，按之柔软，压之不痛为主要症状。

又痔疮及一切温症,服药难效之病。水星与太阴恶照,则有心疯①失智,恍惚惊恐,从高坠下,暗风、喉痛、吐血一切干燥之症。太阳与太阴恶照,与火星性同。太阴自不得地,别无各星恶照,则同金星之性。

兵　戈　盗　贼②

火土冲照

"先看交年命宫并四季命宫坐何宫分,若火土二星相冲或二弦照,则有灾祸征战之事。"

火土冲照在四柱

火土二星在四柱宫弦冲,则其事尤大且急。

火星在太阳光下

若安年命之时,火星在太阳光下,则其年有灾祸征战之事。每季安命宫之时,火星在太阳光下,则其季有灾祸征战之事。太阴与太阳相会或相冲时,取一命宫,此时火星在太阳光下,则其月有灾祸征战之事。相会应上半月,相冲应下半月。

火星在太阳光下,又在四柱或转宫

火星在太阳光下,又在四柱或在转宫,则灾祸征战之事更急且大。

安年命在昼,火星与太阳冲弦又在转宫

若安年命在昼,火星与太阳相冲或二弦照,又在转宫,则小人反叛。

火星与当年主星会又逆行

火星若遇③当年主星又逆行,到不得力地、至弱宫度,又无吉星相照,则必有奸人诡计乱国政,因此兵起。

---

① "心疯",《天文书》作"心风"。
② 见《天文书》第二类第三门"说灾祸征战之事"。
③ "若遇",《天文书》作"若是"。

火土离四柱，星到柱，柱到星推法 此西法

火土弦冲，若不在四柱上，看离四柱内一柱上几度。或二星内一星行到四柱内一柱上，或四柱内一柱度数排到二星内一星上，则其祸应验。每排度数，一日该五十九分八秒。即太阳平行数。

三合在何处

"若火星与太阳相冲或二弦照，或与太阳所到宫分主星相冲、二弦照者，看其三合在何处，则其处地方有声息。"

从小限数至第十宫

又一说，看人君命宫或入城与登位时安命宫，看小限到何宫，从小限数至第十宫。若火星在四柱恶照者，则有刀兵征战。

《天象源委》卷十

世　　运

　　孔子言"虽百世可知"①，是言其理。孟子言"五百年必有王者兴"②，是言其数。凡一切谶纬术数之书，要皆本于私意造作。其偶验者遂传于史册，其不验者无算。后世《乾凿度》及《太乙》等书都欲强与历合，而究不能合。且前之历法尚未能如本朝之精密，即合亦不能无弊，况不合乎？故谶纬之学，儒者所不欲道，而可道者邵子《皇极经世》一书。《皇极》之书以复、临、泰、大壮、夬、乾、姤、遁、否、观、剥、坤③配十二支，一卦管一百八十甲子，上中下三元六十周。一爻管三十甲子，上中下三元十周。子坤④卦第四爻始，复卦第三爻终，计一万八百年。乾五之一上元甲子颛顼五十八年，是乾五一爻管一千八百年。在乾⑤之五爻，卦爻之吉无有过于此者而，且尧桀并生其间，其何以占世道之升降？《象数论》谓其为书亦不能实与历合。⑥ 夫《皇极》已自如此，他术可知。若夫天象之实可凭者，莫如岁差一端。岁差之法本朝定七十二年而差一度有零，则二万五千九百二十余年算为天运一大周。数既有凭，理亦相近。至于土木二星同度，为十九年三百十四日十四时零一刻半相遇一处，为一次相会，十二次或十三次始交他局，至四十九次又从火局起第一次。此术全凭推算而

---

① 《论语·为政》中子张问："十世可知也？"孔子回答："殷因于夏礼，所损益，可知也；周因于殷礼，所损益，可知也。其或继周者，虽百世可知也。"

② 《孟子·公孙丑下》云："彼一时，此一时也。五百年必有王者兴，其间必有名世者。"

③ 此十二卦即十二辟卦。辟的意思是君。阴阳消长进退，一月各有一卦为君，故以为名。一阳为复，十一月。二阳为临，十二月。三阳为泰，正月。四阳为大壮，二月。五阳为夬，三月。六阳为乾，四月。一阴为姤，五月。二阴为遁，六月。三阴为否，七月。四阴为观，八月。五阴为剥，九月。六阴为坤，十月。

④ "坤"，疑当为复。

⑤ 乾为纯阳之卦，九五君位，得中得正。九五卦辞云："飞龙在天，利见大人。"

⑥ 见黄宗羲《易学象数轮·皇极一》。

得,诚非私意之所能造作者。他如四千六百二十三年之说①与实年不相符,不知著书者欲有所秘而出于此否,姑存之以俟参考。辑"世运"。

土木二星同度②原书所志同度,岁月日时度分秒微犹是旧西法,但其立法甚善,取而通之,无星不可指数也

二星行中道交四局,前后共四十九次

《象宗》云:土星行中道近三十年一周天,木星行中道近十二年一周天,似此二星行二十年一次同宫同度,何则? 土星二十年行八宫,木星二十年行一周天又八宫。第九宫二星同度相躔,又行二十年又同度相躔。先从火局③起,次至土局,次至风局,次至水局,每一局十二次或十三次同度,然后交别局。土星行中道二十九年一百十五日十五个时辰零三十四分行一周天,木星行中道十一年三百一十三日六个时辰零十八分行一周天,土木二星同宫同度,时十九年三百十四日十四个时辰零一刻半④相遇一处,为一次相会。十二次计二百三十八年一百十四日零一十四分,若十三次计二百五十八年六十四日零三个时辰。假如二星初与同度时是火局,从白羊宫初度起。第二次又是火局,在人马宫第二度二十五分。第三次又是火局,在狮子宫第四度五十一分。第四次又在白羊宫,第五次又在人马宫,第六次又在狮子宫。似此相会十二次或十三次然后交土局。土局第一次在金牛宫,第二次在磨羯宫,第三次在双女宫。似此相会十二次或十三次然后交风局。风局第一次在阴阳宫,第二次在宝瓶宫,第三次在天秤宫,似此相会十二次或十三次然后交水局。水局第一次在巨蟹宫,第二次在双鱼宫,第三次在天蝎宫,似此相会十二次或十三次。前后共四十九次相会,第四十九次是双鱼宫二十八度四十一分,相会皆遍。⑤ 然后又从火局起,

---

① 见本卷"四千六百二十三年之世运"节。

② 此部分见《天文书》第二类第十一门"说土木二星同度相缠"。

③ 据《天文书》,乃从白羊初度起。

④ "一刻半",《天文书》作"一十七分"。

⑤ 因每一次同度,会在黄道十二宫内前行 8 宫 2°25′多("假如二星初与同度时是火局,从白羊宫初度起,第二次又是火局,在人马宫第二度二十五分。第三次又是火局,在狮子宫第四度五十一分"),一宫 30°,则经过大约 13 次进入下一局。(即 12 次加 1 次。按每次多出 8 宫 2°25′30″计算,12 次后到白羊宫 29°6′,初次会白羊初度的 1 次亦需要算入,故在火局总共 13 次,下一次进入土局。)如此,前面通过 13 次相会进入土局,土局相会 12 次进入风局,风局相会 13 次进入水局,水局相会 12 次又进入白羊火局,总共 50 次相会皆遍。实际上,即便以多出 8 宫 2°26′计算,经历完火土水风四局的次数也是 50 次。文中说"第四十九次"恐有误。另外,此处火局指白羊、人马、狮子,土局指金牛、摩羯、双女,风局指阴阳、宝瓶、天秤,水局指巨蟹、双鱼、天蝎。

第一次却在人马宫第一度七分①。余依前例推之。此是阴阳紧要之理，自古以来一切祸福皆从此断。

命宫

凡断祸福必取一命宫，将土木二星同宫同度时取一命。缘二星行迟恐不准，只将二星同宫同度之年安年命宫为主。

小轮正相对照心相对也

土星小轮与木星小轮正相对照，谓之同度。《会通》云：交食论中会②，兹占世亦然。

二星内何星为主

二星③内看何星在小轮最高处或近小轮高处，论中会亦论视会。以其星辰强旺为主。在高处亦为强旺。若木星为主，天下安宁，年岁丰稔，有福禄善事。土星为主，则岁歉，事务不成，人多忧愁。上言土木行中道，实亦论中会。然日食论九服，兼论视会可知。

当年安年命宫内，何星最强旺力大

是木星主年岁丰稔，人皆安宁，事务顺快。是土星则年歉灾伤，人多愁闷，事务不顺。是火星则盗贼生发，刀兵征战及国政枉民，有火灾。是金星则阴人事盛，人间多喜乐、婚姻、音乐等事。是水星则吏人经商技艺等吉。是太阳则国家兴旺，一切事务皆吉，及大小贵人皆利于仕。是太阴则人民安乐，凡事皆吉，各处有好音至。已上所言一星强旺有力者如此。若二星强旺有力者，将二星合断之。如太阳与土星皆有力，则与火星有力同断。太阳与木星皆有力，主有美政，四海安宁。太阳与火星皆有力，则国家失政，民多受害。太阳与金星皆有力，则国家荒淫酒色、音乐、极乐之事，太阳强未必然。又阴人所事吉。太阳与水星皆有力，则君王明圣，识见远大，文学进用。太阳与太阴皆有力，则各国来朝，万民感戴。若太阴与土星皆有力，则谣言惊恐，人多忧惧，诸物涌贵。太阴与木星皆有力，则人间安宁，利出外，四方有好音，人多行善事。太阴与火星皆有力，则有争斗词讼，妄言多，生疾病。太阴与太阳或金星

---

① 经过八宫2°25′多交下一局，故至人马。据多出2°25′30″推算，在人马宫1°15′。
② 此当指《世界部》中"吉凶事从中会算起（不用实会）"。"中会"是日月平运动（平行）得到的相会计算结果，易于得到。而实会是指考虑到日月实际运行（实行）后得到的相会计算结果，较难准确计算。故《世界部》说从中会算，不用实会算。
③ "二星"指土星和木星。

水星皆有力,各与上文同断。土与火皆有力,则有征战创生一切恶事。若木与土或火皆有力,则善人改常为恶。若金与土星皆有力,则阴人淫乱,小口有损。金与土木皆有力,主安乐丰足,贵人吉,又阴人吉,人间行善事。金与火皆有力,则阴人淫乱。金与水皆有力,则多好音乐诗词等事。金与太阴皆有力,则多子嗣,有喜信。若水与土皆有力,则多生奸诈,妄谈是非。水与木皆有力,则多行善事,好学问,明理性,又利经商。水与火皆有力,与水与土同。水与金皆有力,与金与水同。水与太阳皆有力,与太阳与水同。已上将土木二星同宫度并当年命宫为主,断其祸福。若论人品,已见"占国",随各星所关系之人应验,但此应验比前所论年岁远大。

各年吉凶

若论祸福①,先从土木二星同宫同度分,并同年安命宫分起。第二年论第二宫,第三年论第三宫,至十二宫毕。第十三年又从两命宫起,从前排去,又看二命宫主星并逐年流年②安命宫主星,与吉星照或凶星照。于此详其各星强弱,以强旺者为主,断其各年吉凶。

旺星

又看土木二星同宫同度并安年命宫主星,何星有力,庙旺又有吉星相照,则尤有力。如此主王者出世,其性依旺星之性。若旺星在四正柱上,<small>此下必少一句,可以意会。</small>或四辅柱上,则后代子孙中不当得位者出而夺之。若在第三宫或第六宫或第九宫或第十二宫,则应外人起而夺之。若强旺之星是土星,主出世之人年老,见识老成远大,亦主故家。若是木星,主其人有学有德。若是火星,主其人性刚好杀。若是金星,主其人性善修德。若是水星,主其人能言语,善权谋。若是太阴,主其人家富且贵,又有才能。若是太阳,主帝王兴旺,诸国来朝。

何时

凡土木二星同宫同度,所应之事已详于上。要知其人何时应出,看当年安命宫度数至二星同度处,或看当年安命宫度数至强旺星所在度数,计几宫几度,每一宫该

---

① "祸福",《天文书》作"祸福初起时"。

② 此处"流年"来自《天文书》,按照《天文书》中用法,当即《天步真原》中回年或行年,《天文实用》称为岁旋,是生辰星占学中占验个人命运的一种占法。据《天步真原》,回年以太阳返回出生时刻位置安命宫占验个人命运。此处"流年"被用于普遍星占术,根据语境,当指按照太阳返回上一年安命宫位置时所安命宫。土木相会大概二十年一次,相会时刻所安命宫太阳有其确定位置。自此开始,下一年太阳回到原来此确定位置时所安命宫当即是"流年"。

一年,每一度该十二日,余六分之一①。谓二大时②。却是其人出应之年。将本年命宫为主,又将土木二星同宫度之年安年命宫、小限参看,一切吉凶,依此二宫推之,谓本年命宫及安年命宫。凡土木二星二十年一次同度,祸福应验,其最验处在二百四十年交局③时。见上文。

世运推算取用④ 共九法:一世运主星法,一世运小限逐年交宫法,一世运一宫管年法,一世运小限逐年交星法,一世运四季交星法,一世运及四季及当年安命法,一世运每一年排一度法,一世运命宫一年行一度法,一世运命宫小限法

论太阳起地心外轮所行度数

《象宗》云:上古智人曾推究一切天下大事,断决精详,名曰世运。凡一运该三百六十年。每年分四季。春季数起处,依历法所定,太阳在双鱼宫二十度一十四分。太阳正行在摩羯宫初度即太阳极增之数⑤,太阳中行⑥在双鱼宫一十八度,将极增数二度一十四分添入中行度数内,合前历法之数,共二十度一十四分,自此太阳上升,此春季之数也。夏季初起处太阳到阴阳宫一十八度。太阳正行在白羊宫初秒,此处无增,以此太阳中行,即是历法一十八度之数,此为太阳在最高处。秋季初起处太阳到双女宫十五度四十六分。太阳正行在巨蟹宫初秒,到此为至增⑦。太阳中行在双女宫十八度,将极增数二度十四分于中行数内减去,合前数十五度四十六分。至此后太阳渐渐下降。冬季初起处太阳至人马宫十八度。太阳正行在天秤初秒,至

---

① 一年三百六十五日,故余六分之一。

② 十二时为一日。

③ 十二次或十三次交局,一次大概二十年,故取大概数说二百四十年交局。

④ 世运占法来自《天文书》第二类第十二门"说世运"。此部分未作说明者均引述自《天文书》此门内容。世运占法是具有历史哲学性质的占法。它以"世运"为中心概念。据《天文书》介绍,世运开始于"洪水滔天时二百七十六年前""土木二星同宫同度之年",据薛凤祚的推算即公元前4040年。一世运总共4320年,分为12运。一运360年,又分为四季运。四季运依仿四季而立,分别是第一季(春,87年270天),第二季(夏,87年270天),第三季(秋,92年90天),第四季(冬,92年90天)。这种占法主要依据各运及其季运的天宫图来占验。从来源看,该占法并不见于古罗马时期的托勒密《四门经》、多罗修斯《星占之歌》等著作,而是源于波斯萨珊王朝,经过伊斯兰世界的发展而广泛流行,最终影响了中世纪后期与后来的欧洲以及中国。

⑤ "正行",矢野道雄表示为anomaly,即远点角,指以远地点为起始点所得角度。此处以"摩羯宫初度"表示远点角,是以黄道十二宫位坐标表示。"极增之数"与后文"极增数"指一段时间内相对于平行度数,实行度数增加之数——中心差(或均差)。太阳运行中心差即由远点角计算,所以此处将极增之数与中心差联系。

⑥ "中行"即平行黄经度——平黄经。中行加极增数为实行。

⑦ 此处"至增"指相对于平行度数,实行度数减少最多。这表示实行要通过中行减极增数获得。

此数亦无增，此数合前数一十八度，此为太阳最低处。自春起度数至夏起度数，计八十七度四十五分；自夏起度数至秋起度数，亦八十七度四十五分；自秋起度数至冬起度数，计九十二度十五分；自冬起度数至春起度数，亦九十二度十五分；总计三百六十度。① 此是太阳起地心外轮②所行度数。依上古历法一年分四季，将一运亦分四季，凡行③一日准运一年④。

考日行黄道与天元黄道⑤不同心故，其行必距地球远近不等。新法测距地极远之点谓为最高，极近之点谓为最高冲⑥。此二点者乃盈缩二行之界。一年行六十一秒。⑦ 乾隆二年丁巳《七政经纬宿度》定太阳最高过夏至八度二十二分，最卑过冬至八度二十三分。太阳至过冬至八度二十三分为加，至过夏至八度二十三分为减。⑧ 有《太阳加减表》可查准此算。则太阳到白羊宫初秒，距最卑八十一度三十七分，查表应加二度二分零。太阳到白羊宫八度二十二分为极增之数⑨，为二度三分一十秒。过此加渐减，至最高过夏至八度二十二分为减之始。兹云太阳在双鱼宫一十八度，将极增数二度一十四分添入中行度数内，共二十度一十四分，是天元黄道加二度一十四分，共二十度一十四分，为太阳实在双鱼一十八度也。考今春分在白羊初秒，今表加平之日亦在白羊八度二十二分，所谓双鱼一十八度者，岂古法最高冲在冬至前故耶？即最高冲在冬至前而推算应以春分为凭，双鱼十八度之说究不可解。又云自春起度数至夏起度数，计八十七度四十五分，自夏起度数至秋起度数亦八十七度

---

① 据前，春季起处为双鱼 20°14′，夏季起处为阴阳 18°，秋季起处为双女 15°46′，冬季起处为人马 18°。所以自春起度数至夏起度数，总计 87°46′，自夏起度数至秋起度数为 87°46′，自秋起度数至冬起度数为 92°14′，自冬起度数至春起度数为 92°14′。

② "太阳起地心外轮"，《天文书》作"太阳地心外轮"。此"地心外轮"，当指地心体系中，以地心为圆心的太阳本天轨道，相当于后文"天元黄道"。

③ "行"，《天文书》作"年"。

④ 大运一运共三百六十年，拟法太阳运行一年的四季划分一运中四个季运，以年为单位。所以说大运中的一年相当于太阳运行一年中的一日。

⑤ 梅文鼎《历学疑问·卷三·再论盈缩高卑》云："盖太阳自居本天而人所测其行度者，则为黄道。黄道之度外应太虚之定位，（即天元黄道，与静天相应者也。）其度匀剖而以地为心。太阳本天度亦匀剖，而其天不以地为心，于是有两心之差而高卑判矣。"梅氏书籍为张氏此前所引用，张氏之说当本此。可以看出，张氏所论"日行黄道"指太阳本天，太阳在此本天均匀运动，不以地心为圆心。而"天元黄道"则以地心为圆心。这导致太阳离地球有远有近，太阳视运动有快有慢。此处介绍的当是偏心圆体系。

⑥ "最高"后盈，"最高冲"后缩。

⑦ 此即高行或最高行，即最高点运行的速度。《历学疑问》中数据为一年一分一秒一微。

⑧ 太阳夏至八度二十二分为最高（远地点），实行最慢，故过此点要平行度数减去中心差，方是太阳实行度数。冬至八度二十三为最卑（近地点），实行最快，需要平行度数加中心差，为实行度数。

⑨ 白羊宫二十二度距离远地点九十度，故中心差最大，为"极增之数"。

四十五分,此必指天元黄道而言。①

世运初起之首 初起是土星

《象宗》云:上古智人先于洪水滔天时二百七十六年前,将土木二星同宫同度之年作世运初起之首。其世运主星是土星,宫分是巨蟹宫。此一时土木②二星正在巨蟹宫,洪水滔天正在此一运中。前土木同度法从白羊初度起,此起巨蟹。

行限 从巨蟹宫起

其行限每年交一宫,从巨蟹宫起,次年到狮子,又次年到双女宫,后以次排之。是年行限亦至巨蟹宫。

推世运以宫度分分管年法

每一宫三十度③,均作三百六十年,每一年该度数五分。

世运遂运,交一星

土星运满前云世运初起之首,其主星是土星,宫分是巨蟹。交木星,主运宫分是狮子宫。次火星,主运宫双女;次太阳,宫天秤;次金星,宫天蝎;次水星,宫人马;次太阴,宫磨羯。依上每运各三百六十年,又交土星主运。以次排去。于土木火日金水月轮流推之。

一运初起时

每一运初起时,以太阳至双鱼宫二十度十四分为首。盖是时土木二星在巨蟹宫同度。以此宫度分为首,见上说。

四千六百二十三年之世运

当依着西域纪年六百一十五年间说,从世运初起时至此年该四千六百二十三年。除十二运④,该四千三百二十年余三百零三年,系水星主运。不错。初起时是巨蟹初度,至六百十五年间即三百零三年也。是二十五度一十五分。以每年行五分推得之。

---

① 此段乃张永祚自己的议论。
② "土木",《天文书》作"土"。
③ 一度六十分。
④ 一运三百六十年。

推行限法

小限即上文所言行限。每年交一宫①。

四千六百二十三年之小限

上文言水星主运，初起时在巨蟹②，至六百十五年间即三百零三年。小限至天秤。三百年仍到巨蟹，又三年到天秤。

小限逐年交一星初起是水星

七曜逐一年交一星，每年亦轮流交一星。初起时是水星，以土木会巨蟹也。从水起首，次太阴，次土。至六百十五年间即三百零三年。是土星。

每一运分四季

每一运分四季，每一季有一主星。不问何运，第一季是火，二季是太阳，三季是水，四季是土，并与运主星同伴。其世运四季命宫第一季春。并第二季，夏。每季该八十七年零二百七十日，第三季秋。并第四季，冬。每季该九十二年零九十日。

安命宫

凡世运并世运四季并当年，各有安命宫。若取世运命宫，待太阳到双鱼宫二十度十四分，见上。看东方是何宫度出地平环上，就将此宫为世运命宫。其世运四季命宫第一季并第二季，每季该八十七年零二百七十日。第三季并第四季每季该九十二年零九十日。已见上文。取命宫之法与上同。若依着上古取世运安命宫、并四季、并当年安命宫之法，并看太阳至双鱼宫二十度十四分，见上。此时东方是何宫度出地平环上，即此是安命宫度数。③

又世运每一年排一度法

凡世运每逢初起时，双鱼宫二十度十四分起，每一年排一度，三百六十年排满三百六十度，又系交运，又从头排起。凡排至一宫几度处，看其度是何分定，是何星分

---

① 相当于前述流年。
② 此处指小限初起在巨蟹。
③ 这里有两种安命宫方法。第一种需要考虑每季运太阳行度，是较为复杂的方法。第二种较为简单，每季运不用计算太阳行度变化，直接用双鱼宫二十度一十四分。

定度数①,以其星为主,断其吉凶。

又安世运命宫,一年行一度法

"又看安世运命宫是何宫度出地平环上,将对黄道的赤道度数为则数去,每一度该一年。只数赤道度数,看行至何宫度上遇着何星,以其星之吉凶断其吉凶。"

世运命宫小限 与上世运小限不同

若论小限,从命宫起,一年交一宫。

《象宗》云:西域纪年六百十五年间说世运初起时至此年,该四千六百二十三年。《御纂历代三元甲子编年》第一甲子起黄帝六十一年,至明天启四年,为七十二甲子,得四千二百六十年②。本年再加一年③。新西法《交食永年表》④起三十一甲子。至明天启四年为六十六甲子,得三千九百年。本年再加一年。校《编年》少六甲子,共三百六十年。第一甲子起舜摄九载。《月离历指》⑤崇祯戊辰为总期之六千三百四十一年。《天地仪书》开辟至洪水云一千六百五十余年。洪水至汉哀帝元寿二年庚申,天主降生,《天地仪书》云二千三百四十余年,《圣经直解》⑥云二千九百五十四年,《遗诠》⑦云二千九百四十六年。考尧十八年至汉哀帝二年庚申,实二千三百四十年,与《天地仪书》合。庚申至天启四年甲子,又一千六百二十三年,加甲子本年为一千六百二十四年,并共三千九百六十四年。天启四年至本年乾隆二年丁巳,又一百一十四年,通共四千零七十八年。加洪水前二百七十六年⑧,共四千三百五十四年。较上文所云世运初起时至此年该四千六百二十三年之语不合。今据实年推以四千三百五十四年,

---

① "看其度是何分定,是何星分定度数",《天文书》作"看其度是何星分定度数"。"分定度数"即指界。

② 天启四年为第七十二甲子开始,第一甲子至第二甲子开始时为一个甲子六十年,故第一甲子至第七十二甲子开始为七十一个甲子,共四千二百六十年。

③ "本年再加一年",当指天启四年算入则加一年。

④ 当指于钦天监供职的耶稣会士南怀仁(Ferdinand Verbiest,1623—1688年)在康熙年间所作《康熙永年历法》中的交食表部分。

⑤ 指《崇祯历书·月离历指》。

⑥ 《圣经直解》于1636年由阳玛诺(Emmanuel Diaz Jr.,1574—1659年)节译《圣经》而来。据《圣经直解·封斋前第三主日·卷之三》,自洪水至"天主降生"应当为2944年。

⑦ 《遗诠》即庞迪我(Diego de Pantoja,1571—1618年)《庞子遗诠》。据该书,"洪水至天主降生"共计2954年。

⑧ 此处加二百七十六年的原因见《天文书》第二类第十二门:"上古智人,先于洪水滔天时二百七十六年前,将土木二星同宫同度之年,作世运初起之首。"张永祚将尧时大洪水与《天文书》《圣经》时大洪水等同,故有此种性质的计算。

除去十二运四千三百二十年，余三十四年。准逐运交一星法，亦系水星主运。准小限法，行到金牛。准小限逐年交一星法为金星。准一运分四季是火星在四千六百二十三年之说，与实年不相符。而实年于交运之时，土木二星又不必定会。姑存其说，以待考订。若欲推测，竟大运。查土木相会之真时刻安命，推之为捷且理足。①

<h2 style="text-align:center">世 运 断 决 之 理 ②</h2>

世运及季运主星强弱分吉凶

凡交世运或季运，必有更改之事。若世运并季运主星皆强旺，又有吉星相助，主出世之人兴旺福隆，大吉。若世运主星已是强旺为吉，又有吉星相从③，季运内虽有凶星相遇，终不能作凶，依旧兴旺。若一季过后，又交一季，季运主星又旺吉，并有吉星相助，主国家福隆，疆宇开广，四海来朝。设又交一季，季运之主星凶弱，则国家不宁，有外人相侵，缘世运主星吉旺，终不为凶。若世运主星凶弱又有凶星相照，则主国家力小事烦，外人相侵，扰攘不宁。若遇交季运，主星又凶弱并有凶星相照，则必有革命之事。

世运主星是五星内何星，分外姓本枝

若运主有力之星是土木火三星内一星，主外姓兴起，其事业制度、一切所为，并与前代不同。若世运主星是金水太阴三星内一星，则更改只在本枝，不属外姓，却有刀兵争竞。

世运主星是何星，在何宫，并在太阳光下或遇凶星

若世运主星是土木火三星内一星，在本宫或在庙旺宫，主国祚绵远，一运之内人寿长，一切事务皆坚久。世运主星是金水太阴三星内一星，又弱无力，并在陷宫④或在太阳光下，或遇凶星，则国祚年促，凡事不久，人寿短，所作事不显。

---

① 此段系张永祚自述。
② 此部分见《天文书》第二类第十二门"说世运"。
③ "相从"，《天文书》作"相助"。
④ "陷宫"指降（Decline），在《天文书》中又称为降宫、无力弱处，是与庙旺宫或升相对的概念。陷宫的位置亦与庙旺宫相对冲。

世运主星是何星，在本宫庙旺，有二星兼在宫分内

若世运主星是土木火三星内一星，或在本宫，或在庙旺，有二星①兼在世运主星宫分内②，或与世运主星吉照，主国家强盛，四海一统。假如世运主星是火星，宫分是磨羯宫，火升。火星又在磨羯内，世运年命是白羊宫，木星土星又在天蝎宫，与火星吉照，火星顺受土木二星，吉应则如上所云。

世运主星强旺又为季主星

若世运主星强旺又为季主星，主世运一季内国家大兴旺。

世运及四季主星同是土星

若世运主星是土星，主国家兴旺之福后胜于前。为第四季主星是土星，而世运主星亦是土星，所以后胜于前也。

世运及四季主星行小限到火，与火冲照，火又为年命主

若世运主星并四季主星强旺，行小限到火星，或与火星相冲、四正照，弦照③。又火为当年主命主星，其年必有反叛，刀兵起，十年方定，国家依旧。依旧，不改也。以世运并四季主星强旺耳。

世运四季行小限到火，与火冲照，火又为命主，同在风局

若二运世运、四季。小限与火星相冲或四正照，火且在风局，又为年命主星，而世运主星亦在风局，主其年天上见妖象，有虹气流星，地上亦有大火灾。

世运四季行限到土星，土又为命主在水局及土局与风局

若二运行限到土星，土星又为年命主星，在水局，主其年大水；在土局，则其年地震地陷；若在风局，主天色极寒，风雪大。

世运主星土与火在本宫，小限遇凶星

若世运主星是土星或火星，其宫分又属本星宫分，如小限遇凶星，则四方有横

---

① "有二星"，《天文书》作"又那二星"。此二星可能指土木火三星中非世运主星的二星。
② 《天文书》此处多"或在庙旺宫内"。
③ "四正照"即指弦照相位。

事起。

年命主星行至弱宫，而太阴在命宫又与凶星照

又其年命主星①、此言年命主星定即是世运四季主星。小限行至弱宫，而太阴在命宫，又与凶星照，则已上所言灾祸愈重且大。

应在何城池

其横事最重处在何城池。假如有日食，看日食宫分是何城池，安年命宫或四宫、七宫、十宫。② 见交食亦可类推。

论土木同度应事重大

凡一应大事有更变，但看土木二星同宫同度时为主。若交运之际，土木二星若同宫同度，更为重大。所论世运、季运原属西法。

---

① "主星"后《天文书》多"是凶星"。
② 此处《天文书》原作"其横事最重处在何城池。假若有日食，看日食宫分是何城池安年命宫，或第四宫，或第七宫，或第十宫，或安年命时太阳太阴所在宫分交食者，此处城池，以上所言灾祸甚重，其应疾"。

《天象源委》卷十一

命　法

　　《中庸》云："天命之谓性。"朱子注云："命犹令也。天以阴阳五行化生万物，气以成形而理亦赋焉，犹命令也。"① 为天地立极，为生民立命，为万世开太平者，人君也。一人有庆，兆民赖之，此人君所以不言命也。至于相臣者，亦必存若己推而内诸沟中② 之心，而后可以辅太平，而肯委之于命乎？其余若而人③ 要当以知命为先。君子固自有立命之学，然不知命亦无以为君子，况乎后之人以形气之躯遇外物之交，欲念重而妄念生，能知命者有几？不知惟天阴骘下民，命之为命，造化之巧出于无心，而上下四旁无不吻合。使闺房里巷之中有愚夫愚妇，能转相告曰富贵利达实有命存，将见一言之省悟，一念之转移，消却几许雄心，淡却几许谄念，不亦足以助化于下乎？夫至于抱衾与裯④ 者，而亦知实命不同。周家《关雎》《鹊巢》⑤ 之化如是。如是，是命之当知。岂非为士人效法君子之基，王者化民成俗之本欤？辑"命法"。

推人命十二宫法　推算地平宫度见后

　　《象宗西占》云：凡看各星在何宫分。一命宫者何？言人初生时，看东方是何宫

----

① 出自朱熹《四书章句集注》。

② 上述三句话各有一次用典：张载"为天地立心，为生民立命，为往圣继绝学，为万世开太平"，《尚书·吕刑》"一人有庆，兆民赖之，其宁惟永"，《孟子·万章上》"伊尹耕于有莘之野，而乐尧舜之道焉……思天下之民，匹夫匹妇有不被尧舜之泽者，若己推而内之沟中，其自任天下之重如此"。

③ "若而人"，若干人的意思。此处指人君臣宦之外的其他普通人。

④ 《诗经·召南·小星》云："抱衾与裯，寔命不犹。""衾"，被。"裯"，床帐。

⑤ 《关雎》属于《周南》首篇，《鹊巢》属于《召南》首篇。此处代指《诗经》中的《周南》《召南》。此两者属于国风中的正风，古人认为乃是王者有道之化所得之诗。

分出地平环上，即为命宫。命宫系人性体、寿数、一切创生之事。第二宫系人生财帛、衣禄、生理、相济助，并未来之事。第三宫系亲近、相助之人及兄弟姊妹亲戚，近出搬移之事。第四宫主父并田宅、一切结末之事。人之根柢亦在此。第五宫主男女、喜乐、使客、信息、庆贺，并收成五谷果木之事。第六宫主疾病、奴仆并小畜孳生。第七宫主祖，并妻妾婚姻，伙伴及仇隙。第八宫系死亡、凶险并妻财。第九宫系迁移远方、更改诸事，并才学识见、梦寐之事。第十宫主官禄、高贵并母。第十一宫主福禄，并想望及朋友之事。第十二宫系仇人、争竞并牢狱，及六畜头匹等事。若一星在命宫前，离安命度数五度以下，属命宫。五度以上，不属命宫，属十二宫。其余宫分例此。此取用之法前贤都曾体验如此。①

《真源》云：第一宫称命宫，关人命吉凶；二宫财帛；三宫兄弟姊妹戚②及近路；四宫父祖及家事；五宫男女；六宫疾病家人；七宫妻妾仇人；合则为配，不合即为仇。八宫死亡；九宫移徙道路；十宫功名；十一宫福禄朋友；十二宫祸门监狱。③

考定真时安命法

《象宗》云：子生下取时用时辰牌④，昼取太阳高度，夜取经星高度，依法即知本时。时辰既真然后安命宫度有准。若无定时辰牌及铜壶滴漏，别有法取用。若人口说个时未为准的，或前或后不过差二刻。且将此时安一命宫，又依此命宫取个四柱，将七曜宫分度数排定。却看当生人与朔近取朔⑤，与望近取望。朔取日月相会之宫，望取日月相望之宫，日在地平上取日，月在地平上取月，日月俱在地平上取在东地平者。看此宫分度数属何星强旺，比四柱内一柱度数相同，则安命度数真矣。⑥ 若此强旺星度与四柱度数前后多少不同时，却将四柱内一柱度数与强旺星度数最近者取用。如强旺星二十度，四柱内一柱二十五度，将五度减去，与强旺星度数同，就此度数再安一命宫为真时刻。⑦

---

① 见《天文书》第一类第二十一门"说命宫等十二位分"。
② "戚"，应该为"亲戚"。
③ 见《人命部·上卷·算法》。
④ "时辰牌"是日晷或星晷一类的测时仪器。
⑤ 指出生日期与朔望远近情况。"当生"是《天文书》中用语，为张永祚所遵从，指出生时刻或者以出生时刻所安命宫。指命宫时又称为当生命、当生命宫。
⑥ 从"日在地平上取日"至"则安命度数真矣"，《天文书》原作"若相望时刻在昼，看太阳在何宫度。相望时刻在夜，看太阴在何宫度。看此相会相望宫分度数，属何星强旺。若强旺星度数比四柱内一柱度数相同。则安命度数真了"。
⑦ 见《天文书》第三类第三门"说安命宫度备细"。

《真源》云：假如人生日一宫阴阳二度，十宫磨羯二十七度，十宫该是宝瓶，兹为磨羯字误。恐时不真。生日前离望近，日在地平上宝瓶宫二十度，土为宝瓶主星，宝瓶亦为土三角。土在天蝎三度，比二度近，二十七度远，即将一宫阴阳二度改为阴阳三度。所改者午时圈度，其差不过二刻。假如一宫有二强星，何以取？如生日前朔，日月会天秤十度生人，一宫天秤十四度，十宫巨蟹十八度，四宫磨羯十八度。兹日月会天秤十度，是土星升，亦是土三角，亦是土三合照。而土在磨羯十五度，金星在天秤十度。金星为天秤宫主星，又系金界。水于天秤为三角，故用土星，因其有升、有角、有照，三件最强。金止有二，水止一，俱不用。更有取近之一说。金在人马六度，六度比一宫十四度远，土在十五度为近。四宫是磨羯十八度，①今改安磨羯十五度。土三合照必以地平宫言。假如十宫磨羯十九度，一宫金牛七度，近朔，日月相会宫主星第一强星水，水在天秤十三度；第二强星日②与金，第三强星火，火在巨蟹五度。今一宫用火星五度，度数改为金牛五度。其十宫却不用水星度数。水虽比火强，然火星度数比一宫度数为近，而水星度数比十宫度数稍远，虽强不取。取近不取远。又如水星天秤四度，火星阴阳五度，人命一宫金牛七度，水星强。而用时却作金牛五度，不作金牛四度，为火近于水也。又火在阴阳，离金牛顺，不为顺，即当用力强水星度数。③取顺。

取命主星法

《象宗》云：凡各宫度主星，取气力多者为上。本宫主星有四分气力。庙旺宫主星有三分气力。三合宫主星④有二等，如一等日二等木。第一等有二分气力，第二等有一分气力。分定度数有一分气力。若此等主星遇在本宫，或庙旺宫度，或三合宫，或分定度数上，加一倍⑤。如火星在白羊即算为八分气力，本宫主星为四分气力，今在本宫加一倍，为八分。其余一切主星取气力多者为之。其一星比此主星气力微少者为主星助。如二星气力相敌，则取宫主星为先，第二星为助。如昼生人安命在白羊宫第十

---

① 此处后，《人命部》有"土星在磨羯十五度"。
② "日"，《人命部》作"月"。
③ 见《人命部·卷中·变时真否》。
④ "三合宫主星"，据《天文书》乃"白羊宫，狮子宫，人马宫，主星昼太阳木星，夜木星太阳，昼夜相助者土星"。此处所论乃昼生之人。若是夜生之人，则第一等是木星，第二等是太阳。关于三合宫主星，见卷三"象度·分及三角"。
⑤ 此既为主星又在相应位置，故加倍。

度,火星是其宫主星,太阳是其庙旺宫主星,日庙旺在戌。庙旺还当论度①。太阳在戌宫十九度至二十五度为庙旺。寅午戌安命者,昼生人三合宫主一等是日,二等是木星。白羊七度至十二度属金,金星是分定度主星。② 凡此诸星皆不在加倍气力宫度上,太阳虽在庙旺宫,非其度。则取太阳为主,为何? 盖太阳本是庙旺宫主星,有三分气力,又是第一等三合宫主星,有二分气力,共得五分气力,因此取为主星。火星虽是宫主,只有四分气力,比太阳少一分,故算与太阳为助,余例推。③

取福德箭法 此虽西法,亦颇有理,在余箭不录

《象宗》云:福德箭④昼生人从太阳数至太阴几度,夜生人从太阴数至太阳几度,看总计几度。从命宫起,每宫分与三十度,余零几度在何宫分即是。⑤ 据《象宗西占》,尚要加安命度数,此漏去。如人安命在白羊宫第十度,太阳在狮子二十度,太阴在天秤十五度,夜生人从太阴数至太阳三百零五度,从白羊十度起,命宫及财帛等宫各分与三十度到宝瓶十五度,即为福德箭。⑥

---

① “庙旺还当论度”为张永祚自述。张氏所据乃《天文书》第一类第十四门“说七曜庙旺宫分度数”。
② 此句论界。
③ 见《天文书》第一类第二十三门“说各宫度主星强旺”。
④ “福德箭”(Lot of Fortune/ Part of Fortune),即幸运点、福点,是星占中具有与星体同等效力的特殊点。《天步真原》中称为福星。《天文书》中尚论及“聪明远识出众之箭”等特殊点,但此处张永祚称“在余箭不录”,乃是遵从了《天步真原》中的托勒密传统。在托勒密星占《四门经》中,只论及幸运点。
⑤ 此处张氏虽遵从《天文书》中说法,却有所改动。《天文书》原为“福德之箭,昼生人,从太阳数至太阴几度。夜生人,从太阴数至太阳几度。又将安命度数,添在其上,看总计几度。命宫分与三十度,其余财帛等宫,每宫各分与三十度,余剩零数有几度,在何宫分,此为福德之箭”。需要指出的是,特殊点有两种算法。一种是将两个点(如太阳和月亮)之间的黄道经度差值直接加在上升点所在度数,进而确定特殊点位置。这一传统符合我们今天对特殊点的计算习惯,如福点(夜生)=ASC+太阳-月亮。这一算法方式在《天步真原》中有介绍:“福星所在,以太阳之行减太阴行,其余与第一宫度相加,即福所在。如太阴狮子十五度五十八分,加白羊、金牛、阴阳、巨蟹共一百三十五度五十八分。以白羊到太阳金牛五十四度十三分减之,余八十一度四十五分。从白羊到一宫一百九十八度四十分,加八十一度四十五分,共二百八十度二十五分,入磨羯十度二十五分。”另一种传统为伊斯兰星占家阿布·玛撒尔等所推崇,认为是更为古老的一种算法,即《天文书》中所介绍的方法——将两个点之间的黄道经度加在安命度数上,再将所得度数从命宫开始分配,直到特殊点所在。张永祚主要根据《天文书》中算法,对于《天步真原》中算法,他在卷十二“求地平宫法”中仅仅给出标题,未收录具体内容。
⑥ 见《天文书》第一类第二十二门“说福德等箭”。

取寿星及寿主星法 算人寿数短长见"命理"一门

《象宗》云：凡人寿数专看寿星并寿主星。要算寿之短长有两说，一是正，一是辅。辅详十四卷八门。正亦有两说，一等说人性命，一等说人身体。性命寿星主之，身体寿主星主之。取用寿星之法，昼生人取太阳。若太阳无力，却选太阴。太阴又无力，取福德箭。福德箭又无力，取命宫度数主星。夜生人取太阴。太阴无力取太阳。若太阳无力，取福德箭。福德箭又无力，取命宫度数主星如前。昼生人取太阳，夜生人取太阴。若在十宫或命宫或十一宫或七宫或九宫可取。在五度以下如上论①。若太阳是寿星，又在庙旺宫度上，寿主星即是太阳。太阴是寿星，又在庙旺宫度数上，寿主星即是太阴。若命宫与寿星皆有力②，又自吉照，主其人一世身安，聪明有机变，又有寿。③ 据此，所谓寿主星者即寿星宫之主星。

取命照星法 比取命主星法为详

《真源》云：人命照星有五，一太阳，二太阴，三命宫，四十宫，五福星。④ 见上。人命不止一星为主，必有几星主人命，单止一星，命不悠久。⑤ 取照星之宫有五，一十宫，二命宫，三十一宫，四七宫，五九宫。此宫比上四宫少弱。五处皆起五度前，与五度上下之说合。有星皆可取。⑥ 取照星之法，昼取太阳为命照星，若太阳不可取，不在取照星之宫。⑦ 即取太阴，昼亦取太阴。⑧ 若太阴亦不可取，如上说。即取福星或一宫，或以上四位宫主星最强者。舍、升、三角、界、位，见"象性"。五者之中有三为最强，取为照星。亦要在取照星之宫。⑨ 夜取太阴为命照星，若太阴不可取，即取太阳，夜亦取太阴。⑩ 若太阳亦不可取，即取福星或一宫，及日月福星一宫之主星中最强者为照星。凡不

---

① "在五度以下如上论"，指前"推人命十二宫法"一节："若一星在命宫前离安命度数五度以下，属命宫。五度以上，不属命宫，属十二宫，其余宫分例此。"

② "若命宫与寿星皆有力"，《天文书》作"若命宫寿星多又有利"。

③ 见《天文书》第三类第六门"说人寿数短长"。

④ 见《人命部·中卷·取照星许星》。关于照星、许星的介绍，参见卷六"占变·照星所在"注释。

⑤ 见《人命部·中卷·命照星》。

⑥ 见《人命部·中卷·取照星之宫》。

⑦ 此小字注亦出自《人命部》。

⑧ 此小字注亦出自《人命部》。

⑨ 此小字注亦出自《人命部》。

⑩ 此小字注亦出自《人命部》。

取日月取五星，要五星比日月在强宫，有权，或在日月相会宫、相望宫、人命宫、福宫。凡星在降宫，即全无力，不能作照星。取日月五星，在两宫相连者亦可取，如九宫十宫。昼生人日在九宫，月在十宫，自当取月。若月在十宫，日在十一宫，二宫相似。则论日月强弱。夜生人，月在九宫或七宫，日在命宫，自当取日。若有难准，即看日月所在宫之主星，与日月吉照者取之为照星。①

取各照星法

《真星》②云：科目、升迁、功名、官禄，日作照星。人性善恶知愚及妻妾，月作照星。身体强弱及性情，及父母，及远行近出，一宫作照星。分看者为胜。财帛、福禄，福作照星。男女、兄弟、朋友、仇雠、文艺，十宫作照星。③ 分看者为胜。

取 许 星 法

《真源》云：凡定许星，其照星所在有五星合也。或五星照，即是许星。看其是何照星管，即何照星之许星。如福离土一百八十度，福为照星，土为许星。至其年月日，福到土当失财帛。照星到许星为正。设无照星与照之处④，取相近者，如一宫在金牛七度，照星与许星⑤俱不在内，惟木在金牛四度，与其相近即取为许星⑥。取为一宫之许星。若照星之前无星，无星合。亦无照，亦无星可照。看照星在何星界，其界星即为许星。如十宫在白羊六度，无星无照。白羊六度乃木星界，即取为十宫许星。有两星两照星。两照两许星。或一星一照星。一照一许星。同在一处，即取近者。倘同在一度，可并取。⑦ 许星在前后远近不同取用之法。如一宫在金牛七度，金牛十二度有月六十度照，阴阳十二度有火星，阴阳十一度有月九十度照，其度亦太阳一百二十度照。此说不甚明白，不言谁为照星，谁为许星，使后人何从领会。细思必是太阳是其照星，火星是其许星。行到阴阳十一度，月为主。有月九十度照故。其下即日为主，乃太阳一百二十度照。其下

---

① 见《人命部·中卷·取照星之法》。
② 《真星》为《真源》之误。
③ 见《人命部·中卷·论照星许星》。
④ "设无照星与照之处"，《人命部》作"设无星与照之处"。
⑤ "照星与许星"，《人命部》作"星与照"。
⑥ "惟木在金牛四度，与其相近即取为许星"，《人命部》作"木星在金牛四度，月六十度照在金牛十二度，即木星管命宫事从金牛四度到金牛十二度，十二度以后月主之"。
⑦ 此句后《人命部》有"但本星为第一，星之照为第二"。

即火星为主。火本体在度所主多，月与日亦有所主，但比火分数少耳。前说金牛十二度月六十度照。并①阴阳十一度，月为主，亦有不同。从金牛十二度到二十四度是月界，月光十二度。若月在满时，月比星力大，不在满时，则与星相去不远②。若到阴阳十一度为九十度照，力弱已不如星矣③。若许星在照星前，算时要从照星起，不从许星起。如照星金牛六度十分为人命一宫，一宫为照星。木星在金牛三度二十六分入十二宫内，在命宫前。算时一年起金牛七度，不起金牛三度。④ 凡星在本宫五度以下算为前宫，五度以上方算为本宫。而取照星取行度却从实度，不用除去五度。此处论前后，十二宫为一宫前。

定照星许星行度

定照星、许星行度，一年一度。太阳年三百六十五日五小时四十九分。一月行五分，一分行六日。⑤ 详后。

取煞星法 论理处见"命理"

《真源》云：正煞星⑥六。一土星本体，一土星对冲，一火星本体，一火星对冲，一土星九十度，一火星九十度。次煞星九。一命照星顺行九十度，一恶星同命照星九十度，又相离一百二十度。如日为照星，火离日九十度。其⑦离日一百二十度，更狠。一恶星同命照星一百八十度，又相离一百二十度，亦为煞星。一恶星离命照星九十度，又相离六十度，亦为煞星。一赤道九十度及一百八十度，与黄道平。一土星一百二十度，火星一百二十度。一土星六十度，火星六十度。一月为照星，有星在日光内，与月恶照，无吉星吉照，此时日亦作煞星。亦须论日光内星之性如何。一月为照星，有星在月光内，与日恶照，无吉星吉照，月亦作煞星。⑧ 凡煞星，二要看其前后一百八十度，比星

---

① "并"，《人命部》作"到"。
② "则与星相去不远"，《人命部》作"月力与界上星之力相去不远"。
③ "若到阴阳十一度为九十度照，力弱已不如星矣"，《人命部》作"从阴阳一度到十一度，因六十度力弱，界上星力大"。
④ 见《人命部·中卷·论照星许星》。
⑤ 见《人命部·中卷·论照星许星》。
⑥ "煞星"主要是与照星有相位关系的两颗恶星——土星与火星。因为土星与火星在星占中经常代表凶恶的事项意涵，所以它们与照星发生相位关系时，会影响到命主吉凶。
⑦ 指火星。
⑧ 见《人命部·中卷·煞星》。

体更甚。星体比九十度更甚,逆行比顺行更甚①。留在四角内比下去宫更甚。行远比行迟更甚②。上升比下降更甚。以最高言。近黄道比远更甚。纬北比纬南更甚。在东比在西更甚。论地平宫。地平上比地平下更甚。属昼者忌昼,属夜者忌夜。黄道阳宫比阴宫更甚。相近两至比两分更甚③。土比火更甚。土是自生病,火自外来病。若两星俱为煞星,应苦后方死。④

取解星⑤法 论理处见"命理"

《真源》云:一吉星在煞星界上,一吉星在煞星傍。吉星在后,煞星在前。或煞星在吉星吉照内。一煞星与照星纬度不同。一北一南,差两三度。若煞星已强,更⑥有经纬恶星相助,不能解。或煞星在位内,在界上,在东,在阳宫,不在日光下,不在地平下,皆不能解。⑦

人命一生大运

《象宗》云:凡人命自始生至四岁,太阴主养之,为初生下时嫩小湿润。自四岁以后至十四岁十年,水星主养之,渐通世事,智慧日增,知向学。十五岁至二十二岁八年,金星主养之,精气渐盛,阴阳既合能生子。二十三岁至四十一岁十九年,太阳主养之,立志敢为,初年戏谑之事皆弃去。四十二岁至五十六岁十五年,火星主养之,增人怒气,常想事业经营谋干,不自安宁。五十七岁至六十八岁十二年,木星主养之,肯为善事,欲留名于后,不肯轻动。六十九岁至寿终,土星主养之,身体困倦,精神衰减。凡人命内,先看何星强旺,行限至其星所主养之时,则其事亦兴旺。若星弱则其事亦弱。其大略也。⑧

又人命宫有恶星,主少年艰难,是命宫主少年,七宫有吉星主老年尊荣,是七宫

---

① "逆行比顺应更甚",《人命部》作"顺行比逆行更甚"。
② "行远比行迟更甚",《人命部》作"行速比行迟更甚"。
③ "相近两至比两分更甚",《人命部》作"在两分两至相近者更甚"。
④ 见《人命部·中卷·解星》。
⑤ "解星"是能够化解煞星对照星凶恶影响的星体。煞星若在吉星旁,或吉星的吉照内,则吉星即为解星。但《天步真原》中强调,若煞星太强或有恶星相助,则不能化解。
⑥ "更",《人命部》作"或"。
⑦ 见《人命部·中卷·解星》。
⑧ 见《天文书》第三类第十九门"说人生每一星主几年"。

主老年。①

回　　年②

据薛氏法,以日躔黄道度查赤道升度,每年加八十八度四十九分③余,即次年本日午时同升度。如生日日在天秤十六度十分,赤升度一百九十四度四十三分,减去八十八度四十九分,得一百零五度五十四分,为次年④日到天秤度。如十六年求日进天秤十六度十分,以是一百零五度五十四分为根,加上十六年,每年应加八十八度四十九分之数。除全周得八十六度五十九⑤分,为本日午时圈。于根数及十六年加数两数内,除去原赤升度数,得二百五十二度十六分,对时为午后十六小时四十八分五十六秒,日进天秤原躔度。⑥

照此法求,颇多不合,因竟用岁实推时,岁实三百六十五日二十三刻三分四十八秒,止须扣足三百六十五日,加上二十三刻三分四十八秒,为二大时七刻零三分四十八秒。⑦但年远者亦未易推,今融会其数,立一简便之法。将岁实之小数二十三刻三分四十八秒依午时圈变度得八十七度一十二分。⑧假如申初初刻初分,日躔黄道降娄初度,赤道升度得五十五分,申初初刻初分在午时圈距午后三十度。以此距午三十度为根,若求明年日进原躔度则加一个八十七度一十二分,共一百一十七度一十二分,对时为午后三大时七刻零三分四十八秒,即七小时三刻零三分四十八秒。又如巳初初刻初分日躔黄道星纪初度,得赤道升度二百七十一度零五分。巳初初刻初分在午时圈距午后三百度,以此为根,求明年日进原躔度加八十七度一十二分,共三百八十七度一十二分,除全周得二十七度一十二分,对时为午后七刻零三分四十

---

① 见《人命部·上卷·人自初生各有七曜主照》。

② “回年”,《天步真原》亦作行年,具体介绍见卷十“世运·各年吉凶”注释。

③ 由于回归年长度并非整数天,所以太阳回到原来位置时子午圈度数已经发生变化。经验算,八十八度四十九分系根据托勒密回归年长度 365.2467 日得到(即 0.2467×360)。对照《人命部》原文,此句之后张永祚省略“满三百六十去之”,故后面紧接“余即次年本日午时同升度”。

④ “次年”,应该为“去年”。

⑤ “九”,当为“八”。

⑥ 见《人命部·中卷·行年》。此处《人命部》原文为“如十六年后求日进天秤十六度十分,黄赤同升根一百〇四度五十二分。今十六年又该三百四十一度〇五分,并之,得八十五度五十七分,为本日午时(正升加一)圈,再求时减生日躔天秤十六度十分,升度一百七十四度四十三分,得二百七十一度十四分。十五度为一时,即本日午时后十六时四十四分五十六秒(每度为时四分)。日到天秤十六度十分,名为回年。”此处,《人命部》以“一百〇四度五十二分”为根,张氏与此不同。

⑦ 一日为九十六刻,二十四小时,一小时六十分,一分六十秒,一度六十分。

⑧ 一日为三百六十度,二十四小时为一千四百四十分,故有此数。

八秒，即一小时三刻零三分四十八秒。若求第二年日进原躔度，则再加一个八十七度一十二分，立表取用可也。根照原用依岁实求日进原躔度无差。不过高行高冲有行起加减处，亦不一定，未免加减有不同。然高行一年亦自无几，即有差亦为数甚微也。有黄赤升度表。凡推步书俱备，下同。有日行午时圈表。时四分对一度，时一分对度十五分。[1]

回 年 表[2] 再以当生距各节气考正为捷，如欲细推，仍算日躔

年	〇	度	〇	分
一	八	七	一	二
二	一七	四	二	四
三	二六	一	三	六
四	三四	八	四	八
五	七	六	〇	〇
六	一六	三	一	二
七	二五	〇	二	四
八	三三	七	三	六
九	六	四	四	八
十	一五	二	〇	〇
十一	二三	九	一	二
十二	三二	六	二	四
十三	五	三	三	六
十四	一四	〇	四	八
十五	二二	八	〇	〇
十六	三一	五	一	二
十七	四	二	二	四
十八	一二	九	三	六
十九	二一	六	四	八
二十	三〇	四	〇	〇
三十	九	六	〇	〇
四十	二四	八	〇	〇
五十	四	〇	〇	〇
八十	一三	六	〇	〇
一百	八	〇	〇	〇

---

① 此段当为张氏自述。

② 此表在《天步真原·人命部》卷中可以找到对应者。但《天步真原》中一年的数值为八十八度四十九分，张永祚此处改为八十七度一十二分。

求回年岁差

岁差一年退行五十一秒。[1]

算回年必求日躔原度分。生时某宿加某度分,到回年则有岁差。有岁差非原宿度能当原度分矣。如生时角三度当某度分,算回年必角一度才当角三度。回月[2]亦然。回年必求日到原躔宫度,而恒星退行则非本生宿度能,当以岁差进除原宿度始可恰当原宫度。本朝《七政经纬躔度时宪书》:七政下有宫度,有宿度,岁差已算,系每日子正度数。回年之名何为而立?曰回年者,生时日躔某宫度分,后逐年日仍回至其度分,故曰回年。日仍回至其度分,则非其日其时之所能必。或前或后,或早或晚,日与时所不论,止求其日回至生时之原躔度分而后已。日回至原躔度分,而余耀又复参差不齐[3],与生时之七政大异。以之较对生时之七政,不惟天象各异而安命亦复不同。此即一年中吉凶之大象也。人生各有原度,则各有回年。各不相同,本于自然,非由造作。以觇消息,于理为最胜。若夫流年月日,此则未免近于术矣。[4] 但西人言之津津,且前人亦不之弃,故并载于后,盖不敢身质也。[5]

流 年 <small>流年即《象宗西占》小限行法,流年有流年之月日时</small>

流年一年一宫三十度,行三百五十日[6],一度十二日,一日五分。如今年生日,日在天秤十六度,明年是第二年。即在天蝎十六度。十三年,又在天秤十六度。各照星十二月行三十度,一月行二度半。同上流年行法。日、月、福星、一宫、十宫,及土木火金水,取为照星者。俱一年行一宫。求照星流年几时到某星。如月在磨羯二十三度三十分为照星。火星在双鱼七度十六分,相距四十三度四十六分。以三十度除一年外,尚有十三度四十六分。每一度十二日,今十三度得一百五十六日。每五分得一日,今四十五分得九日。一分得日之二百八十八分,一日九十六刻,为一千四百四十分。五分得此数。归为刻,十五分为一刻。得十九刻零三分。共应得一年又一百六十五日十

---

① 此为清朝所定岁差数据,见卷四"恒星·岁差"介绍。
② "回月"之说,并不见于《天文书》《天步真原》《天文实用》等著作,或是张永祚根据回年自己发挥而得。
③ "余耀"主要指月亮、五星。此为月亮、五星周期与太阳不同所致。
④ 因流年、流月、流日类似于符号,如流年一年一宫,并非本于实际天象,因此张永祚以之近于术。
⑤ 此段当为张氏自述。
⑥ 当为三百六十日。

九刻零三分，为月到火星，不立表。是为流年之月日时。①

流　月 系西法流月，有流月之月日时

流月起流年宫，一月一宫，一日一度零四分零四秒。如第一年流年在白羊六度，其年流月亦起白羊六度。第二年流年金牛六度，其年流月亦起金牛六度。第二月阴阳六度，第三月巨蟹六度。作何日数扣月法，见《真太阳年表》，其表以岁实强分为十三月作表，见后立表。流月一日一度零四分零四秒，三百六十五日行一周过三十度。② 实一月二十九度四十四分零，后立表，表止二十九日，无三百六十五日表。如日在金牛二度十六分，木在狮子十六度二十七分，相距一百零四度一十一分。用三率算法③，一率一度零四分零四秒，化秒。二率一日，化秒。三率一百零四度一十一分，化秒。四率得秒若干。归为日用表，本卷止载二十九日表。得九十七日一十四小时零。④ 二十九日表后又载六十时表。时无六十表。每开六十时者，是为流月之月日时，以便于对分也。

流　日 亦西法，流日有流日之日时

流日，一日行十三度五十二分。第一流日接流月度分起。如流年在金牛六度，流月亦起金牛六度，流日本流。亦起金牛六度。倘日多即扣起月数，月数用《真太阳年表》，二十八日零二小时一十七分三十七秒为一月，而一月于天周止扣一宫。余日接算。始用一日行十三度五十二分法，后有立表。如九月初二日卯时生，日在天秤十六度十分。二十年后十一月初三日子时三十分，求流日。二十年除十二宫余八。从天秤命宫加八宫，到金牛十六度十分为流年。与上流年法同。完二十年⑤。起九月初二日卯时，至十一月初三日子时三十分，得六十日一十八时三十分⑥，值月大也。对真太阳年表，二月除去五十六日四小时三十五分一十四秒，一月扣一宫，二月扣两宫，到巨蟹十六度十分。尚余四日一十三时五十四分四十六秒⑦。用三率算法：照二流月之取日时法。用流月

---

① 见《人命部·中卷·回年同升度》。
② 据后，流月，一年分十三个月，一月得二十八日两小时十七分三十七秒。一月行一宫，所以十三个月行十三宫，与后文相符。
③ "三率算法"即一率除以二率等于三率除以四率。
④ 见《人命部·中卷·流月》。
⑤ 《人命部》此处后有"到二十一年"。
⑥ "六十日一十八时三十分"，《人命部》作"六十一日十二时三十分"。
⑦ "四日一十三时五十四分四十六秒"，《人命部》作"五日七小时五十四分四十六秒"。

表,用流月法中日行一度零四分零四秒表。得四度五十分零,为到巨蟹二十一度零,是为流月之月日时与行度;用本表即一日行十三度五十二分表。得六十二度二十八分二十五秒零,为到双女十八度二十八分零,是为本流日之月日时与行度。①

真 太 阳 年 表

此表以岁实三百六十五日二十三刻三分四十八秒作三百六十五日零五时四十九分一秒,分为十三月,造成此表,与推步之表俱不合。②

流 月 日 数 表 及 时 分 表

流月日数表一日行一度零四分零四秒,与太阳周岁平行表亦不合。

流 日 日 数 表 及 时 分 表

流日日数表一日行十三度五十二分五十二秒,与月平行及自行表亦不合。

真 太 阳 年 表③

○	日	时	分	秒
一	二八	○二	一七	三七
二	五六	○四	三五	一四
三	八四	○六	五二	五一
四	一一二	○九	一○	二八
五	一四○	一一	二八	○五
六	一六八	一三	四五	○二
七	一九六	一六	○三	一九
八	二二四	一八	二○	五六
九	二五二	二○	三八	三三

---

① 见《人命部·中卷·流日》。
② 此段当为张氏自述,下两节同。
③ 此表见《天步真原·人命部》卷中。张氏表格与《天步真原》表格在秒位数值有不同之处。此当是推算时不同取舍所致。

○	日	时	分	秒
十	二八○	二二	五六	二一
十一	三○九	○一	一三	四七
十二	三三七	○三	三一	二四
十三	三六五	○五	四九	○一

流月日数表①

流月日数	度	分	秒	流月时分	度	分	秒
一	○一	○四	○四	一		二	四○
二	二	○八	○八	二		五	二○
三	三	一二	一二	三		八	○○
四	四	一六	一六	四		一○	四一
五	五	二○	二○	五		一三	二一
六	六	二四	二四	六		一六	○一
七	七	二八	二八	七		一八	四一
八	八	三二	三二	八		二一	二一
九	九	三六	三六	九		二四	○一
一○	一○	四○	四○	一○		二六	四二
一一	一一	四四	四四	一一		二九	二二
一二	一二	四八	四八	一二		三二	○二
一三	一三	五二	五二	一三		三四	四二
一四	一四	五六	五六	一四		三七	二二
一五	一六	○一	○○	一五		四○	○三
一六	一七	○五	○四	一六		四二	四三
一七	一八	○九	○八	一七		四五	二三
一八	一九	一三	一二	一八		四八	○三
一九	二○	一七	一六	一九		五○	四三
二○	二一	二一	二○	二○		五三	二三
二一	二二	二五	二四	二一		五六	○四
二二	二三	二九	二八	二二		五八	四四
二三	二四	三三	三二	二三	一	○一	二四
二四	二五	三七	三六	二四	一	○四	○四
二五	二六	四一	四○	二五	一	○六	四四

① 此表见《天步真原·人命部》卷中。张氏对《天步真原》表格中若干数值有修正。

《天象源委》校注

流月日数	度	分	秒	流月时分	度	分	秒
二六	二七	四五	四四	二六	一	〇九	二四
二七	二八	四九	四八	二七	一	一二	〇五
二八	二九	五三	五二	二八	一	一四	四五
二九	三〇	五七	五六	二九	一	一七	二五
				三〇	一	二〇	〇五
				三一	一	二二	四五
				三二	一	二五	二五
				三三	一	二八	〇五
				三四	一	三〇	四六
				三五	一	三三	二六
				三六	一	三六	〇六
				三七	一	三八	四六
				三八	一	四一	二六
				三九	一	四四	〇七
				四〇	一	四六	四七
				四一	一	四九	二七
				四二	一	五二	〇七
				四三	一	五四	四七
				四四	一	五七	二七
				四五	二	〇〇	〇八
				四六	二	〇二	四八
				四七	二	〇五	二八
				四八	二	〇八	〇八
				四九	二	一〇	四八
				五〇	二	一三	二八
				五一	二	一六	〇九
				五二	二	一八	四九
				五三	二	二一	二九
				五四	二	二四	〇九
				五五	二	二六	四九
				五六	二	二九	二九
				五七	二	三二	一〇
				五八	二	三四	五〇
				五九	二	三七	三〇
				六〇	二	四〇	一〇

流日日数表①

流日日数	宫	度	分	秒	流日时分	度	分	秒
一	○	一三	五二	五二	一	○	三四	四二
二	○	二七	四五	四五	二	一	○九	二四
三	一	一一	三八	三七	三	一	四四	○七
四	一	二五	三一	二九	四	二	一八	四九
五	二	○九	二四	二一	五	二	五三	三一
六	二	二三	一七	一四	六	三	二八	一三
七	三	○七	一○	○六	七	四	○二	五五
八	三	二一	○二	五八	八	四	三七	三七
九	四	○四	五五	五○	九	五	一二	二○
一○	四	一八	四七	四二	一○	五	四七	○二
一一	五	○二	四○	三五	一一	六	二一	四四
一二	五	一六	三三	二七	一二	六	五六	二六
一三	六	○○	二六	一九	一三	七	三一	○八
一四	六	一四	一九	一二	一四	八	○五	五一
一五	六	二八	一二	○四	一五	八	四○	三三
一六	七	一二	○四	五七	一六	九	一五	一五
一七	七	二五	五七	四九	一七	九	四九	五七
一八	八	○九	五○	四一	一八	一○	二四	三九
一九	八	二三	四三	三四	一九	一○	五九	二一
二○	九	○七	三六	二六	二○	一一	三四	○四
二一	九	二一	二九	一八	二一	一二	○八	四六
二二	一○	○五	二二	一一	二二	一二	四三	二八
二三	一○	一九	一五	○三	二三	一三	一八	一○
二四	一一	○三	○七	五五	二四	一三	五二	五二
二五	一一	一七	○○	四九	二五	一四	二七	三四
二六	○○	○○	五三	四一	二六	一四	六二	一七
二七	○○	一四	四六	三三	二七	一五	三六	五九
二八	○○	二八	三九	二四	二八	一六	一一	四一
二九	○一	二二	三二	一七	二九	一六	四六	二三
					三○	一七	二一	○五

① 此表见《天步真原·人命部》卷中。张氏对《天步真原》表格中多处数值有改动。

流日日数	宫	度	分	秒	流日时分	度	分	秒
					三一	一七	五五	四八
					三二	一八	三〇	三〇
					三三	一九	〇五	一二
					三四	一九	三九	五四
					三五	二〇	一四	三六
					三六	二〇	四九	一八
					三七	二一	二四	〇一
					三八	二一	五八	四三
					三九	二二	三三	二五
					四〇	二三	〇八	二七
					四一	二三	四三	〇九
					四二	二四	一七	五一
					四三	二四	五二	三三
					四四	二五	二七	一五
					四五	二六	〇一	五七
					四六	二七	三六	三九
					四七	二七	一一	二一
					四八	二七	四六	〇三
					四九	二八	二〇	四五
					五〇	二八	五五	二七
					五一	二九	三〇	〇九
					五二	三〇	一四	三三
					五三	三〇	四九	一五
					五四	三一	二三	五八
					五五	三一	五八	四〇
					五六	三二	三三	二二
					五七	三三	〇八	〇四
					五八	三三	四二	四六
					五九	三四	一七	二九
					六〇	三四	五二	一一

《天象源委》卷十二

求地平宫法

　　求地平宫,命法中之大法也。本应叙入考定真时安命法,后因法大且繁,故另列一卷。其义已见"象度"中所引宣城梅文鼎论说,而其理又见"命理"小序所引薛凤祚叙言,兹不复赘。卷中惟及用表而不及弧三角算,取其捷也。辑"求地平宫法"。

　　算地平十二宫法[①]用弧三角算法另具。弧三角算[②]定十二宫不易,用表算稍易,故特载用表法。有用天球量者[③]又易于表,但制器非极精细不准

　　第一法赤黄二道距度。有《黄赤距纬表》,见新西法。第二赤道在天顶,黄道变为赤道度。第三赤道在天顶,赤道变为黄道度。第四赤道在天顶,变赤道不在天顶度。以黄赤道差度加减前所得赤道在天顶度,即赤道不在天顶度。从白羊初度至双女三十度减,从天秤初度至双鱼三十度加。[④]

---

① 此节是对后天十二宫位置的计算,所使用的划分十二宫的方式——宫位制是雷格蒙塔努斯(Regiomontanus)宫位制。雷氏宫位制由 15 世纪德国天文学家约翰·穆德(Johannes Müller von Königsberg,1436—1476 年)所创,并以他的拉丁名字 Regiomontanus 加以命名,是星占史上极为重要的宫位制。

② 即球面三角。据《人命部》,主要用到了直角球面三角、讷式比例式(Napier's Analogies)。正如此句后文所言,张永祚因弧三角算法繁复,所以未节录《人命部》相关内容,而主要关注用表查算以得后天十二宫的方法。不过,此处所言的各种表相当繁复,张永祚亦未收入《天象源委》或进行细致介绍。

③ "天球量者",当指以浑天仪等仪器来操作得到后天十二宫。此种方法在中国古籍中最早见于《崇祯历书·浑天仪说·立象》。

④ 小字注"从白羊初度至双女三十度减,从天秤初度至双鱼三十度加"见《人命部》。此段节录自《人命部·中卷·黄赤道变度》。

假如

假如北极出地三十二度,壬辰四月初七日申时刻分①,日躔黄道金牛二十四度一十三分。从白羊算起为五十四度一十三分。申时过午四小时,一小时十五度。共六十度,加前五十四度一十三分,得一百一十四度一十三分,为黄道在第十宫天顶上度。②

黄变赤定十二宫

用第二法,黄道变为赤道度,得一百一十一度五十分,为十宫赤道度。用表算法见下。加三十度得一百四十一度五十分为十一宫。加三十度得一百七十一度五十分为十二宫。加三十度得二百零一度五十分为一宫。加三十度得二百三十一度五十分为二宫。加三十度得二百六十一度五十分为三宫。加三十度得二百九十一度五十分为四宫。加三十度得三百二十一度五十分为五宫。加三十度得三百五十一度五十分为六宫。加三十度距春分。二十一度五十分③为七宫。加三十度得五十一度五十分为八宫。加三十度得八十一度五十分为九宫。以上俱赤道度。④

黄变赤用表算

如用表,太阳在黄道金牛二十四度一十三分,变赤道。查黄赤道正球升度⑤表,凡推步书皆有。金牛二十四度一十三分得五十一度五十分,无纬。从白羊算起,表上止具黄道二十四度及二十五度,对赤道数,无分对数,用三率比倒算之,可得日在黄道无纬度。⑥

据用表所求,黄道变为赤道系求日躔而非十宫。然上文不云加六十度乎?加六十度共一百一十一度五十分,算为十宫赤道度。应先求日躔。

赤在天顶,变赤不在天顶,用表算

查宫纬度表,即黄赤距纬。以黄道金牛二十四度一十三分对查,得距赤道十八度五十分。查表二十四度,已对一十八度四十九分,二十四度一十分,已对一十八度五十三分,此间必

有小误。又查北极出地表,即斜球升度①表,见新西法直行,即黄赤距纬度。三十二度下系旧定。应定江宁出地度。距度十八度横行对十一度四十三分,距度十九度横行对十二度二十六分,其较为四十三分。六十分之全得四十三分。今五十分指距纬。比例为三十五分,用三率比例算。以加于十一度四十三分,为十二度一十九分,即赤道道②不在天顶差度。白羊后宜减,以减赤道五十一度五十分,得三十九度三十一分,入金牛九度三十一分,为斜球升度。③

据用表所求,赤道在天顶变赤道不在天顶度亦系求日躔,而非求十宫,求十宫见后,后立法仍用赤道求。④

又如 此一条系太阳在黄道狮子二十三度,北极出地三十七度之求法,与本法无干

又如太阳在黄道狮子二十三度,查黄赤正球升度表,狮子二十三度对一百四十五度二十一分,从白羊算起。无纬。再查宫纬度表,得距赤道一十三度五十四分,表上阙五十三分零。又查北极出地表,即斜球升度表,北极出地三十七度下,距度一十三度五十四分。距度十三度对十度零一分距度,十四度对十度五十分,其较四十九分。六十分之距,得四十九分。今五十四分之距,用三率比例得四十四分零。加上十度零一分为十度四十五分,即赤道不在天顶差。白羊后宜减,以减赤道一百四十五度二十一分,为一百三十四度三十六分,入狮子十四度三十六分,为斜球升度。⑤

三率法。一率六十分,二率其较四十九分,三率五十四分。二三相乘,以一率除之,得四率四十四分零。

纬

若有纬,则白羊以后北加南减离赤道纬度,天秤以后北减南加离赤道纬度。⑥

白羊以后,赤南黄北,故距黄⑦在北则再加数于黄赤距纬之外,距黄在南则惟用减数于黄赤距纬之内。而天秤以后黄南赤北,故距黄在北则惟用减数于黄赤距纬之

---

① "斜球升度"此处指以一定北极出地度所得的地平圈与子午圈两交点,过此两个交点与星体得到的大圈所交的黄赤道度数。斜球升度与正球升度相对,即赤道不在天顶度。

② "道",疑为衍字。

③ 见《人命部·中卷·黄赤道变度》。

④ 此段当为张氏自述。

⑤ 见《人命部·中卷·黄赤道变度》。

⑥ 见《人命部·中卷·黄赤道变度》。

⑦ "黄"指黄道。

内，距黄在南则再加数于黄赤距纬之外。① 此非按球②不知。日无纬，月星有纬。

北极离十二宫表说

北极出地度在十宫、四宫、一宫、七宫圈，同本处北极出地，故用本处北极出地。其二宫同十二宫，三宫同十一宫，五宫同九宫，六宫同八宫。③ 圈同各北极出地，具见表。表直行系本处北极出地度，横行系二宫、十二宫、三宫、十一宫、五宫、九宫、六宫、八宫所应用北极出地度。其所以不同，用本处北极出地度之故，以地平宫将地平北为极作十二宫，取角各宫不同，恰与各北极出地相合，故即用之。见弧三角算法。

如江宁北极出地三十二度，其九宫十一宫即同北极出地十七度二十一分，即用此表，见下文，表载新西法。十二宫同北极出地二十八度二十五分。④ 即用此表，见下文。

北极离十二宫表⑤

一四七十宫 度	十一九宫 度	三五宫 分	十二八宫 度	二六宫 分	一四七十宫 度	十一九宫 度	三五宫 分	十二八宫 度	二六宫 分	一四七十宫 度	十一九宫 度	三五宫 分	十二八宫 度	二六宫 分
○一	○○	二九	○○	五一	二一	一○	五一	一八	一三	四一	二三	二九	三六	五八
○二	○○	五九	○一	四三	二二	一○	二五	一九	六七	四二	二四	一四	三七	五七
○三	○一	二九	○二	三五	二三	一一	五八	二○	一一	四三	二五	○○	三八	五六
○四	○一	五九	○三	二七	二四	一二	三二	二一	○五	四四	二五	四七	三九	五五
○五	○二	二九	○四	一九	二五	一三	○七	二一	五九	四五	二六	三四	四○	五四
○六	○三	○○	○五	一一	二六	一三	四二	二二	五三	四六	二七	二二	四一	五三
○七	○三	三一	○六	○四	二七	一四	一八	二三	四八	四七	二八	一一	四二	五三
○八	○四	○二	○六	五七	二八	一四	五四	二四	四三	四八	二九	○二	四三	五三
○九	○四	三二	○七	四九	二九	一五	三○	二五	三八	四九	二九	五五	四四	五四
一○	○五	○三	○八	四一	三○	一六	○七	二六	三三	五○	三○	四七	四五	五五
一一	○五	三四	○九	三三	三一	一六	四四	二七	二九	五一	三一	四一	四六	五六
一二	○六	○五	一○	二六	三二	一七	二一	二八	二五	五二	三二	三七	四七	五七
一三	○六	三六	一一	一八	三三	一七	五八	二九	二一	五三	三三	三四	四八	五九
一四	○七	○七	一二	一一	三四	一八	三四	三○	一七	五四	三四	三二	五○	○○

---

① 此段当为张氏自述。

② "按球"指参照浑天仪模型。

③ 见《人命部·中卷·黄赤道变度》。

④ 此段当为张氏自述。

⑤ 此表见《天步真原·人命部》卷中。张氏对《天步真原》表格中若干数值有改动。

一四七十宫 度	十一九三五宫 度　分	十二八二六宫 度　分	一四七十宫 度	十一九三五宫 度　分	十二八二六宫 度　分	一四七十宫 度	十一九三五宫 度　分	十二八二六宫 度　分
一五	○七　三八	一三　○四	三五	一九　一八	三一　一四	五五	三五　三二	五一　○二
一六	○八　○九	一三　五七	三六	一九　五八	三二　一一	五六	三六　三三	五二　○五
一七	○八　四一	一四　五○	三七	二○　三九	三三　○○	五七	三七　三五	五三　○八
一八	○九　一三	一五　四三	三八	二一　二○	三四　○五	五八	三八　三九	五四　一一
一九	○九　四五	一六　三六	三九	二二　○二	三五　一二	五九	三九　四五	五五　二四
二○	一○　一八	一七　三○	四○	二二　四五	三六　○○	六○	四○　五三	五六　一八

表算十一宫 在十宫，正球斜球二升度归一线①，不用变，故不立法

用表算十一宫。书中不见用表算十宫法，视此可以类推。赤道一百四十一度五十分即《假如》北极出地三十二度所推之黄变赤度。于表取赤道一百四十一度二十六分，得黄道狮子十九度，赤道尚余二十四分。其下表下格。一百四十二度二十三分得黄道二十度。两赤道度数相较差五十七分，为黄十九度二十度比赤之距度。以赤道尚余之二十四分，与五十七分比例，得二十二分四十八秒②，以加黄道狮子十九度，为狮子十九度二十二分四十八秒，即为一百三十九度二十二分四十八秒，此系正球升度。③

前用黄变赤，此用赤变黄，故于表俱反用。④

赤道一百四十一度五十分，查距度为十四度一十六分。即黄赤距纬度。北极出地十七度二十一分。说见《北极离十二宫表》。十七度对距度十四度，查表得四度二十二分。北极出地十七度，对距度十五度，得四度四十二分。其差二十分，与距度小余一十六分，比例得五分二十秒，并之为四度二十七分二十秒。北极出地十八度，对距度十四度，得四度三十九分。北极出地十八度，对距度十五度，得五度，其差二十一分。与距度小余十六分，比例得五分三十六秒，并之为四度四十四分三十六秒。先四度二十七分二十秒，较后四度四十四分三十六秒，差十七分十六秒，与北极小余二十一分，比例得五分五十七秒，以并先数得四度三十三分一十七秒⑤，为赤黄差度。以此差数，加于黄道一百三十九度二十二分四十八秒，即前正球升度之以赤求黄数。得

---

① 十宫起始位置系子午圈。因此十宫圈过地平与子午圈交点、赤极、黄极，正斜升度相同。

② 按比例（60÷57）×24 算，当为二十五分一十六秒。

③ 见《人命部·中卷·用表算十一宫》。

④ 此段当为张氏自述。

⑤ "四度三十三分一十七秒"，《人命部》作"四度三十三分"。

一百四十三度五十五分四十八秒，入狮子二十三度五十五分，为十一宫斜球升度。差度前第四法，黄道变赤道用减，此赤道变黄道故加。①

此反用第四法得斜球黄道之入十一宫。②

表算十二宫

用表算十二宫。十二宫赤道一百七十一度五十分。赤一百七十一度四十五分，得黄道双女二十一度，尚余五分。赤一百七十二度四十分，得黄道双女二十二度，其差五十五分，以小余五分比例得四分三十五秒，并之为黄道双女二十一度五分，即一百七十一度零五分，为正球升度。赤道一百七十一度五十分，查距度三度一十五分。北极出地二十八度二十五分，说见上文。二十八度对距度三度，得一度三十六分。二十八度对距度四度得二度零八分，其差三十二分。与距度小余一十五分比例得八分，加之为一度四十三③分。北极出地二十九度对距度三度，得一度四十分。二十九度对距度四度得二度一十三分，其差三十三分。与距度小余一十五分比例得八分一十五秒，加之为一度四十八分一十五秒。先一度四十四分，较后一度四十八分，差四分。与北极小余二十五分比例得一分四十秒，以加先数，得一度四十五分四十秒，为赤黄差度。以此差数加于黄道一百七十一度零五分，得一百七十二度五十分，入双女二十二度五十分，为十二宫斜球升度。④

用前法算安十二宫

十宫巨蟹二十度三十六分，十一宫狮子二十三度五十五分，十二宫双女二十二度四十九分，一宫天秤十八度四十分，二宫天蝎十五度零九分，三宫人马十五度三十四分，四宫磨羯二十度三十六分，五宫宝瓶二十三度五十三分，六宫双鱼二十二度四十九分，七宫白羊十八度四十分，八宫金牛十五度零九分，九宫阴阳十五度三十四分。⑤

用表算安七政

日金牛二十四度一十三分，系黄道。月狮子十五度五十八分纬南三度三十四分

---

① 见《人命部·中卷·用表算十一宫》。其中小字注"差度前第四法，黄道变赤道用减，此赤道变黄道故加"亦出自《人命部》。

② 此段当为张氏自述。

③ "四十三"当为"四十四"。

④ 见《人命部·中卷·用表算十二宫》。

⑤ 见《人命部·中卷·用前法算安十二宫》。

降，土巨蟹二十三度四十八分纬南二十六分升，木磨羯十二度十一分纬北四十六分，降。火金牛二十九度五十分纬北一分，升。金巨蟹一度四十一分纬北二度十分，升。水阴阳十一度十八分纬北一度四十分，升。天首白羊八度六分，天尾天秤八度六分。算福星所在。

五星排法

五星如无纬或纬小，止论经，如纬大，兼论纬度。太阳金牛二十四度一十三分，入八宫。据前算斜球升度，太阳入金牛九度三十一分。又据算安十二宫金牛十五度零九分，入八宫。此算入八宫斜球系黄变赤，又变赤不在天顶度。此处皆言黄实度之所在某日入某宫某宫云者，亦不在天顶之宫分也。土星纬小不论。巨蟹二十三度四十八分，入十宫。木星纬小不论。磨羯十二度十一分，至磨羯二十度三十六分方到四宫，当入三宫。火星纬小不论。金牛二十九度五十分入八宫。天首白羊八度六分，白羊十九度方入七宫，当安六宫。天尾天秤八度六分，天秤十九度方到地平，当安十二宫。①

月纬大再算月入何宫

用表算月在狮子十五度五十六分，黄赤距纬度为十六度零四分。月纬南三度三十四分，减之，得十二度三十分。② 以纬言。

金纬大再算金入何宫

查表金星在巨蟹一度四十分，黄赤距度二十三度二十九分，金纬北二度一十一分，加之得二十五度四十分。③

水纬大再算水入何宫

查表水在阴阳十一度一十八分，黄赤距纬二十二度一十一分，水纬北一度四十分，加之得二十三度五十一分。④

---

① 见《人命部·中卷·五星排法》。
② 见《人命部·中卷·月纬大再算月入何宫》。
③ 见《人命部·中卷·金纬大再算金星入何宫》。
④ 见《人命部·中卷·水纬大再算水星入何宫》。

《天象源委》卷十三

月　离　逐

月离逐者,离后星,逐前星,不独本体,各照俱然。月有魄主体,故西人最重之。要不惟月有离逐也,而各曜在地平十二宫之为吉为凶,地平宫之消息,于此可验。至于水星会各星之在各宫,亦不独一水星为然,乃西占特书水星,其义可想。故辑"月离逐",并及各曜在地平宫与水星会各星之在各宫。

月离逐各星 ①

《真源》云:离,一宫内三十度皆为离,不在一宫,十度为离。不但星,照亦然。照亦为离逐。有虚离,有虚逐,有离逐皆虚。五星皆然,惟月为要。

今论月。月离土星逐木星,月加光时为福,作大官,得亲人财,土内得银。失光,但多管闲事耳。离土逐火加光时,心恶,不止于恶。失光,母有大病且穷苦,或父母不和,或破家强死。离土逐金,加光时大富贵,有能,恐好色有伤;失光极好色。离土逐水加光,能知深微之理,或知医道;失光,哑声,身体坏,性不爽快。离土逐日,大苦难,风疾蛊病。离土无逐,有痔病,胆小不爽快,贫懒奸诈,老尤甚。以上诸项,有经星性吉者相遇及月在升光时,其害略轻,应失家出外。月若失光,当更增脾胃冷弱之病。

月离木星逐土星,加光时得外人喜悦,管外人事,作水上生理,多出外。失光,贫

---

① 此部分据《人命部・中卷・月离五星逐五星》中"离土星""逐土星""离木星""逐木星""离火星""逐火星""离日""逐日""离金星""逐金星""离水星""逐水星"等节。由于各段穿插引用,故笔者在此总体提及。此外,《人命部》此部分分类颇为混乱,张永祚以月离五星与日,"月空走"的顺序分类。

苦事人。离木逐木,加光时,有权有官有福;失光时,管兵,为人心险。当生四年,合看方有此象。离木逐火,加光时,夜生有大权大官,多险苦,终能忍耐,火在角更甚,若在降角,其人作火内生涯;日生①贫苦乞丐,多病强死。失光时夜生,火在角,有名有官,在降角为兵;日生,父母家事失,早孤贫苦,役于人。离木逐金。缺。离木逐水,加光时,人爽快,有名声,管钱粮关塞,未详。其福长久;失光,读书为客,管闲事,得亲人财。离木逐日,父母家事皆失,为徒流或逃亡。大抵月与日在土星或火星宫内,离木加光时,父母尊贵,自己亦然,福自妇女来,岂以土言?为人文雅。岂以火言?亦少年丧父母②。火土之故。离木无逐,失光时,外游③。

　　月离火星逐土星④,加光时,杀人盗骗,无所不为,多死于法。离火逐木。缺。离火逐金,加光⑤时,夜生,其人有福,福多自妇人来。失光时,日生,性恶强死;夜生,主监狱事。离火逐水,加光时,夜生,作兵卒,心狠;日生,以罪死。离火逐日,身弱,命不永,苦恼,外死。离火无逐,加光时,少年妨父母,命多险危,或死于兽,或死于罪;失光,家事坏,生涯苦恼,或烧铁。

　　月离金逐土,加光时,夜生,娶不正妇人或老年者;日生,好色,多远游劳苦,在女命均为性不正。失光时,夜生,无子;日生,软弱贫贱,水上生涯。离金逐木,加光时,亦有大权大福,大抵来自妇人;失光时,亦有福,少年得他人财物。离金逐火,加光时⑥,为妇人有大苦;夜生有权,心狠,领兵。火与月在一宫或五宫,力大;别宫,作兵卒。失光,家事失,苦且病。离金逐水,加光时,作妇人事,失光有病⑦。离金逐日,少年有福。离金无逐。缺。

　　月离水星逐土星,加光时,日生,哑声;夜生,平常生理,受苦。失光时,日生,穷乞狱死,或大病苦死。离水逐木,加光时,为大人显官,福自读书来;失光时,亦有福,但官小耳。离水逐火,加光时,夜生,作大将必狠毒,在角内,力更大,在降角,不孝弟,多强死。失光,日生,作光棍,与贼合,死于法;夜生,为兵大胆。若月与火在一宫或五宫,强死,别宫病苦。离水逐金,加光时,喜生利,人爽快;夜生,尊贵,为

---

① "日生",《人命部》作"夜生"。
② "亦少年丧父母",《人命部》作"失光时,福贵多从父母来,少年得"。
③ "离木无逐,失光时,外游",《人命部》作"月离木星,前无星照,加光时,外游,穷苦贫贱;失光,苦恼,有病,多狱史"。
④ "土星",《人命部》作"金星"。
⑤ "加光",《人命部》作"失光"。
⑥ "加光时"前,《人命部》尚有"日生"条件。
⑦ "离金逐水,加光时,作妇人事,失光有病",《人命部》作"月离金星逐水星,加光时,好管闲事,作伏侍妇人之事;失光,心恶,有病"。

官，月在第一宫更力大。离水逐日，风疾哑声，贫苦，无定居，年老稍减。离水无逐，加光时，有学问，能医卜，有福；失光，不喜学问，多水厄，与耳①不便利。②

月离日逐土星，日生，家事多失，父母伤，终有大福；夜生，贫病，强死。离日逐木，日生，福自父母来，有大名，富贵；夜生，福来迟，喜远游。离日逐火，日生，父母早死，坏目，身体有伤，或少年死；夜生，心狠，作兵卒，在角内有力，在降角，卑贱早孤，火内作生计。离日逐金，日生，无子，或娶老妇，财富自艰苦来；夜生，妻有福，富贵，为人好，但贵无土星照。离日逐水，昼生，心不善；夜生，作差役。若有木星照，为官吏，亦主有学问。离日无逐，其为人无福，外走，或役于人。

无离逐土，加光时，母寡且病，家事常得常失；失光时，父母有伤，人软弱。无离逐木，加光时，富且知未来事，不宜火弦冲，弦冲主大险危；失光时，少年苦恼，寄养于人，迟久方有小福，亦忌火凶照，凶照更苦。无离逐火，加光时，夜生，多险危，被脱骗，喜争战；日生，坏目坏身体。月在一宫或六宫十二宫，与火合③，其人不婚娶，父母早丧，防跌死。月在五宫、十一宫、二宫、八宫，逐火，日生，命短；夜生，有大权，作官。逐火，火在本宫，为将官。在土宫，心恶，作皂偷。无离逐金，加光时，父母贵，其人易富④易贫；失光，年少亦有福。大抵月逐金，多好色取祸。若日生，月在四角，火星在七宫，或十宫，多为色死于非命，妇人有此，主淫。无离逐水，加光时，聪明大才学，有木三合照，因学问淂⑤大权；失光，多疑忌，性恶多病。无离逐日。缺。

月空走，无离无逐，角亦无吉星，人生穷苦，倚他人度日，身弱常有病，生时若为第一有权者，身体好，心好，毕竟喜走水路，喜出外。反此，难为室家，儿女旦⑥难为眼睛，子不孝，外无好名。

五星在地平各宫吉凶

土星在一宫，不吉，嫉妒，为首生子。七宫，强死，为人亦恶。十宫福来迟。四宫家事坏，夜生尤甚。二宫八宫多苦恼，被人妒。八宫同火或同木，得别人财。三宫坏兄弟，照更凶。九宫多学问⑦。十宫、十一宫坏子。七宫、六宫有不治之疾。十二宫

---

① "与耳"，《人命部》作"口耳"。
② 此段底本上面有批注："月离日另撰写。"
③ "与火合"前，《人命部》有"加光时"。
④ "富"，《人命部》作"坏"。
⑤ "淂"同"得"。
⑥ "旦"，《人命部》无此字。
⑦ "九宫多学问"，《人命部》作"在九宫学问多假"。

为人难交,死于狱。①

木星在一宫有大权,夜生为首生子。二宫富。四宫得大人爱,有大权。三宫常小出行,有好兄弟朋友。五宫、十一宫亦有福。在四角,其性随各宫之性②。如在狮子,即有狮子性。③ 喜在十一宫、六宫、七宫,亦有福,老年方来。七宫又在阴阳内,生相大,八宫与二宫但多为财争讼,本阴阳言。夜生更甚。九宫福自教学来。若在十宫四宫更大。④

火星在一宫,日生,大胆,风疾,好浪费,说谎。四宫同,且不生子而有病,多在牢狱。七宫,好杀人。在一宫有权,强死,早死。十宫,军⑤,流死。其宫属阴,其事差减。若在天蝎更甚。夜生人,一宫或十宫,火在木或金水,有权,宫内主有大权。在木,权自帝王来。在金,自百姓来。水,自才干来。在八宫大抵死于兵。⑥

金星为一宫主星,为人爽快易交,貌美,好色,好歌唱,肯怜人。若有水吉照,为御命文臣。同木日火,皆主大权,管兵,亦多子女。若有火,凶照,为兵刀,伤手足,或失血。同土,生疮,同水,水泡疾。金火土或金火水。喜五宫七宫,金在西与土星相对,为人极坏。坏在贪欲。在七宫,老年有福。十宫,东边有大名,亦为侯王。有日照,福自朝廷来。火照,自兵马。木照,自功德。四宫有财福。八宫妻有缺陷,或不生子。十宫、一宫与月水木同处,为功德教化,有大福,兼以土为功德教化,受劳苦⑦。九宫信邪教,与火土同处,为邪教、女色恶死,同木土水合或吉照,知未来事,有福。在六宫内,人贱且貌恶。十二宫妻不吉。⑧

凡日月相合,在地平下无权。在四宫有权。水在一宫或七宫,代日月管事,是大聪明人。若与昴星近,忒聪明,有风气。喜在一宫,得在东,日东。大吉。二宫不喜学问,八宫疯痴⑨,六宫为医有名,外游吉。⑩

日在一宫,宫分属阳,在本宫或升内或有吉星照,大富贵。若有凶星相近,坏目。

---

① 见《人命部·中卷·月离五星逐五星·土星吉凶》。
② "五宫、十一宫亦有福。在四角,其性随各宫之性",《人命部》作"五宫内亦有福,十一宫同在四角内,其性随各宫之性"。
③ 此小字注见《人命部·中卷·月离五星逐五星》。
④ 见《人命部·中卷·月离五星逐五星·木星吉凶》。
⑤ "军",《人命部》作"多军"。
⑥ 见《人命部·中卷·月离五星逐五星·火星吉凶》。
⑦ "十宫、一宫与月水木同处,为功德教化,有大福,兼以土为功德教化,受劳苦",《人命部》作"五宫同十一宫、三宫内与月、水、木同处,为功德教化,有大福。若有土星或木星为功德,受劳苦"。
⑧ 见《人命部·中卷·月离五星逐五星·金星吉凶》。
⑨ "疯痴",《人命部》作"风痴"。
⑩ 见《人命部·中卷·月离五星逐五星·水星吉凶》。

在一宫,同土星光相及,昼生有大权,位尊。有地星照,为阻,官小。在一宫,有火星照,或光相及,有大权从艰难来。在一宫,昼生,宫分如上说,指第一段。木星在四正角,有火星在十宫,属阳,月光满,亦在角内,非帝王即有天下大权。或月与火同在十宫内,或同在八宫,亦有大权,但终至强死。或土在十宫,火在二宫或八宫,月满时有大权,终死狱中。在一宫,别角正角。有木金水,为大人,福自父母来。若有土吉照,福更长久。在一宫,木、火、水在别角,正角。有土吉照,或火吉照,亦主大权,但胆大,奸诈,谋害人,贪财,终坏己身。在一宫,夜生亦贵,日未出地平。做人亦好。若有土火吉照,或同在一宫内,主兄长俱死,家事俱失,在别宫亦然。日在二宫,人爽快,财帛艰难,多争竞,岂日与二宫不和耶?有金星或木星吉照,或相合有福,亦从艰难来。总之,凡日在二宫,难求大事。日在三宫,父不吉,主人软弱良善,作钱粮官,未详。妻子俱迟。三宫是日本宫,或在升,或在木金水本宫并其升内,均管教诲事。若有火或土照合,为人心恶奸贪。日在四宫,有火土照,凶照。要杀父,坏家害身。日在五宫,尊贵有好友。若有金会或六合照,还有大贵之望,大抵来自百姓。前已言。纵有凶星合,不能坏事,因宫分好之故,不过害子女耳。如止有一日在内,福小,子女多损。日在六宫,大艰苦,有痼疾。如火在一宫,有权有官,终要早死,不死坏家。如十宫内有吉星,则有福。日在七宫,若月在一宫或十宫,有大权在本宫或木星宫,权更大。在七宫,同月,同福,木又在别角,正角。主为福德帝王。如火或土在二宫或八宫,要失权,失权时更有凶祸。在七宫或别宫,水月在一宫内,有大学问,兼以土,学问不善用。夜生,日与土同在七宫,金水亦在日生,或在十二宫夜生,或六宫,金水土亦在,俱主不生子女,如内监。日在八宫,父早亡。若有火土在内,或相吉照,人有风疾。在八宫,月在冲,又有火土照,多病,从头上来。如木与火吉照或相合,病可医。土同。日在九宫,多出外作佛匠,有凶星照,出外苦恼。日在十宫,昼生在本宫或木星舍、升,为帝王,或为大臣,自父母来。若火在别角,正角。从苦恼得。有火在七宫,月光满照,火或在一宫或十宫,主有大权,但应死于狱。有火在二宫或九宫,与月凶照,或同月火在一宫内,谓日同。同上①。在十宫,如上说,本宫与木舍升。无火照合,木在别角,正角。月亦在角,正角。且光满同木照,普天下有名。日同水在正角,皆主有学问。日在十一宫,有福,尊贵,父母俱贵,有木吉照更吉,或金星合日在日东,福自朋友来。在十一宫,与凶星会,或恶照,惟伤子女,别无不吉。日在十二宫,为贱役,父早亡,家事多失,有病且有狱灾。纵会吉星,终不成吉,不吉星在内,病且

① "或同月火在一宫内,同上",《人命部》作"或同月、火星在一宫内,月光满,亦同上说"。

心狠。①

水星会各星在各宫吉凶②

水同各星合，不甚吉，独同土吉。为二星同一三角。如在阴阳天秤宝瓶，申子辰。人有主意。水同土在一宫，日生管闲事，夜生役于人。若宫分属阴，不生子女，如内监。在二宫为医，有名发财，但无福，又主管坟墓事。四宫，明深微之理，但有狱厄。五宫，常在外管钱粮。未详。六宫、十二宫夜生，心恶贫苦，有火凶照，死于法。七宫，得别人家财，夜生，穷苦心恶，死于狱。八宫，日生有病亦有福，夜生贫苦。月加光时逐土或火，而水在九宫与土合，主教化事。水同土在十宫，得他人大财，以计取。十一宫同五宫，十二宫同六宫。

水与木在一宫，日生有大权，夜生次之。在二宫得他人财，夜生无主意。三宫，管教化③事。四宫，好觅土中财物。五宫同四宫。六宫有才能，有福。七宫大福，自妇人来，大权次之。九宫同三宫。十宫，大权大福。十一宫同五宫。十二宫，若水在东，日东。作书办有权，老年坏事。在西，不善终。

水与火在一宫，日生无福，为妇人事，死于法；夜生有大权，如有土恶照，危险且多被骗诈。二宫主外游或寄养，夜生心恶疯疾④。三宫知未来事，有福。四宫懒惰卑贱，与亲人不和，好讼。夜生管兵马，强死。五宫，大胆、有力、有权。六宫、十二宫同五宫。然日生毕竟心恶，有狱危，死时极苦。月加光照更甚。夜生欠人债，多争讼，被卑下人伤。七宫日生，为妻受大苦，心恶，不免于死。八宫，日生失家业，有疯痴疾；夜生心恶强死。九宫，心恶。十宫，常行水路。大抵水同火亦有权，不久即坏。但当分别在何星宫：在水星宫主聪明爽快，在火星宫好兵，在木星宫为官，在土星宫行恶，在日月宫做火内生意。在十一宫死于战争。十二宫，被官责罚。余见上。

水与金在一宫，日生近君有权，夜生聪明，诸事易成，迟迟有大权，管朝廷事。二宫日生，管闲事，爽快，在东，日东。能文，尊贵；夜生，在西，日西。大福，大权。三宫，管教化事。如礼部。四宫，有学问，在东先贱后贵。五宫大福迟，来自妇人。六宫日生，难于娶，作生理吉；夜生在东，日东。出外管船水行生意，在西，日西。才能宝石生理。七宫病苦，难成家，夜生有福来迟，来自妇人，但忌火土凶照。八宫在西，日生为

---

① 见《人命部·中卷·月离五星逐五星·日吉凶》。
② 见《人命部·中卷·月离五星逐五星·水会各星》。
③ "教化"，《人命部》作"教内"。
④ "心恶疯疾"，《人命部》作"心恶似风痴"。

无用人,妻子难得,大抵疯痴;夜生得他人财,无病死,在东作事易成,福迟来,有才能。九宫善天文算数。十宫有大名大权,好色。十一宫管妇女事,多苦难。十二宫日生好色,多死于兵,福来易坏,有妇人致险危。

水与日在一宫,贵为侯王,大聪明。二宫,有财有权。三宫,善医卜。四宫,不甚贵,有学问。在土星宫,多险危。五宫,事易成,富贵不久。六宫,怠惰,不能成大事。若十宫有吉星,犹可。七宫,日生大权大官,但不善终,夜生贫贱。八宫软弱,无才有痴疯疾。九宫,作邪法。十宫,日生,有天下大权,木照更大。十十①宫,福迟来。十二宫,贫穷,服役,出外。

① "十十",当为"十一"。

《天象源委》卷十四

命　理

　　命之为命,世人每欲以小术推测,不知本与天象相合。或言人生天地间如太仓之一粟,亦何关于天象。夫道之所在,不遗巨细,即一物之细,无不与天象相应,何况于人? 人第不思耳。薛凤祚之序《天步真源·人命部》云:谈命者多家,除烦杂不归正道者不论,近理者有子平、五星①二种。子平专言干支,其法传于李虚中,近世精于其道者,谈理微中,可以十得七八。至于五星,何茫然也。五星旧法出自钦察,而所传之说甚略。如论日格不过有日出扶桑、卯。日朝北户、巳。日帝居阳、午。日过白羊、戌。日帝朝天亥。五法。论午宫格不过有日帝居阳、日。太阴升殿、月。南枝向暖、木。水名荣显、水。孛骑狮子、孛。木蔽阳光。木。六法外,②顾寥寥也。他如天官文昌化曜诸说,然验与否,皆居其半。予于诸书多曾讲求,终不能自信于心也。尝读洪武癸亥儒臣吴伯宗译西法天文③,似称稍备。窃思其法传之西域④。而十二宫分度有参差不等者,乃独秘之。予久求其说不得,而不知其元奥⑤正在于此。壬辰予来自⑥白下⑦,暨西儒穆先生详悉参求,益以愚见。其理为旧法所未及者有数种焉。一为生时不真。如子至丑一时,而论人生则非刻漏之时,而过午时圈之时。

---

① "子平"即八字算命术,"五星"即七政四余星命术。
② "日格"即有关太阳的占验格局。"午宫格"即关于午宫的格局。"日出扶桑(卯)"中"日出扶桑"为格局名,"卯"为宫位名,即卯宫。《星命溯源》卷三"通玄玄妙经解"中说:"卯宫太阳照,免火明天市。日出扶桑。"其他格局,除太阴升殿、南枝向暖、木蔽阳光外,在此部分也有所介绍。
③ 即伊斯兰星占著作《天文书》。
④ "窃思其法传之西域",据《人命部》,当在"终不能自信于心也"之后。
⑤ "元奥",《人命部》作"玄奥",当是避康熙之讳而改。下同。
⑥ "自",据《人命部》文意,当删。
⑦ "白下"即南京。

一子时有三十度,过午圈则子有三十时矣。子时过午圈一也,南北极出地又有无穷之异,则子时且不可以数计矣。① 财帛等十二宫,赤道皆三十度,然不当用赤道而变为黄道,其宫分多寡有差五六十度者。② 日月等七政台历皆本星黄道,然不当用黄道而变为赤道,其出入宫分有差至三四十度者。③ 至于吉凶之迟速,全不关黄赤道而论升度,而正球升度亦止午圈之一点,外此,斜升斜降,随极高下,益不可齐。④ 以上数大法,旧传皆略得其似,遂认为真。而况各宫与七政性情相离相逐,得力不得力,如旧日格午宫格者,万未及一。安敢以为天地之情即在是也。此书幽渺元奥,非人思力可及。他如回年行年流月流日,条分缕析,皆指诸掌,岂非为此道特开生面乎?⑤《象宗》后跋云:夫天命历数,诚当讲求矣。有当言命者,有不当言命者,又不可不知也。富贵贫贱之间,有命存焉,不可幸而致者,当言命者也。纲常伦理之际,乃吾性分之所当然,不可诿之于命者,此不当言命者也。所以孟子云:耳目口鼻四肢之欲,谓命不谓性;仁义礼智天道,谓性不谓命。⑥ 可谓发前圣所未发,大有功于天下万世者。吾故推孟子之意,而正告天下后世曰:深明乎数,不言数而专言理者,圣人也;理数兼言者,君子也;不言理而专言数者,细人也。观此二说,则命之理微于是可见,而由知命为君子,以希圣人,是所兼望于天下后世者也。辑"命理"。

人命看七件⑦

各曜所主

《真源》云:一定各曜所主,如妻妾视月,财帛视福,聪明视水月之类。

---

① 此处所论乃根据出生时间、地点纬度两种因素安命宫的方式。因为考虑到命主的出生时间与地点两种因素,所以说"子有三十时"(时间精确程度对应到天赤道的一度,即四分钟)、"南北极出地度"(即纬度)交错作用下的多种变化,所以"不可以计数"。

② 此指据雷格蒙塔努斯宫位制获得的天宫图中,后天十二宫各宫度数的差异问题。该宫位制平分赤道,不平分黄道,所以差至五六十度者指黄道。

③ 此指将七政排入后天十二宫的方法。不过,据《人命部》算法,排入时虽然考虑七政纬度的情况,但并没有直接将黄道度变为赤道度。

④ 此处指照星、煞星等用正球斜球升度来计算吉凶应验情况的方法。从"一为生时不真"到此的几种占法,详见《人命部·中卷》,以及《天象源委》卷十二。

⑤ 从"谈命者多家"至此引述自《人命部》序言。张永祚微有调整。

⑥ 见《孟子·尽心·下》。

⑦ 此部分见《人命部·中卷·命理》。

各曜能力大小

一定各曜能力大小：第一日能力大，二月、三木、四土、五火、六金、七水。

七曜性及一宫十宫性

"一七曜之性及一宫、十宫之性，称为生人之星。"

各曜何星能力大

一各曜何星能力大，在一宫、十宫，或在一宫、十宫相近之二宫、九宫。

五星在日月东西，及在本宫，与外与冲，并本圈高卑

一五星能力大者，在日东，在日西，在月东，在月西，或在其宫，或在其冲，或在外，或在本圈高卑。

七曜吉照恶照

一七曜同他星，有吉照、恶照。

七曜有能力，性吉，在强宫有位，比他星高

一七曜有能力，性吉，在强宫有位，比他星高，其星所主之福皆大且久。凶星在强宫，比他星高大凶。凡在其下之星，吉皆变凶，有吉事不成。若吉凶星不在人命强宫，却在高，所主吉凶事皆小。吉星在高，在下有凶星居高星宫中，即凶事多轻减①。吉星高，下有凶星。假如吉星在高，其伎能许星见"命法"。在凶星宫中，伎能不能成名。吉星高，伎能许星却在凶星宫中，以宫言。如凶星在高，其伎能许星在凶星之冲，更凶，伎能便能贾祸。凶星高，伎能许星却在凶星冲，以冲言。有吉星在高，五星俱在其下，动则皆吉，不拘所行何事，皆有天幸。有凶星在高，不拘所行何事，皆有祸。有凶星在其高，而五星俱在其下。凶星在宫之正中，其凶更大。

各 星 力 气

《象宗》云：各星力气有三等，一等是本体之力，一等是相助之力，一等是福气之

---

① "吉星在高，在下有凶星居高星宫中，即凶事多轻减"，《人命部》作"吉星在高，在下星居高星宫中，即凶事多，但凶事轻减"。

力。本体力者,各星在本宫,或庙旺宫,或三合,或在分定度数上,或在喜乐宫;或在一宫,分作三分,每分十度,其星在本度上①;皆是各星本体,有力气处位分。此是总论如此。若人求见君王,或求功名,或干系官事,其星在庙旺宫胜如在本宫吉利。其余一切求请,皆依此论。凡星在本宫,如人在本宅房屋内安居;在庙旺宫,如人在高贵位上坐;在三合,如人得志,诸事吉,得人相助;在各宫分定度数上,如人在亲戚处居住;在每宫三分之一度数上,如人在自己田宅内;在喜乐宫,如人在喜乐之处。若属阳之星昼在地上,属阴之星夜在地上,如人与亲戚或朋友相会之喜。此各星本体之力也。又一说,如各星在升高度数上有力,十度已下为升高有力,十度已上无力。② 如太阳在巨蟹初度为最高,木星在天秤二度为最高之类。又一说,各星顺行疾为有力,土木火先太阳东出有力,金水后太阳西入有力。又各星在纬度黄道北有力③。

以上皆论各星本体之力。次言相助之力。若星在四正位内一位,其第二位俱为相助本星之位。星在四正及相助为有力。最有力者是命宫,次十宫,次七宫,次四宫,其次十一宫,次五宫,次九宫,次三宫,次二宫,次八宫,惟第六宫与第十二宫为至弱无力,以上亦是总论。若人求一公事,官禄主星④与命宫主相合相照为吉。助义前已详。

第三言福气之力。若一星遇吉星,其吉星又顺行,或吉星过本星,皆为受喜。又前后宫分或度数又遇吉星,此为全吉。若一星在命宫,又有吉星在第二宫,又有吉星在十二宫,谓之夹拱有力,吉,与本体相助同⑤。凡人命入此格,为大贵大贤之人。若人命前后遇凶星夹拱,为低微至贱之人。此言宫分度数。大凡要知人聪明识见,并身体康宁,须看命主星有本体之力;声名,须看命主星有相助之力;财帛,却看财帛宫主星有本体之力,主有财,得相助之力,亦主有财。若一星在命宫,一星在十宫,十宫之星旺,为高于命宫之星;一星在十一宫,虽高且旺,不如十宫也;一星在本轮小轮上近高,比他星在小轮下为有力。⑥

---

① 此处指三面,见卷三"象度·黄道十二宫每宫分为三分"。
② 此句两个"十度",《天文书》作"九十度"。
③ "又各星在纬度黄道北有力",《天文书》作"又星在纬度黄道北,渐往北行时,有力"。
④ 此指第十宫官禄宫主星。
⑤ "与本体相助同",《天文书》作"本体与相助者,皆有力也"。
⑥ "各星力气"节见《天文书》第一类第二十门"说各星力气"。

性

人命有本宫之性，本宫得何星，为本宫之性。又有本宫主星之性，又有主星所落宫之性，又论四宫黄道之性，俱吉则吉，俱凶则凶，有吉有凶，论分数。①

七曜在本宫

"五星在本宫，其人福稳易得而长远。水星到宫，人善作事。金星到宫，人有文名。木星到宫，人性纯良，善使人。太阳到宫，人必尊贵。火星到宫，胆大。土星到宫，为人难交。土强且吉，不为难交。太阴到宫，喜远游。三角之权，主天下之国。人若生此星内，亦增力量，为官亦有才能。"②

七曜主人命

《象宗》云："凡人一切身体气力，皆太阳所主。一切禀性，皆太阴所主。土星主收聚之力，木星主生长之力，火星主恼怒，金星主色欲，水星主思虑记性。"③

七曜主事之大小

《天步真源》云："金水在太阳之下，管日用寻常事，为官多见小利。土木火三星在太阳上，主军国朝代事，不甚主小事。"④

太阳与火土会冲，太阴与土火会冲

"太阳最怕与火星同宫同度，与土星相冲。太阴最怕与土星同宫同度，与火星相冲。"⑤火冲日、土冲月亦不宜。

---

① 见《人命部·中卷·人命吉凶》。
② 见《人命部·上卷·世界之权入人命》。
③ 见《天文书》第三类第一门"总论题目"。
④ 见《人命部·上卷·世界之权入人命》。
⑤ 见《天文书》第三类第一门"总论题目"。

星先太阳东出西入并在光下

若一星先太阳东出，与四正柱同。一星后太阳西入，与四辅柱同。一星在太阳光下，与四弱柱同。①

凶星先太阳东出后太阳西入

若是凶星先太阳东出，其人必有损伤；后太阳西入，其人不累，有灾病，则骤遇患难②。太阳怕火土二星东方先出，太阴怕火土二星东方后出。③

星 之 吉 凶

凡阴阳之理，专论祸福。若是吉星断作吉，凶星断作凶。若各星吉照，主身安，凡事顺快。各星恶照，则凡事艰难涩滞。若各星同顺受者，主一应事皆成就。中等顺受者，事亦成就，未免稍艰。若中等星不在顺受中，则一应所望之事不成④。凡事若遇吉凶星，不可便作吉凶断。遇吉星又有吉星相助，遇凶星又有凶星相照，然后断其吉凶。若吉星逆行，或在太阳光下，不能为福。若凶星顺受，亦不为凶。⑤

吉照虽云吉，而有时不取；弦照虽云凶，而有时取之。对冲为我仇，而有时反为相助，何也？盖天象未易窥也，凶象强而吉照弱，则凶中之为吉无多，或因凶而吉亦变为凶；吉象强而凶照弱，则吉中之为凶有限，或因吉而凶亦变为吉。所谓对冲有时反相助者，如木在七宫对命宫、日，或土在七宫对命宫、日，其助不少，而四正角与四正宫皆有吉星，又安得皆为吉照而不为弦照？执一以论，失之远矣。⑥

《天象源委》校注

---

① 见《天文书》第三类第一门"总论题目"。
② "其人不累，有灾病，则骤遇患难"，《天文书》作"其人累有灾病，或骤有患难"。
③ 此句两"怕"，《天文书》作"最怕"。此段论述见《天文书》第三类第一门"总论题目"。
④ "中等顺受者，事亦成就，未免稍艰。若中等星不在顺受中，则一应所望之事不成"，《天文书》作"若各星着中顺受者，凡事亦成就，但着中。若各星不在顺受中，则一应所望之事，皆不得成就"。
⑤ 见《天文书》第三类第一门"总论题目"。
⑥ 此段当为张氏自述。

吉凶星到吉凶宫度

若吉星到陷宫或陷度上，则于好人处受忧虑。如我命主星遇吉星，而吉星却在陷宫或陷度上，所谓陷降宫是也。凶星到庙旺宫度上，则于歹人处得恩惠。凶星到陷宫度上，则于歹人处被害。吉星到庙旺宫度上，则于吉人处受恩惠。①

四　　柱

凡四正柱为有力，能成全一切事。四辅柱一年成就。四弱柱一切事皆不得成。②

十　二　门

十二门内最要者四：第一，一宫；第二，十宫；第三，七宫；第四，四宫。论命，一宫为主，次论十宫。论功名，十宫为主，次论一宫，七宫、四宫亦当论，四者称为角内门，最有大能力。其次要者四：第一，十一宫；第二，五宫；第三，八宫；第四，二宫。四者称为递上星，其能力次于角内。又次者四：第一，九宫；第二，三宫；第三，六宫；第四，十二宫。四者称为递下星。以上十二宫分二分，一从子到午过东为上行者，二从午到子过西为下行者，上行者能力常大。③

命　宫　命　主

人命有吉凶，欲求其事，当求黄道是何宫，如白羊为命宫，即白羊为命主之类。又白羊为命宫，火为命宫主星，而命主星又当别求，见"命法"。再看各星在黄道宫之权，一为星之舍，一为星之升，一为星之三角，一为星之界，一为星之位，一为六十、九十、一百二十、一百八十度之照。④

---

① "则于吉人处受恩惠"，《天文书》作"主吉人又遇吉人处有恩惠"。此段论述见《天文书》第三类第一门"总论题目"。
② 见《天文书》第三类第一门"总论题目"。
③ 见《人命部·卷上·算法》。
④ 见《人命部·中卷·人命吉凶》。

命宫朋友分论

"命论各星之宫，官禄论各星之升，朋友及寻常事论星之三角。"① 上文云"三角之权，主天下之国"。

占过去现在未来等事

若太阴与一星相照，后离此一星，主一切过去事。正与一星相遇或相照，应主现在事。将与一星遇或相照，主未来事②。又看太阴在何宫分，将那宫分主星为主，断一切结末之事，与人命第四位所言同。应第七位。若二星并行，一星在前，一星在后，其后者将追及前星相遇，主一切创求之事。又命主星与第二宫主星相照，主求财事。若第二宫主星遇命主者，其财不求自至。③

天首天尾

人命太阳在天首为福，在天尾为祸。以各宫各星论其事。太阳同土星在天首，土星即为次凶；在天尾，土星即为大不吉。④

日 月 食 又见《交食》

日月食忌在人命四角宫，如日食白羊，命宫在白羊者害身命，十宫在白羊者害官禄。当生与回年皆如是，而占交食亦然。生人日所在之宫，若日食于其宫论回年。主尊贵成人者不利，以日主贵人也。生人月所在之宫，若月食于其宫，则阴人凶。日月食在人命对宫及九十度者，亦主有灾，但稍轻耳。日月食安命宫所忌与人同命宫，如日食安命宫在白羊，己之安命亦在白羊，害人身命。⑤

---

① 见《人命部·中卷·人命吉凶》。
② "正与一星相遇或相照，应主现在事。将与一星遇或相照，主未来事"，《天文书》作"若太阴正与一星相遇，或相照，主一切未来事"。
③ 见《天文书》第三类第一门"总论题目"。
④ 见《人命部·上卷·世界之权入人命》。
⑤ 见《人命部·上卷·世界之权入人命》。

扫　　星

　　扫星在人命宫，其人多死；其不死者，为福厚大人。在人命十宫，其福亦厚，是尝①能胜人者。扫星安命宫若与人同命宫，或同人命照星②宫，己之命照星在某宫，而扫星亦在其宫。人命不吉；同人命十宫，失官禄。③

　　四余中之孛星④，西法所不占，然占之颇有验，勿弃。⑤

吉　凶　之　来

　　吉凶之来，在各星之性，来之大小，在各星之权。一论黄道之宫，或为星之宫，或为星之升，有权者大，无权者小。一论十二宫，在四角内权大，上去宫次之，下去宫无权。一论太阳。土木火与日会后至冲为东，从冲至会为西。金水从合伏于上至合伏于下为西，从合伏于下至合伏于上为东⑥。此说与《性情部》所定相异，见"象法"⑦。东权大，西权小。月从朔至望为东，自望至朔为西。见"象性"。一星与他星相比，有一星在高，一星在卑；一星从北往上行，从冬至到夏至。一星从南往下行；从夏至到冬至。一星在北纬大，在南纬小；一星在西者行迟者⑧；一星在地平圈，离午圈为近者，以上五者，皆为权大。又五星行速者权大，迟者小，退行者无权。吉凶来之迟速，或论天下，或论人命，看所主照星。所主照星者，所主事之照星也。从东地平到午时，西地平到子时，来速。从子时至东地平，午时至西地平，来迟。十二宫在四角者来速，上去宫次之，下去宫来迟。五星在日东西，从会到九十度，从冲至二百七十度为东，余为西。此说与上所言又不同。在日东来速，日西来迟。⑨

---

① "尝"同常。后类似情况不再注释。

② "人命照星"即命照星，主人命的照星。见卷十一"命法"。

③ 见《人命部·上卷·世界之权入人命》。

④ "孛星"即月孛。

⑤ 此段当为张氏自述。

⑥ "金水从合伏于上至合伏于下为西，从合伏于下至合伏于上为东"，《人命部》作"金水星自一百八十度至相会为东，从会后至一百八十度为西"。

⑦ "象法"，《天象源委》无此卷，疑为"象度"。"象度"卷"五星晨夕伏见"与"五星光后太阳出入"两节中涉及五星东西问题。

⑧ "一星在西者行迟者"，《人命部》作"两星在一处，在西者，行迟者"。

⑨ 见《人命部·中卷》"吉凶来之大小"与"吉凶迟速"。

论五星在日东西三说中依"象性"中之说为是。①

占人己安命

若人安命在天秤宫，其妻安命在白羊宫，辰戌。主夫妇和顺，又且久远。余仿此。若人奴仆宫内是奴仆安命者，得奴仆之力，亦顺且久。若二人安命同宫，一命有吉星，一命有凶星，二人相交往，其吉星人受凶星人之祸。②

人③命定财官等来时

《天步真源》云：一为照星，照财、照官之星，二为许星，许财、许官之星。照星、许星俱见"命法"。如许财官星几时到照财官星，即几时有财官。天文有照星到许星，许星到照星。照星到许星为正，许星到照星为反，用正不用反。④

煞星解星占

《真源》云：再看煞星是何星，解星是何星，即可以知其事。如煞星是土，土为磨羯主星，有福星在磨羯，其死亡缘家事。如解星是木，木为人马主星，有福星在人马，其救解为财物。如煞星宫主出行事，恐途中有失。若解星宫主出行事，即宜逃避。解星为命宫主星，救命要大胆，善作事⑤。煞星是命宫主星，其时伤命，为胆小，不善作事。若命应善死，救星是木星，救命是药；命应强死，救星是木星，救命是官。⑥

受胎安命

《象宗》云：凡人初受胎时，精血相凝聚，其形如和成面剂，甚小且圆，胎宫极热，将外肤蒸干后为胎衣，此为成胎初变时。如五谷之粒种于地上，其人禀性并气力皆

---

① 此段当为张氏自述。
② 见《天文书》第三类第一门"总论题目"。
③ "人"，《人命部》作"入"。
④ 见《人命部·中卷·入命定财官等来时》。
⑤ "事"，《人命部》作"人"。
⑥ 见《人命部·中卷·解星》。

定于受胎之时，从受胎时安一命宫。上古阴阳人说，受胎后每一月有一星照。第一月土星照，何则？土星性情寒润，稍迟，不轻改动。若土星其月强旺，主生人聪明诚实，识见远大，与人和睦。第二月木星照，其胎色变红，似一块肉，却有热气，比初微大。若此时木星在受胎命宫，又强旺，主其人有才能文学。第三月火星照，此时胎中心与肝脑生成，肢体微显。若其月火星强旺，主其人生而有力，勇猛有胆气。第四月太阳照，此时其胎中身体全生，微有力，天赋与性命活动。若太阳在受胎命宫，又其月太阳强旺有力，主其人至富极贵，有机谋。第五月金星照，其胎中毛发皆生，规模已定，此时金星若在安胎命宫，与其月强旺，主其人有智谋，才能舌辩。① 第七月太阴照，此时其胎中成人有力。若太阴在安胎命宫，与其月强旺，主其人好农种。若此月生者，养得大。第八月又是土星照，土星性寒，以此胎气重，儿气昏沉，不如第七月精神，故八个月生者养不大。第九月又是木星照，木星性热润，主胎气旺，儿有力，转动。九月既足，胎气全乃生。② 各星在受胎安命宫及本月俱要强旺。

<h1 style="text-align:center">童　命</h1>

凡人生下不能食乳，三日之内不得活，何故？因太阳或太阴在四柱内一柱，遇火星或土星相冲，或四正照，弦照也。或命宫前后有火土二星相夹，又无吉星相照，所以不能食乳，三日之内不得活矣。又云：昼生人看太阳，夜生人看太阴在何宫度，其宫度主星是何星强旺。看强旺星，若是凶星，又凶星照。似此一般与前论断。又一说：人生下要见养得大、养不大，或止活得三四岁，何故？凡人生皆有星辰照管，其照管星辰数多，一是度主星，一是宫主星，又看太阴、太阳、福德箭、详"命法"。三合主星。昼生人看太阳，夜生人看太阴，最紧要的是三合主星。所说已上星辰，若在四正柱或在四辅柱，又在分定度数，又有吉星相照、无凶星照者，所生人养得，易长大。若已上星辰在四弱柱，又不在分定度数，又有凶星相照，所生人养不长成。若以上星辰得其中等，看吉星旺可以养大，凶星旺难养。若初生之③日至七日，看太阴在庙旺宫，或有吉星照，主其母乳多，能养。若太阴在弱宫，或有凶星照，主其母乳少，或绝无。④

---

① 据《天文书》，此处张永祚漏掉了第六月的情况，且将六月与五月的论断结果错位。"主其人有智谋，才能舌辩"，当为"主生人聪明，美貌，好奢华。第六月水星照，其胎中舌动，口开。若此时水星在安胎命宫，或水星强旺，主其人有智谋，有才能，舌辩，能言语"。

② 见《天文书》第三类第二门"说人生受胎未生之前事"。

③ "之"，《天文书》作"三"。

④ 见《天文书》第三类第四门"说人生幼时皆有星辰照管"。

相貌总论

《天步真源》云：管人相貌，一命宫，一月离宫，一命宫主星，一月离宫主星，一经纬星与命宫、命宫主星、月离宫、月离宫主星同者，太阳主好丑，月主筋骨肌肉，常要看月有光无光。①

性情总论

《真源》云：水主聪明，月主情欲。人性情所主：一、水月本宫；一、水月本宫主星；一、水月相近经纬星，或水月宫相近经纬星；一、相近星在日东日西；一、水月及相近星在人何宫；一、各星主人何事。②

七曜主人性

《真源》云：土星性迟，主事长难改。木星性③直。火星性傲。金星快乐好色。水星强明智，弱奸诈。日公明傲大。月性快不稳。七政皆有所主，然专主性情者水与月。④

黄道宫_{看命宫}看命宫

人命从白羊至阴阳，生人坚固，眼睛好，高大，性湿热。从巨蟹至双女，颜色中等，不白不黑，身不大不小，坚固，性热干。从天秤至人马，长瘦，面有点，眼睛好，性冷干。从磨羯至双鱼，色黑，身中，性冷湿。双女、狮子、人马生人大，双鱼、巨蟹、磨羯生人小。白羊、磨羯、狮子前半生人坚固，后半生人弱。人马、天蝎、阴阳前半生人弱，后半生人坚固。双女、天秤、人马生相皆好，天蝎、双女、磨羯次之。⑤

水月在黄道宫

《真源》云：水月在白羊、天秤、巨蟹、磨羯，_{辰戌丑未}辰戌丑未。喜生利除害，为官好谋多

---

① 见《人命部·上卷·相貌》。
② 见《人命部·上卷·性情》。
③ "性"，《人命部》作"心"。
④ 见《人命部·上卷·性情》。
⑤ 见《人命部·上卷·相貌》。

疑。在双鱼、人马，_{寅亥。}轻浮好诈，易成易毁。在金牛、狮子、天蝎、宝瓶，_{子午卯酉。}稳当长久，性明，不喜奉承，耐老好争。①

月有光上升分五等

月要在高，有光又上升。上升有五：一在交内；一从东地平到十宫，从西地平到四宫为上，余为下；一在小轮最高；一在不同心圈最高。月有光，各事大；无光，贱，无名迟慢，第一望前到上弦，其次望后到下弦，又次朔到上弦，又次下弦到晦望。日光且长，又在不同心圆上，又在小轮高，故吉。② _{未可必。}

月纬

月在白道，大纬，离日远，主人脑软，性体不明白，暗中要伤人。③

月在天首天尾

月在天首，为人伶俐；在天尾，大不吉。④

月光大小并伴恶星在降下

《真源》云：月光大强，或降下及少光，伴恶星，性痴。⑤

太阴与各星照

《象宗》云：若人命宫、太阴与各星相照，则其星所主之事，_{如官禄等事。}主其人能勤谨加勉。星⑥本身有力，主通晓能行。星如力弱，太阴虽相照，欲为而不成。⑦

水离逐日及在日心，并顺行逆行，与伴恶星在降宫，及在日东西

《真源》云：水星离日二十度至二十四度，太现露，不聪明。水去日远，在二十度外，逐日好。去日近，在四五度内，离日好。离日不多，止在四五度内，聪明。水逆行

---

① 见《人命部·上卷·性情》。
② 见《人命部·上卷·性情》。
③ 见《人命部·上卷·性情》。
④ 此句见《人命部·上卷·性情》，原文为"天首天尾，为人俱伶俐。若在天首尾正过时，善作事，伶俐有主意，生人有瘾疾，亦为人不忠诚"。
⑤ 此句见《人命部·上卷·性情》，原文为"月降下或少光伴恶，心性痴"。
⑥ 指太阴所照之星。
⑦ 见《天文书》第三类第八门"说人生性智识"。

鲁钝，顺行伶俐，在日心不能作大文人。水星伴恶星在本降宫①，止于鲁钝不痴。水星行快性浮，若退行性疑不定。在日光内好作无用之物，出日光好作有用之物。在日东心宽，内外如一；在日西内外不同，外宽内忌。②

水月主星分吉凶与在上在下

星要详在上在下，在上则所主大。如有凶星为月水之主，其为人喜害人。若更无吉星在上，在凶星上。无人可以治伏，为恶长得便宜，终无祸患。若有吉星在上，行恶事便要受罚。若月水主星吉，更无恶星在其上，为人必善，行善事有名有利。若上有恶星，为善反要被害。③

水月在管物伏物宫及在黄道长短

《真源》云：水在管物宫，月在伏物宫，为人服理，不肯任性。管物宫如人马，伏物宫如巨蟹。水在黄道长，黄道升度多为长。月在黄道短，黄道升度少为短④。为人亦肯服理，反是不服，故世间善人少。⑤

论水月并水月宫主星及相助星

《象宗》云：凡人生性智识有两等。一等说人之智识，一等说人生成之性。人之智识有聪明远大者，有识见短浅者。人生成之性，性情有缓急忧乐，志气有高远卑下之分。智识水星主之，性情太阴主之。看此二星力气强弱吉凶，则智愚可见。若太阴水星在定宫，其宫主强旺，星亦在定宫，主其人正大聪明，守分能忍，好作劳役之事。在转宫，其宫主星亦在转宫，主其人好积善，好奖誉，动止安详，通性理。在二体宫，其宫主星强旺，亦在二体宫，主其人诸事通晓，性不定，动止轻狂，作事不久。若太阴、水星宫主星以两曜宫主校旺，则两星均宜旺也。强旺是土星，又在庙旺，主其人识见远大，多思虑，行事有主张，合道理。土星陷弱无力，则其人昏暗低微，无志气，作事昧心，与人不和，常有忧容。木星与土相助照，土星又在庙旺宫度，主人志诚信行，敬老慈幼，劝人为善，又肯与人分别是非，又肯与人干事，志气高，动止安详；若土陷弱⑥，则志气短浅，轻视人，不肯为善，好为师巫，不爱惜儿女，与人不和，凡事不可倚

---

① "本降宫"即降，见卷三"象度"。
② 见《人命部·中卷·性情》。
③ 见《人命部·中卷·性情》。
④ "黄道升度多为长""黄道升度少为短"小字注，见《人命部》。
⑤ 见《人命部·中卷·性情》。
⑥ 木星与土星相助照，土星陷弱。

托，好讼，好为恶事。火星助照土星，土星又在庙旺，主其人性勇心毒，不能分别是非，常有口舌灾祸，与人交易不分明，无慈心，不乐人为善，凶险暗昧，好事好憎人，所求却能遂意；土陷弱无力，其人必为盗贼，所作生理低微，不敬鬼神，不畏王法，一世贫贱。金星助照土，土星庙旺，主其人敬老，寡色欲，性悭吝，凡事自专，喜于避人，却不喜人为善，嫉人富贵，每被人憎恶；土陷弱无力，主其人诡谲有盗心，盗心从诡谲来。好为魇魅诓赚，与人不和结仇，毕世事不遂①。

太阴水星宫主星强旺，是木星，又在庙旺，主其人高贵，轻财重义，守志安详，有廉耻，肯为善，正直心慈，有纪纲，得人敬重，又好纳贤；木星陷弱，虽高贵好善，但比上文所言稍减，用财不得其当，胆小畏事，且好自夸。火星助照木星，木又强旺，主其人勇而好争，好武艺，有方略，好胜，高傲，有作为，诸事遂意，心多怒气，能主张人为事；木陷弱无力，口燥伤人，凡事无忍耐，作事多悔，不久长，无分别，无远志，平日为事多蹭蹬，不遂意。若金星助照木星，木又强旺，主其人守分，好受用，好洁净，好音律，好技艺，有仁德，爱亲戚，心慈，与人和睦，众人亦相敬重，诚信，有学问；若木陷弱，则其人好受用，费财物，好与妇人同起居，多淫欲，不肯为善事，难托。水星助照木星，木又强旺，主其人有好性格，凡事有商量，聪明好学，有文才，通阴阳，精书算诗词，又主见识远，诚信，有纪纲，多有称意事；木星陷弱，则其人生于低微，又言语不合理，作事违悖，心多焦燥，无才学，自夸有能，多使小见识，自专傲人，轻狂。

若太阴水星宫主强旺星是火星，火又强旺有力，主其人高贵，性勇猛刚强，好兵，为事多险，常受灾祸，高傲，不仗人力能服众，作事不定，掌刑杀之权；火陷弱无力，则其人与众不和，好伤人，好杀伐争斗，无慈心，行歹事，心术不正。金星助照火星，火强旺有力，则其人好受用，心常喜悦，好音律，多计较，聪明，以其旺且利也。能分别是非，平日凡事遂意，且贪心重；火陷弱无力，则其人性强虚诈，平日爱图谋人，见识浅且谄佞，喜为非淫乱，并所好之事亦不耐久。水星助照火星，火强旺有力，主其人聪明出众，见识敏捷，有机谋，性爽利，好积聚，好诓赚人，行歹事，面是心非，喜朋友，害所仇，所为之事皆称意；火陷弱无力，则其人性勇好胜，愚浊不安详，动静恍惚，好行诈伪事，后多悔。

若太阴水星宫主强旺星是金星，金星又强旺有力，主其人至诚守道，容貌端庄，动止和雅，好受用，喜洁净，多思虑，有志气，不喜人为非，喜诸般技艺，一生平和，用财合理，事多遂意，又好音律声色；金陷弱无力，则其人动静如妇人，常患怯弱病，在

---

① "主其人诡谲有盗心，好为魇魅诓赚，与人不和结仇，毕世事不遂"，据《天文书》，此一论断结果并非金星助照土、土星陷弱条件而得。金星助照土、土星陷弱所得结果为"则其人好酒，与年长妇人为婚，不能分别是非"。

众人中终不显。水星助照金星,金强旺有力,主其人志气聪明,好性格,见事捷,有机谋,晓性理,又好诸般技艺,好诗词,好学问,作事正当,不疑人;金陷弱,则其人多秽污,好争竞伤人,面是背非,凡事使人憎嫌。

太阴水星宫主强旺星是水星,水又强旺有力,主其人聪明远见,有文学德行,学且能及人,虑事多中,通阴阳书算,能容忍,凡平日事遂意;水陷弱无力,则其人愚浊,性不归一,人前小意见取胜人,言语不实,动作轻浮,作事颠倒。已上各星强旺有力,若得太阳或太阴强旺相助照,主已上所言吉事增吉。若各星陷弱无力,得太阳或太阴强旺相助照,则已上所言不吉之事稍减。若各星强旺有力,得太阳或太阴陷弱无力相助照,吉事亦减。若各星陷弱无力,太阳与太阴又陷弱无相助照,则主所言凶事益凶。①

又水月宫主星及相助星 内有兼四星性者

《天步真源》云:水月宫主星是土星,土又在四角强宫,主为人自利自私,执拗怀奸,性苛耐老。在弱宫,下贱悭吝,不合人,少廉耻。木星在其宫或相照,强则人孝义,且聪明,有主意,性宽。弱则似疯子,多恐惧,好邪术,不爱亲。火星在其宫或相照,强则口恶,喜作乱,大胆,暗害人,但作事伶俐;弱②则骄傲,作贼好杀。金星在其宫或相照,强则不好色,为人嫉妒,亦有主意;弱③则好酒色。水星在其宫,强则好杂学医卜,管闲事,能干;弱④则仇妒作贼,欲行奸恶事而不能。水月宫主星是木星,木又在强宫,主为人善,有胆气,能忍耐,爱人,善为官;在弱宫,人虽善,偏执,如爱人不问善恶之类。火星在其宫或相照,性野。火与木冲,好争,无亲疏尊卑,记仇心狠。金星在其宫或相照,强则爱吟爱嬉,好鲜洁,好快乐,性善;在弱宫则好色妄费,性如妇人。水星在其宫或相照,强则好工作,有主意,聪明;在弱宫性颠性妄,欲学明白人而不能。水月宫主星是火星,火又在强宫旺度,大胆,有志愿,伶俐能掌兵;弱⑤则心狠,喜图财作乱。金星在其宫或吉照,能文章快乐,好谋,心直喜洁。弱则懒惰,好色多诈。水星在其宫或相照,强则有福,善言语,有胆气,伶俐奸诈,行事损人利己。弱则心狠害人,争斗作乱。水月宫主星是金星,金又在强宫,行好事,好嬉乐,不耐老,喜文章工技;在弱宫,懒惰,有妇人之性。水星在其宫或相照,强则善作事,好嬉

---

① 此节总体见《天文书》第三类第八门"说人生性智识"。
② "弱",《人命部》作"在弱宫"。
③ "弱",《人命部》作"在弱宫"。
④ "弱",《人命部》作"在弱宫"。
⑤ "弱",《人命部》作"在弱宫"。

乐交游,弱则无耻。水月宫主星是水星,水又在强宫,大聪明,善作事,能天文,能通微妙之理;弱①则性浮不稳,易差缪,难信。②

论相貌禀性,看命安宫度及太阴宫度强旺星是何星,先后太阳东西出入

《象宗》云:论人相貌禀性,要看安命宫度强旺星,即命主与命宫主。又看太阴宫度强旺星,此是看太阴是否在强旺宫,并太阴所在宫度主星强旺与否。又看何星在庙旺宫,或在分定度数,又看何星力气多。已上数等星,取一个最强旺者为主。若强旺星是土星,又比太阳先东出,主其人身体十全,发黑,面貌黄白色,胸前有毛,眼生得中,禀性寒润。曰润者,以其先太阳东出也。若土比太阳后西入,则主其人面貌如小麦色,发稀身瘦,上下相称,目黑,禀性干燥。曰燥者,以其后太阳西入也。若强旺星是木星,比太阳先东出者,主其人面貌白色有光彩,身体长大,发美好,目亦得中,动静安详,禀性热润。若木星比太阳后西入者,主其人面貌淡白色无光彩,发稀直干燥,目生得中,身矮小,禀性润。若强旺星是火星,比太阳先东出者,主其人面貌红白,身体十全,上下相均,目色青,发生得中,禀性热润。若火星比太阳后西入,主其人色红身矮,目小发稀,禀性干燥。若强旺星是金星,比太阳先东出者,主其人相貌与木星同论,稍加清秀滋润,貌嫩似妇人,目生秀美。若强旺星是水星,比太阳先东出者,主其人面貌清白,身体得中,目小发中,禀性热。若水星比太阳后西入者,主其人面貌黄白,身体瘦小,上下相同,目深陷似山羊,眼白色,性燥。各强旺星在太阳先东出,相离近者,主其人身体肥大。③

安命宫度及太阴宫度强旺星得太阳、太阴相助

《象宗》云:凡太阳太阴与各星相助,得太阳相助,身体十全,容貌甚佳;得太阴相助,身体十全,修长适中,性润。④

安命宫度及太阴宫度强旺星迟留伏逆五星会留冲变性见"象体"⑤

《象宗》云:若此强旺星在初留,主其人爽利灵变;逆行,身中精神稍钝;在第二留,体弱;在太阳光下,最微贱,常有灾。⑥

---

① "弱",《人命部》作"在弱宫"。
② 见《人命部·上卷·性情》。
③ 见《天文书》第三类第四门"说人生相禀性"。
④ 见《天文书》第三类第四门"说人生相禀性"。
⑤ "象体"当为"象性",见本书卷三。
⑥ 见《天文书》第三类第四门"说人生相禀性"。

命主星在小轮高卑

《象宗》云：若命主星在小轮极高处，主其人身体甚长；在小轮最低处，人矮短。①

性情照星分大小

性情照星在本宫或相照，相照本宫也。所主事皆大，在外小。辨照星大小，要命宫、水、月三者相合又强，所主皆大且精。三者不相合，一星主一事，为疯癫不成事之人。②

照星及许星有凶星在上

吉星为照星，有凶星在上，尝被人害。再吉星为许星，有权，虽有凶星在上，恶人要害善人，亦不能大为害。

许星有吉星在上不和

许星吉，有吉星在上，不相和，人亦善，但没主意。

水与各照星许星恶照

水星与各照星、许星恶照，或相冲，皆不吉。

日与照星吉照，与许星恶照

日与照星吉照，主各事正大有名。若与许星恶照，事小无名。

日月水全无照合

日月水全无照合，或土为命主夜生，或火为命主昼生，火土又在强宫，在一宫十宫或在巨蟹双鱼。其人多狂妄之疾。

火土水

火土吉照亦不吉。水为火土宫主星，火土为水宫主星，或火土在双女水宫，皆不吉。一云土水同一三角，故土水相会不为凶。

---

① 见《天文书》第三类第四门"说人生相禀性"。
② 此节至下"火土水"节，均出自《人命部·上卷·性情》。

五星在日东西分七等 必为命主星，第二等后似不本东西言，大略本日与所在宫言

五星在日东西，在日东与一宫近，人直，有勇，聪明。在日东西有七等：一、星在日东，日未出；在日西，日已出。二、日未出，星在十宫。或日在地平，星在十宫，亦是，但少弱。[①] 三、日已出[②]，星在十宫。四、日入，星在四宫。五、日出，星在四宫。六、日在十宫[③]，星或出地平，或入地平。七、日将出，星落地平，或在日前后，亦少弱。先太阳东出不弱。星在十宫或命宫，主有胆力，有记性，性直而且聪明。星或在一宫与七宫，日在地平下，主性怯慢，不耐老。星在四宫，聪明耐老，有忍耐，好奇。[④]

五星出入东西地平 此星必为命宫主星与月离宫主星

《真源》云：土星出东地平，人中等，眼大色黑，性湿冷；在西地平，人瘦小，性冷干。木星出东地平，色白，发少，貌美，性湿；应润。在西地平，貌不甚佳，身中等，内湿。火星出东地平，人中等，坚实，眼睛不黑，不黑则黄。内热干；在西地平，人中等，头小发劲，性干。金星与木同，各件俱好，眼尤美。水星出东地平，眼小，身中，性热；在西地平，色黄，眼睛凹，足小。[⑤]

日月五星在东西主人性

《真源》云：日月五星作人性，论东西。土星在东，为人丑大；在西，粗俗狠恶。木星在东，不悭吝，好朋友，经商；在西，为人朴实爱人。火星在东，为人胆大，不怕死，喜作乱谋害人。金星在东，好歌舞诗文，大概有妇人之性；在西，好歌舞欢乐。水星在东，为人聪明，喜书史，善天文，但性浮。土木在东，性宽宏，能让人，读书达礼，恶邪淫，虽死不肯为非，家丰。土火在西，不爱人，亦有才。土金在东，好戏好色，有才能。观此二星，可以同在东，则东西不以日言可知。木金在东，有才能，有主意，能文章，喜洁，能生利。火金在西，大好色，喜作奇异恶事，胆大无信；在东，为盗贼行劫，少有水星之气，更不吉。火木在西，喜杀人救人，能担劳苦，与友不欺，喜作善事。土木水在西，好邪教，不论男女，皆能生子。土金水在西，为人不善不恶，知书能文，晓深奥之理。木火水在东，人不老成，喜动，能经商，好作阴私恶事。太阳不拘所在，为大

---

① 此小字注见《人命部》。
② "已出"，《人命部》作"日入"。
③ "十宫"，《人命部》作"日宫"。
④ 见《人命部·上卷·性情》。
⑤ 见《人命部·上卷·相貌》。

人、善人，爱人，喜天文。太阴在东，妇人胆大，好争有才；在西，男子如妇人，惧内，亦善经商。①

人命第九宫

《象宗》云：人命第九宫有吉星或吉星相照，主其人好行善；有凶星或凶星相照，主其人好为恶。再看第九宫主星。凡第九宫所主修身好善、文学德行等事。②

要知聪明长成及忧喜疾痛

《真源》云：要知聪明长成，算月与水星几时到。要知忧喜，算日月几时到火金。前文云：火金俱旺相，命主喜。要知疾痛，算日月与第一宫几时到火土。③

寿数短长

《象宗》云：凡看人寿数，专看寿星并寿主星。要断寿数短长，有两说，一是正，一是辅。亦④有两等。见《八门》。一等说人性命，寿星主之；身体⑤，寿主星主之。取寿星、寿主星见"命法"。若寿星或寿主星在第七位、第十位两中间。从十位逆排去至第七位，看星在何宫度上，取对冲宫分赤道度数，将命宫赤道度于本星对冲宫分赤道度数内除之，余剩几度数，每一度准一年，每一分准六日。假如安命在金牛宫十二度，对黄道的赤道度数是二十三度五十四分。第七位天蝎宫十二度，太阴为寿主星，在人马十二度，其对冲是阴阳十二度，对黄道的赤道度数是五十四度三十七分。以命宫赤道度数二十三度五十四分，于此内除之，余剩三十度四十三分，该三十年八个月零十八日，即是人之寿数。此是第十位至第七位如此。其所开黄赤对数，但与今黄赤升度乘数不合。若在别个位分顺排去，第十位至命宫，命宫至第四位，第四位至第七位，以上皆为顺排位分，将排去的度数算之，可见人生寿数。凡各星所主寿数，有上中下三等。太阳所主，上等一百二十年，中等六十九年，下等十九年。太阴所主，上等一百单八年，中等六十六年，下等二十五年。土星所主，上等五十七年，中等四十三年，

---

① 见《人命部·上卷·论人性日月五星之能第一门》。
② 此段见《天文书》第三类第八门"说人生性智识"。其中"再看第九宫主星，凡第九宫所主修身好善、文学德行等事"，《天文书》作"又看第九位主星，又看聪明远识出众之箭，并宫主星。若以上二星皆吉，有力，则所断之事，如上所云。若无力，凶。则其事与吉星所主者相异。凡第九位所主者，修行好善、文学德行等事"。
③ 见《人命部·上卷·性情》。
④ "亦"前，《天文书》有"正"。
⑤ 据《天文书》，"身体"前当有"一等说人身体"。

下等三十年。木星所主，上等七十九年，中等四十五年，下等十二年。火星所主，上等六十六年，中等四十年，下等十五年。金星所主，上等八十二年，中等四十五年，下等八年。水星所主，上等七十六年，中等四十八年，下等二十年。若寿主星在四正柱上，则有上等寿数；在四辅柱上，则有中等寿数；若在四弱柱上，则有下等寿数。若命宫寿星有力，又自相吉照，主其人一世身安，聪明有机变，又有寿。其寿主星力弱者亦有寿，但艰难过日耳。若吉星在四正柱上吉照者，则增与下等寿数。吉星在四辅柱上吉照，则增与下等寿数内三分之二。若吉星在四弱柱上吉照，则增与下等寿数三分之一。若凶星似已上照者，依此数例，于原得的寿数内减之。水星遇吉则吉，遇凶则凶。若寿星并寿主星，与金木相照，主增人寿。与凶星同度，则减人寿。又太阴、太阳三合六合吉照则增；若相冲、二弦恶照则减。寿星并寿主星遇凶星相照，其人必有惊恐危险之事，若其人在中年遇之尤重。若寿星并寿主星行限到第七宫，或遇土木二星，或太阳太阴相冲四正照，或遇杂星内一凶星，似此其人寿数危险。又看流年①恐是回年。命宫内或四柱上有凶星者，其人寿数危险尤甚。<small>必寿主星同在命宫或四正柱。</small>若当生命寿主星强旺，流年本星又强旺，<small>恐是回年。</small>此星照限内，其人虽遇灾祸，不至损命。若寿星并寿主星，当生时力弱，遇流<small>回。</small>年却强旺，或当生时强旺，遇回年却力弱，有灾祸轻。流<small>回。</small>年第八位宫主星，若是土星或火星必凶，兼之当生<small>八宫主。</small>本是凶星，又遇凶星相照，其凶祸至重。②

<h1 style="text-align:center">二　门</h1>

财帛看二位及主星，并木星福德与命宫及主星照

《象宗》云：凡论财帛，看第二位并第二位宫主星，又看木星并福德箭及本箭主星。见"命法"。若已上各星内有力强旺，与命宫或命宫主星吉照，主有财易得；恶照，虽得财甚艰难，不相照则无财，求亦不得。③

已上星有吉星夹拱并日月吉照

若已上强旺之星，前后有吉星夹拱，又有太阳或太阴吉照，主广有财。④

---

① 《天文书》"流年"即回年。
② 见《天文书》第三类第六门"说人寿数短长"。
③ 见《天文书》第三类第十二门"说财帛福禄"。
④ 见《天文书》第三类第十二门"说财帛福禄"。

已上星看福德箭并吉凶星照

若已上强旺有力之星，并福德箭强旺及主星①有力，又有吉星相照，主极有财。若凶星相照，则贫贱，求财不得。②

已上星所主

若强旺有力之星是土星，主田产、房舍、农圃等项上得财，却用财吝啬。木星则使人经营得财，又人自拱送。火星则因领兵或掌刑罚得财。金星得朋友或阴人相助送之财。水星则因学问或经商得财。土星与福德箭吉照，见"命法"。又有木星相助，则得父祖遗留之财，或得意外之财。③

财帛星入命、命入财帛宫

若第二位主星入命，又命宫顺受，则其财不求而至。若不顺受，则空想不得。若命宫主星在第二宫，而第二宫又顺受，无凶照，求财必得。若不顺受，又有凶照，徒费心力。虽顺受，却有凶照，得财不聚。顺受又有吉星照，求财易得，又得用。④

看太阳太阴占大富贵

若太阳或太阴在阳宫，又在四正柱上，昼生人太阳在地平环上，夜生人太阴在地平环上，前后有星夹拱，或吉星在四正柱相照，主其人至富极贵。夹拱之星并相照星又有力，则富贵尤大。若已上所言星力弱，富贵减少。如太阳、太阴在阴宫，又在四弱柱，又前后有凶星夹拱，主其人至贫贱。⑤

看杂星占大富贵

若杂星内第一等、二等星，在人命四正柱宫度上，与太阳、太阴同位度，或在福德

---

① 即福德箭所在宫位主星。
② 见《天文书》第三类第十二门"说财帛福禄"。
③ 见《天文书》第三类第十二门"说财帛福禄"。
④ 见《天文书》第三类第十二门"说财帛福禄"。
⑤ 见《天文书》第三类第十二门"说财帛福禄"。

箭度数上，见命法。主其人大富贵，随各星性情所主。若杂星是第三等内上等星①，其人亦富贵，但比上稍减耳。杂星是凶星，止此为凶。亦得富贵，终凶；吉②，则始终如一。③ 亦须论性。

财帛照星

财帛照星，第一是福，见"命法"。要在四角，或地平上，或十一宫，或九宫。若在地平下，或三宫、六宫，或在日光内，不能作财帛照星。其次财帛照星，取二宫并二宫主星。但二宫不能作大财帛照星，土木亦可作大财帛照星。财帛照星在东，又在日东，又在四角，又高于他星，又与本命吉照，又与日月吉照，五者全，财帛大，余次之。大抵大财帛恶星甚强，或土火为二宫主星。吉星与之吉照，所以富多不仁。大抵推财帛，不用财帛照星宫主星，要财帛照星本星。④

财帛之主

土星主财帛、耕田、水路中来，或造房屋中来。但系小家，不尊贵。木星仕宦中来。火星攻战中来。金星朋友妇人中来。水星学问、水路中来。大财来迟，是土星木星，但要土在十宫，木在七宫，或在阴阳双女，人马双鱼，其次在十一宫与九宫。⑤

财之来与财之失

《真源》云：送财帛星，土与月金合，或与天首合，是父母遗留，亦出朝廷之赐。日在七宫，财帛从宦途来。月在命宫，得父母兄弟遗财，亦关本身之能。若福星在日光内，财帛出自朝廷。福与日恶照，财帛散失。福与日光近，日去地平近，字有误。⑥ 得贵人之财。月吉照，亦自好事大事中来。月恶照，或黄道宫相冲，为官司失财度。不正冲，次之。以上凡主财帛星皆然，不止于福。金在十宫，财从朋友来，亦众人乐以财助。金为财帛主星。财帛照星在辰，主星是金，财帛从朋友妇人来。在巳，主星是

---

① "第三等内上等星"，指杂星(恒星)目视显大程度为第一等、第二等、第三等星。《天文书》第一类第八门"说杂星性情"云："杂星大小有六等，有大显者，有微显者。其大显者，乃第一等，第二等，并第三等最大之星。凡人作一事，看此时东方，是何宫分出环上，呼为命宫，却看命宫，或第十宫有何大显杂星在其上。又遇太阳、太阴，或木星，或福星在上，又看杂星与何星性同，大相助福也。"
② 即杂星吉。
③ 见《天文书》第三类第十二门"说财帛福禄"。
④ 见《人命部·上卷·财帛》。
⑤ 见《人命部·上卷·财帛》。
⑥ 此句《人命部》作"日在地平近"，可知"字有误"或是指"在"字。

水，财帛从文章中来。大抵人土与火吉照，工医发财。_{金火、水火亦为工医。}土或火或水星在第一宫，或舍、或升、或位等权，其人财帛甚多，从不义中来。_{此三星中，或土、或火、或土水、或火水为财帛星，入命宫而又有权。}财帛照星、许星与恶星恶照，要为盗失财，吉照为盗发财。_{必土或火为财帛照星、许星，而又与恶星恶照，及恶星吉照也。}火星失财因争竞，金星失财为花费。①

来之迟速

财帛许星在四角内，来速②，其次在上升，即二宫、十一宫、八宫、五宫稍迟，若在降下四宫，要至末年方有。③

三 门

火水

《象宗》云：凡论兄弟姊妹，看火星水星，火主兄姊，水主弟妹。④

三宫主与命宫主吉照

又看第三位宫主星强旺有力。若与命宫吉照，或与命宫主星吉照，主有兄弟姊妹，又相和睦。⑤

恶星与三宫及主星恶照

若恶星恶照，虽有兄弟姊妹，却不和睦。⑥

三宫主星与命宫及主星不相照

若已上星与命宫并命宫主星不相照者，其兄弟姊妹少或无。⑦

---

① 见《人命部·上卷·财帛》。
② "来速"，指财帛来速。
③ 见《人命部·上卷·财帛》。
④ 见《天文书》第三类第十一门"论兄弟姊妹"。
⑤ 见《天文书》第三类第十一门"论兄弟姊妹"。《天文书》作"又看第三位宫主星，强旺有力。又看兄弟箭，并宫主星。以上之星，若与命宫吉照，或与第三位宫主星吉照，主有兄弟姊妹，又相和睦"。
⑥ 见《天文书》第三类第十一门"论兄弟姊妹"。
⑦ 见《天文书》第三类第十一门"论兄弟姊妹"。

别有吉星与三宫主星吉照

若已上各星自相吉照者,主兄弟姊妹有力,又有福禄。恶照,无力且贫贱。①

兄弟论本命十宫及十一宫

《真源》云:兄弟论本命十宫,十宫吉则有兄弟。若十一宫内有吉星,亦有兄弟。②

取母命宫占兄弟

算一父母所生,取母命宫。昼生人,取金为母照星,即以金所在宫作命宫,排母十二宫,用母十二宫中十宫占兄弟。母命十宫有吉星相会,或三合六合照,或弦冲照,皆主有兄弟。有三吉星即三人,二吉星即二人。如吉星在阴阳人马双女,一星许二人。若凶星相会,或弦冲照,则无兄弟。母命十宫③有吉星三六合照,兄弟友爱。

星分吉凶

日月金木为吉星,若水星在高,或在有权有位之所,亦为吉星,不然则否。兄弟星设有凶星高于吉星,或凶星在后追吉星,兄弟命短④。

星分阴阳并日东西

兄弟星俱是阳,或在日东,兄弟俱男;俱是阴,或在日西,兄弟俱女。十宫见阳星,则为男兄弟;见阴星,则为女兄弟。

兄弟有福否

"兄弟吉星在十二宫喜乐之地,即喜乐宫。或在角内,不在下去宫,或在日东,或有权,主兄弟有福。"⑤

---

① 见《天文书》第三类第十一门"论兄弟姊妹"。

② 此节至"友爱否"节,见《人命部·上卷·论兄弟》。

③ "十宫",《人命部》作"十二宫"。当为"十二宫"。

④ "兄弟星设有凶星高于吉星,或凶星在后追吉星,兄弟命短",《人命部》作"兄弟星有凶星高于吉星,或吉星在后追凶星,兄弟命短"。

⑤ 见《人命部·上卷·论兄弟》。

友爱否

若兄弟照星，与本人命主及福星三六合照①，或有权，不在下去之宫，旺，相有爱。兄弟照星在金牛、狮子、天蝎、宝瓶，兄弟不相爱。子午卯酉系不和宫。然亦必同己之命主星在此四宫，方不和。

四　门

父母

《象宗》云：凡论人之父，先看太阳，次看土星，又看第四宫并第四宫主星。② 昼生人先看太阳，后看土星；夜生人先看土星，后看太阳。若论人之母，先看太阴，后看金星，又看第十宫并十宫主星。③ 昼生人先看金星，后看太阴；夜生人先看太阴，后看金星。已上各星，以强弱分吉凶，断其人之父母。若各星内一星最强旺有力，将此星为重。若其星前后又有二吉星相夹拱，主父母和顺，丰足又贵显。若其星前后有二凶星夹拱，则主父母不和，与上所言相反。各星若在庙旺宫分并有力之处，主父母身安，诸事皆吉。若在陷害无力，又与凶星相照，则父母灾祸，凡事不顺。又看是何凶星照，则患其星所主之病。又看福德箭，见"命法"。并宫主星，与太阳或土星相照，则主其父增添财帛福禄。若太阳与土星吉照，又有木星或金星亦相照，主其父寿长。若太阴与金星吉照，或与木星吉照，或金星与木相吉照，主其母寿长。④

曾祖、祖父、伯叔

《象宗》云：若论人祖，看第七宫；论伯叔，看第六宫。已上二宫，主星强旺，则祖并叔伯皆吉；若陷弱无力，则凶。凡命宫第四位是父，从第四位数至七位，亦是四位，故为祖。从第七位数至第十位，亦是四位，故为曾祖。命宫第三位是兄弟。从第三位⑤数至第六位，亦是三位，故为叔伯。其余宫分，依此例推之。⑥

---

① "若兄弟照星与本人命主及福星三六合照"，《人命部》作"若兄弟照星，与本人命内福星所在三六合照"。

② 《天文书》此处多"又看父箭，并宫主星"。

③ 《天文书》此处多"又看母箭，并宫主星"。

④ 见《天文书》第三类第十门"论人父母"。

⑤ "第三位"，《天文书》作"第四位"。当为"第四位"。

⑥ 见《天文书》第三类第十门"论人父母"。

父母命吉凶贵贱

《会通》云：父照星，太阳土星。母照星，太阴金星。日与土相会，或六合三合照，父荣贵。土星寒与日之热相剂，故吉。月同金星，即主母吉。日月土金别有吉星相合，或六合三合照，父母荣贵。有他凶星高于日月土金，主父母辛苦。论父贵贱，如五星中有两三星在日前行，极多三十度，远不论，日居四角宫，星在日东，其星不甚相仇。星与日及星与星不相仇，如土之于日，火之于木于金，火与金犹不为甚仇，惟与水方为甚仇。日前星又在喜乐宫，其父贵，母同论。如星不在日前在日后，亦贵，但不甚耳。若土星在日前行，父①平常。上云言父贵，系日与土会，意者但不宜在日前耳。有火在日前行，或在下去宫，火先行有权，主父②有时好，有时不好，尝受辛苦。日月前无一星先行，父母贱。③

父母命长短

父照星，日与土。日离金木有权者，相会或三合六合照，父命极长。金木权小中等。若火比日高，或土离日弦冲，有凶星在十宫、一宫、十一宫、二宫，父命短。与日土弦冲之凶星。有凶星在四宫或七宫，或别下去之宫，亦系与日土弦冲之凶星。父尝有病不死。火与日弦冲，亦在十宫、一宫、十一宫、二宫，主父命短或失目。土弦冲，父死于疟。母照星，金月。与木相会，或三六合照，母命长，木权大更吉。土或火离金月弦冲，母命短。若火土在十宫、一宫、十一宫、二宫，又行速，母命必短。若凶星行迟，一云迟则重。在四宫、七宫或别下去之宫，母尝有疾。月在东，火离月弦冲，母命忽亡，及有目疾。月在东则强于在西，此言以在东之故而至于此，宜审。火星离金弦冲，若行速，母早死痰病。土星在月东弦冲，如上，母死疟疫。在月西弦冲，母产亡。此东西必以宫言。月食在西，母因胎死。又论十二宫，如戌为头目之类，即可知其病症。④

父母相和否

日与月弦冲照，大不相和；土与金弦冲照，次之；土月弦冲，又次之。⑤

---

① "父"，《人命部》作"父母"。
② "父"，《人命部》作"父母"。
③ 见《人命部·上卷·论父母》。
④ 见《人命部·上卷·论父母》。
⑤ 见《人命部·上卷·论父母》。

取父命

若欲细看父命,昼生人以日前所在作父命宫,如取母命宫法。见《三门》。

事之起时

论其事之起时,不论父母照星,看照星宫主星。如照星为日,日在白羊,看白羊宫主星火星何如,或在日东日西,行速行迟。①

能受父母业否

人命之福星见"命法"。离日前行之星弦冲,日前行之星性又凶,子不能受父业,或受后争差②。日前行有吉星与福三六合照,主子能受父业。福星离日近,在日光内,子不能受父业。离日③近,子能受母业。应离日近,不在日光内,为能受父业。昼生人日真在命宫,夜生人土真在命宫,子多似父。昼生人金真在命宫,夜生人月真在命宫,子多似母。④

由子命以知父母命

父母生子,必有相近处;若无相近,则不能生。故知子命,即可以知父母之命。父主子壮年事;母主子少年事。⑤

五　　门

男女

《象宗》云:凡论男女,看第五宫并宫主星,又看木星,⑥已上各星若强旺有力,与命宫并命主星吉照,主有男女,父慈子孝。若已上各星与命宫并命主星恶照,则子不孝,父不慈。若已上各星与命宫并命主星不相照者,则男女稀少或无。若已上各星有力,又有吉星相助者,主有贵子,其子又孝顺。若已上各星无力,又有凶星相照

---

① 见《人命部·上卷·论父母》。
② "争差",《人命部》作"差争"。
③ "日",《人命部》作"月"。
④ 见《人命部·上卷·论父母》。
⑤ 见《人命部·上卷·论父母》。
⑥ "又看木星"后,《天文书》有"又看男女箭并箭主星"。

者,则子不孝,又贫贱。若已上各星互相吉照者,主男女多,又相和顺。若互相凶照,有男女不和。若已上各星,主子嗣①多者,则子多。如太阴、木星、金星、水星,是主子嗣星。先太阳东出②,子嗣更多。不系子嗣星,如太阳、火星、土星、水星,是无子,或子少。又比太阳后西入者,则全无。_{恐是先西入,水星解见下。}若已上各星在阳宫,或比太阳先东出,多生男;在阴宫,比太阳后西入,多生女。若已上各星在二体宫,或在子多宫分,如天蝎宫、双鱼宫是,_{见下。}则男女多。若已上各星陷弱无力,又有火土二星强旺相照,且各星又在少子宫分,如狮子、双女是,_{见下。}则无子。纵有子,亦不孝,不得力。③

看日月宫

《真源》云:看男女,要看日月与命宫三处,有吉星会,或三六合照,主有男女。④一、本性热属阳,如日土木火;_{见"象性"。}湿胜,属阴,如月金水。_{见"象性"。}二、黄道宫属阴阳。_{见"象度"。}三、十二宫分阴阳,一宫至十宫、七宫至四宫属阳,余宫属阴。四、日出时,星在地平上顺行,在日一百八十度内,属阳;_{所谓顺行者,似顺日午时圈行,设在地平下,则仍属阴也。}日出时,星在地平下顺行,在日一百八十度外,属阴。_{设在地平上,则仍属阳矣。}五、在天经星之性,属阳者为阳,属阴者为阴⑤。凡星在阳宫为阳,在阴宫为阴;在日东为阳,在日西为阴。若日月命宫三处,性皆属阳,或两处属阳,男多,属阴,女多。⑥

送子

阳星送子,阴星送女。木金月送子,日火土不送子。若水在日东送子,在日西不送子。_{上言阳星送子,阴星送女。此言日土火为阳星,反不送子。木为阳星送子,金月为阴星,却送子。一言土火即送子,子未必善。大抵送子须阳星之吉者。其水在日东送子,金月可以类推。土火不送子,而有时亦送,亦非无因,俱在善于体验。}月与木星金星送子,月在十宫送女。水星送子,大抵有好子,命不长,在日光内更甚。若水星强,或与五星,或与经星相合,并吉

---

① 《天文书》后有"星"字。

② 指"子嗣星"先太阳东出。

③ 见《天文书》第三类第十五门"说男女"。

④ 此句《人命部》作"看男女,要日月与命宫三处,又吉星相会或三合、六合照,共四处,主人男女"。此句后,《人命部》尚有"若日月与命宫三处,性皆属阳或两处属阳,男多;属阴,女多。阴阳有五说"。后文五点即指五种阴阳说法。

⑤ "属阳者为阳,属阴者为阴",《人命部》作"属阳者多为阳,属阴者多为阴"。

⑥ 见《人命部·卷上·男女》。

照，命即长。送子止一星，不与他星相合相照，止一子。送子星止一，在阴阳双女，人马双鱼，一星作二子。阴阳双女，人马双鱼，寅申巳亥。与送子星在阳宫内，见上。子多。在巨蟹，磨羯亦然。恐不若上言之四宫在阳宫。送子要星在十宫，十宫属母，亦属兄弟，大抵母吉兄弟多，子女亦多。其次十一宫，其次一宫，其次二宫，次七宫、八宫、五宫、四宫，宫内有子女许星，见"命法"。有子。回回算子止用五宫①。月力强，在十宫，木金弱，子女多②。月力弱，十宫强。有吉星在内，或吉照为强。木金弱，女多子少。木金比十宫强，男多女少。如人十宫有木星在磨羯，木降。与土将相合，月在巨蟹相冲，木在十宫为土合，与月将冲，难许子女，亦难养。然木系吉星，女必有。而巨蟹、摩羯俱为阴宫，难言有子。幸木在日东，子必有一。③

许子

有二三许星，见"命法"。或在巨蟹、磨羯、双鱼，子多；在狮子、白羊、双女，子少。送子宫内有送子星，有吉星为其主星。其许子星在阴阳、狮子、双女止一子，双鱼、人马二子，巨蟹、人马④、双鱼多子。日、土、火在许子宫，无子。⑤

双生及三男三女、二男一女、二女一男

日月与命宫若有二位、三位在阴阳、人马、双女、双鱼四宫内，主双生。日月宫与命宫主星在此四宫内，亦主双生。又十宫及十宫主星在此四宫内，亦主双生。若日月与命宫有二位、三位在上言四宫内，又有他星逐之，则有生三者。若日月命宫在上言四宫内，有木火土三六合弦冲照，能生三男。金水月如上言，生三女，热多湿多不能相合，遂各相成。土金木如上言，二男一女。火金月如上言，二女一男。凡生三者多死。⑥

生怪异

日月在下去宫，其四角并无三六合弦冲照者，主生怪异，不然则生极下贱之人。

---

① "回回算子止用五宫"，《人命部》为大字正文。
② "子女多"，《人命部》作"子女不多"。
③ 见《人命部·卷上·男女》。"如人十宫有木星在磨羯，与土将相合，月在巨蟹相冲，木在十宫为土合，与月将冲，难许子女，亦难养。然木系吉星，女必有。而巨蟹、摩羯俱为阴宫，难言有子。幸木在日东，子必有一"，《人命部》作"如人十宫有木星在磨羯内，与土星将相合，月在巨蟹相冲，即有子女。因有吉星，女多；因巨蟹、磨羯皆阴官，子女不能养；因土星相近，木在日东，有一子"。
④ "人马"，《人命部》作"摩羯"。
⑤ 见《人命部·卷上·男女》。
⑥ 见《人命部·卷上·男女》。

怪异星生时在天首天尾①，有物相连。② 在指日月。

生子之期

取十宫到许星之时，或到许星照之时，若十宫与送子星照，无凶星相照，大抵一年一次生。③

难易长大

子或生而死，或死而生，或几月死。日月在四角内与凶星相会弦冲，纬俱南俱北，相掩或弦冲，纬一南一北相对，无吉星与日月吉照，与日月宫主星又落凶星宫内，不能养或死而得生。相会时，火星坏日紧，土星坏月紧。相对时，土星坏日紧，火星坏月紧。若日月在四角内，一凶星相冲，一凶星相会，纬又同，即死。日月与凶星不真相会，不真相对，差几度，又有吉星在日前，或日前不远，或三六合照，子不即死。如相去三度，吉星离日远三度，即三时；与日近将相会三度，为三月。凶星近三度，即三时；离日远三度，即三日；再远三度，为三月。日月在四角，又凶星弦冲，又逆行，或小产，母命。或贫贱生于外④。母及子命。送子星在送子宫，其宫凶，如日土火。若阴阳狮子，有吉星吉照，子有病。吉星在有子宫，凶星为其宫主星，子命不长。或凶星为有子宫主星，有吉星吉照，亦有子，但命不长。许子星比凶星弱，子小即死。⑤

子富贵贫贱并过房及为人奴

子富贵贫贱，看许子宫⑥主星，在日东，又在本宫，富贵；在日西，在外处，贫贱。日月在四角，有凶星弦冲，若有二吉星高于二凶星，主过房与人作子。若凶星高于吉星，乃为人奴。有凶星入地平，吉星出地平，或赶出月，主受别人产业。⑦

---

① "怪异星生时在天首天尾"，《人命部》作"怪异星在天首天尾，生时"。
② 见《人命部·卷上·男女》。
③ 见《人命部·卷上·男女》。
④ "日月在四角，又凶星弦冲，又逆行，或小产，或贫贱生于外"，《人命部》作"日月在四角内有凶星弦冲照，论太阳逆行；又有吉星三六合照，论太阳顺行，或小产，或贫贱生于外者"。
⑤ 见《人命部·卷上·男女》。
⑥ 据前"许子"节，许子宫为阴阳、狮子、双女、双鱼、人马、巨蟹、摩羯。
⑦ 见《人命部·卷上·男女》。

取子女命宫

细求子女吉凶，将送子星之宫安一命宫，推子女各事用上法。①

子孝友与否

父子相爱，父子命宫与福星宫或同在一宫，或有吉照。如父子命宫皆天秤，福宫皆宝瓶之类。或同在天蝎、人马、磨羯、双鱼②，主父子相爱，子能承父业。在不相和_{见下}。或对冲宫，子不甚孝，不能承父业。相冲有争嚷。不相和，不能承父业。如一在天秤，一在白羊之类。有两许子星在相和宫，_{见下}。主兄弟相爱。许星宫主星与别许星宫主星在相和宫，主兄弟更相爱。许子宫或宫主星不相和或冲，日在角内，又凶星合，或与有日性之经星合，或许子宫内火与月会，或与有日性之经星会，主相杀。③

相和不相和

相和，如同在天秤、_{辰。}天蝎、_{卯。}人马、_{寅。}磨羯、_{丑。}宝瓶、_{子。}双鱼_{亥。}相和宫有三：一、两星性相和；_{如日与火。}一、两星得位；_{此星得彼星位，彼星得此星位。}一、两星得宫，_{如金在木宫，木在金宫。}或彼此相吉照。不相和宫，大抵是左一、右一、左五、右五及冲宫。白羊与金牛、天蝎俱不相和。金牛与白羊、阴阳、天秤、人马俱不相和。阴阳与白羊、天蝎俱不相和。巨蟹与狮子、宝瓶俱不相和。狮子与巨蟹、双女、磨羯、双鱼，俱不相和。双女与狮子、宝瓶俱不相和。天秤与天蝎、金牛俱不相和。天蝎与人马、天秤、白羊、阴阳俱不相和。人马与天蝎、金牛俱不相和。摩羯与狮子、宝瓶，俱不相和。宝瓶与摩羯、双鱼、巨蟹、双女，俱不相和。双鱼与狮子、天秤俱不相和。相恨宫，金牛、狮子、天蝎、宝瓶。④ _{子午卯酉。}

六　　门

奴仆

《真源》云：家人⑤看十二宫、六宫，其次八宫、二宫，此四宫并四宫主星，皆主家

---

① 见《人命部·卷上·男女》。
② "天蝎、人马、磨羯、双鱼"，《人命部》作"天秤、天蝎、人马、磨羯、宝瓶、双鱼"。
③ 见《人命部·卷上·男女》。
④ 见《人命部·卷上·男女》。
⑤ "家人"此处指奴仆。

人。此四宫中吉星入，有好家人；凶星入，有恶家人。四宫中六宫为要，若六宫在人马，火星入人马，家人不可用。十二宫在天秤，木星入，家人可用，金星入，得快乐人。好家人亦有朋友之爱。若六宫在天秤，内有金木吉星，其家人一宫亦在天秤，家人恋主。若十宫为家人一宫，家人恋主。十二宫主星在四角内，家人作主。在降下角，主人不爱家人。在七宫或与一宫主星相对，家人与主人相恨。冲日，家人谤主。①

<h1 style="text-align:center">七　　门</h1>

婚姻

《象宗》云：凡论婚姻，男看第七宫并宫主星，又看金星。② 女亦看第七宫并宫主星，又看太阳。③ 已上各星，看何星强旺有力，其与命宫并命宫主星恶照者，婚姻事亦成，但夫妇不和。若已上各星与命宫主星不相照者，婚姻难成。若已上各星有力，在四正柱上，则与有名望之家结姻。若已上各星有力，又有吉星相助，则与豪贵之家结姻。凶星相助，与下等贫贱家结姻。若已上各星自相照，则多婚姻，且吉。男之吉多侧室，女之吉多求姻者。若已上各星有力，在二体宫分，又有一二吉星相照，则重婚。④

夫妇许星

《真源》云：夫妇许星，男视月，女视日。⑤

嫁娶迟早

男子月在东，从上弦至望，望至下弦为东，余为西。⑥ 少年早娶，或中年娶少年之妇。月在西，老年娶，或少年娶老年之妇。月在巨蟹宫，日光内与土星恶照，不娶；在巨蟹，去日远，人目能见则否。妇人日在东，从一宫至十宫，七宫至四宫为东。⑦ 年少嫁，或

---

① 　见《人命部·上卷·家人》。
② 　《天文书》此处多"又看婚姻箭并箭主星"。
③ 　《天文书》此处多"又看婚姻箭并箭主星"。
④ 　见《天文书》第三类第十四门"说婚姻"。
⑤ 　见《人命部·上卷·夫妇》。
⑥ 　此小字注见《人命部》原文。
⑦ 　此小字注见《人命部》原文。

年长嫁年少人；在西，从十宫到七宫，四宫到一宫。① 年长嫁，或少年嫁年长人。②

若太阴入命宫，且为生光时，则主早婚，减光时婚迟，或娶年长者。女命昼生者婚早，若迟则嫁年幼者；夜生者婚迟，若早则嫁年长者。③ 女命婚之早迟，岂得但论昼夜？意者昼生而日在命宫，夜生则日不在命宫之故。

嫁娶几次

娶妇多少，在阴阳、双女、人马、双鱼四宫内④，看逐几星。如逐三星，加二减一，减去一星。月无所逐之星，即止有二。月如逐一，因减一星，亦止有二。逐星要在一宫内，在别宫近亦不取，本宫远亦取。嫁夫几次，日在阴阳、双女、人马、双鱼，四宫内有两三星在日东，与日合，嫁两三次。星与日并俨一夫象。日不在上所四宫内有星相合，不论。⑤

夫妇善恶

妇人善恶，论月所随星。或会，或吉照，或恶照，皆为随。随土为人耐老，不爽快；随木尊贵，善治家；随火，大胆难服；随金，有美色，随水有作为，伶俐。妇人之性，同月所随星之性。丈夫善恶，有土星在日东，不在寅申巳亥四宫，主性善，有作为；木星，尊贵；火星，为人难近，夫妇且不和；金星，色美；水星，有作用，能养家；论日所随星。金同土则冷，同火则热，同水爱子女。⑥

夫妇和好

妇人善恶看月逐星吉凶。夫妇和否看金星逐星吉凶。男命⑦。夫妇和好：一、男子日与妇人日或月吉照；男女命。一、丈夫月，妇人日，略相同；如此在一宫，彼亦在一宫。一、两星相接，如金星逐月在金牛内，为月接金星，月升于金牛，金星舍于金牛⑧。一命月在

---

① 此小字注见《人命部》原文。
② 见《人命部·上卷·夫妇》。
③ 见《天文书》第三类第十四门"说婚姻"。
④ 指月在阴阳等宫。
⑤ 见《人命部·上卷·夫妇》。"日在阴阳、双女、人马、双鱼，四宫内有两三星在日东，与日合，嫁两三次。日不在上所四宫内有星相合，不论"，《人命部》作"日在阴阳、双女、人马、双鱼四宫，有两三星在日东，妇人嫁两三次。日不在四宫或有星相合或无星，不再嫁"。
⑥ 见《人命部·上卷·夫妇》。
⑦ 张永祚当指以男子当生安命宫。后"男女命"当指以男女各自当生安命宫。
⑧ "月升于金牛，金星舍于金牛"来自《人命部》正文大字，原作"月升于金牛，金星舍于金牛，二者皆有位"。

酉，一命金在酉。或丈夫日月，妇人日月皆相接相合。若女命宫与夫命第七宫同，主夫妇和睦偕老①。日月吉照，凶星高强。一人命中。夫妇不相离，但尝相争。日月恶照，吉星在高，又次之。水星遇凶星，不相和，为口舌。金星遇凶星，不相和，为邪淫。必金水与日月恶照，而又与他凶星合照不和。日月为夫妇真许星。若金星作许星，见"命法"。是邪淫夫妻。辟如一人，金在双鱼，金升。一人火在双鱼。火三角。又如一人火在磨羯，火升。一人金在磨羯。金三角。又如一人金在天秤，金舍。一人土在天秤。土三角。又如一人土在磨羯，土舍。一人金在磨羯。金三角。如上相合，同凶星，是金作许星所合。邪事随其性。金土如上相合，邪事久。火金不久。金土在磨羯或天秤，或在一宫十宫，又有月照，则为与亲人奸私。大抵火离土②与金，有木星吉照，人正大，不好色。火离土冷，离木与金热。性冷不甚重色，性热亦不越规矩。上言火金系邪事。土在日西，念多邪淫，在阴宫更甚。③ 以上两节所言各星，必与夫妇有涉，或与其人性情有干。

<h2 style="text-align:center">八　　门</h2>

太阴在十二象分主一身

《真源》云：太阴在十二象，主人一身。白羊主头，金牛主项，阴阳主两肩背，巨蟹主胸胃脾肺④，狮子主两腋及心至脐。双女主大小肠，天秤主下焦膀胱⑤，天蝎主人阴阳，人马主左右大腿，磨羯主两膝，宝瓶主两小腿，双鱼主两足。⑥ 如太阴在白羊，宜医头。又何宫有恶星，知何经受病。⑦ 必是宫有恶星，与太阴恶照方密。

地平圈同午时圈分天作四分，分属血痰

地平圈同午时圈，分天⑧作四分，一分从东至午为春分，属阳属血；二从午至西地平为夏至，属阴属黄痰；三从西地平至子为秋分，属阳属黑痰；四从子至东地平为

---

① "若女命宫与夫命第七宫同，主夫妇和睦偕老"，见《天文书》第三类第十四门"说婚姻"。
② 此处《人命部》尚有"赶过土"的条件。
③ 见《人命部·上卷·夫妇》。
④ "肺"后，《人命部》多"脘"。
⑤ "下焦膀胱"，《人命部》作"下焦膀胱并两边"。
⑥ 此部分是医学星占中黄道十二宫人内容，即将黄道十二宫与人体部位对应，以作为健康疾病情况的占验依据。
⑦ 此部分小字注见《人命部》。
⑧ "天"，《人命部》作"天下"。

冬至,属阴属白痰。①

病症视七宫主并六宫主

《象宗》云:凡论人暴得病症,看第七宫主星是何星强旺,又第六宫主星是何星强旺。②

七六宫主土火在何宫分与命主相照主病症

看土火星与命主强旺相照,又看在何宫分相照。土火为七六两宫主星。在白羊宫相照,病症生在头面。在金牛宫相照,生在颈项咽喉。在阴阳相照,生在肩膊并手。在巨蟹相照,生在胸胁并肺。在狮子相照,生在心经脊背胃脘。在双女相照,生在肚肠腹中。在天秤相照,生在脐下。在天蝎相照,生在肛门并臀。在人马相照,生在两腿。在磨羯相照,生在两膝。在宝瓶相照,生在两臁③;在双鱼相照,生在两足。④ 此节当与太阴节⑤参看。

各星所主

《象宗》云:又一说,从人命宫排去,依前例次第推之。凡人所生之症,又看各星所主。依求七宫、六宫主星与命主相照之例,推论各星所主,不必定为火土。土所主,外则右耳,内在脾及膀胱,又主痰。火⑥所主,外则皮肤,内则心血精神。木⑦所主,外则左耳,内则肝及血脘。血字恐误。金所主,外则鼻塞,内则内肾并肉及肛门。水所主,舌胆。太阳所主,外则眼目,内则胸胃筋,并右边⑧一切症候。前项各星若力弱,又有凶星照,则其星所主之症候受病。⑨

《真源》云:病见,土主右耳膀胱,左胁骨项,黑痰、冷痰及筋;木星主肺血,右胁血肉;火星主左耳,黄痰,肠肾臀;金星,鼻口,精脉,脾胃。水星,记性并手。日主左眼,心血中之气。月主脑,右眼,白痰。同土吉照或恶照,生黑痰。同火照,生黄痰。

---

① 见《人命部·上卷·算法》。
② 见《天文书》第三类第七门"说人内外病症"。
③ "臁",指小腿两侧。
④ 见《天文书》第三类第七门"说人内外病症"。
⑤ 指上"太阴在十二象分主一身"。
⑥ "火",据《天文书》当为"木"。
⑦ "木",据《天文书》当为"火"。
⑧ 指右边身体。
⑨ 见《天文书》第三类第七门"说人内外病症"。

有三星主一件，如人脑所主者，月与日与水。①

《象宗》云：若病症凶星是土，多生痰，并积聚症候，又肠内生疮，发黄，喉痛，吐血结燥，妇人胎内生病。是火，有血旺症候，黑血盛，并内肾病症，并癣疥受针灸之症，一切恶疮，妇人患胎瘄②。若水遇火或土，皆助其力，视病人当生命内，火土在何宫分。得病时，或太阴到火土二星之宫，_{所在之宫}。或相冲，或四正照，则病重。如其病是火土所主之症，则主其病尤重。③观此则回年与当生应并看可知。

太阴与水不相照，又与命不相照，却有恶星与月水照

凡太阴与水不相照，太阴、水星又与命宫不相照，却有恶星与二星_{月水}。相照者，则主其人有灾。却看何凶星相照，则主其灾如其星之性所主。④

土火在四柱上

太阴与水不相照，又与命宫不相照，昼生人，土星在四柱上，夜生人，火星在四柱上，则主其人得暗疯之症。昼生人，火星在四柱上，夜生人，土星在四柱上，则主其人有心疯⑤之症。星如在巨蟹、双女、双鱼，其心疯之症尤甚。又昼生人，火星在四柱上，夜生人，土星在四柱上。土星又为太阴宫度主星，强且旺，太阴且又与太阳相会后离太阳，或相望后离太阳，则其人疯癫⑥之症如着鬼神。因其脑湿润之盛，故有是症也。⑦

太阳、太阴在阴阳宫

若太阳、太阴在阳宫，人有精神，身健力旺；在阴宫，人有悍性⑧。如火金又在阳宫，则其事愈甚且显。若太阳、太阴在阴宫，则与上所言之事相异。如金火又在阴宫，则相异之事尤甚。⑨

---

① 见《人命部·上卷·疾厄》。
② 明代王玺《医林类证集要》云："治小儿一二岁，满头延及遍身生疮，皆因在胎中父母恣情交合所致，名曰胎瘄。"
③ 见《天文书》第三类第七门"说人内外病症"。
④ 见《天文书》第三类第九门"说人风证病患"。
⑤ "心疯"，《天文书》作"心风"。后"心疯"同。
⑥ "疯癫"，《天文书》作"风癫"。
⑦ 见《天文书》第三类第九门"说人风证病患"。
⑧ "若太阳、太阴在阳宫，人有精神，身健力旺；在阴宫，人有悍性"，《天文书》作"若人命内，太阳太阴在阳宫，其人是阳人，则有精神，身健力旺。若是阴人，则有悍性"。
⑨ 见《天文书》第三类第九门"说人风证病患"。

命宫日月及经星

《真源》云：观人身，一命宫，一日宫，一月宫，一日月宫之主星，一在天经星会合命宫及日月宫主星。身好丑关日，身强弱关月。①

病分常暂

人病有常有，如少目、少足之类，有时来病症。七宫、命宫主常有之疾，六宫主时来之症。凶星在东，长久病；在西，偶来病。②

损目

《真源》云：损目有四，一为经星，如云气星；一天津内星；一为星有太阳之性或火星之性，或太阳与火相合之性，或月与火相合之性。目属湿，以上星俱干，故坏目。一为不明白经星，亦主损目。月离日九十度，或右或左，月冲日及月与日会，有四等星③，如上所言。相遇皆损目。月在命宫、七宫、六宫，在土星或火星后；日在命宫、六宫、七宫，在火星或土星后，皆主失一目。命与火星相近，或与如云气星近，主失目④。有日月在命宫、七宫、六宫，或相冲，有上四等星同土。火星在前，主失双明。土在前打伤，或火烧，或病坏。此必因火在前。水星为费心读书失目，亦有恶人之患。必兼水。黄道经星坏目者，昴星人马后、天蝎前、宝瓶内、狮子内。月在降下，在日光内，月全无力，又在经星坏目之地，定损目。月为照星，命照星。算几时到火星与云气星，即几时失目。⑤

寿终缘故

《象宗》云：凡论人寿命终时，看第八宫并宫主星，又看凶星及杂星内凶恶星。若八宫主是土，则病瘦怯羸瘦久远之症，或水蛊、妇人胎气及一切冷症丧命。是木则得喉肺症，及麻风筋缩，头痛心气，并一切风气之症丧命。是火则病发热，并肝经疼痛吐血之症，及刀斧所伤，一切热症，并血伤败⑥、妇人损胎之症丧命。是金则病内肾，并走气痛，及患痔漏肛门、一切湿气之病，因此等症服药差误丧命。是水则病疯魔，

---

① 见《人命部·上卷·疾厄》。

② 见《人命部·上卷·疾厄》。

③ “四等星”指上述“损目有四”之四等。

④ “命与火星相近，或与如云气星近，主失目”，见《人命部·中卷·论许星照星》。

⑤ 见《人命部·上卷·疾厄》。

⑥ “血伤败”，《天文书》作“血脘伤败”。

恍惚惊恐，咳嗽吐血，一切干燥之症丧命。是太阳，与火星同断。是太阴，与金星同断。若已上各星有恶星照，或杂星内凶星相照，或第八宫度①上有一凶杂星，被凶星照，又有凶星相助，其人不能善终。②

《真源》云：人死症候，土星，久远病，大抵黑痰、水胀，在左边，各样伤冷病。木星，火③，风痰，在右边，胸间喉痒，头与脾、胃、肺病。火星，黄痰，伤寒，疫疟，肾腰病，失血，妇人怀胎。金星，白痰，脾胃，右边泻及疮，皆湿伤病。水星类脑病，性干，坏脑。④

强死

《真源》云：土离日冲弦照，在白羊、天秤、巨蟹、磨羯，石伤、缢死、水死；狮子、人马后半，猛兽死。土与日或与火，在天秤、白羊、巨蟹、磨羯，相合相冲，土木压死。土或日或火在上四宫，又在十宫内，从高坠死。土火水，或相合，或冲照弦照在天蝎、金牛、双女、磨羯，毒虫死。土水金或相合，或冲照、弦照，药死，为妇人事。土与月弦冲，在双鱼、双女、巨蟹、磨羯，水内死。土在地平下，月在前，土跟月行，或水或火或缢死。土在西，即七宫。⑤ 与日月冲，狱死。火离日月弦冲照，在阴阳、双女、宝瓶，死于乱，或自杀。有金照，为妇人事。水照，死于盗贼。在金牛内，丧元。在天蝎、人马，庸医刀针死。在十宫，缢死。在七宫，火烧死。在七宫，双女、金牛、狮子、人马、磨羯，死于猛兽，或屋宇压死。若有木星恶照，死于名。第一坏人命，土在七宫。第二坏人命，火在十宫。以上法皆真，再详十分真切，要死亡宫或死之宫主星两不相和，又离日月或水弦冲照，且水为死亡宫主星，又土在七宫，全有三者即真，不然未真。⑥

光景

《真源》云：死时光景看煞星见"命法"。同何星来，如土星九十，即看土九十相近前后，或星或照或经星，同土九十度顺行。是己为土弦照。如有火冲或一度两度，为死火星之性，经星亦各随五星之性⑦。又看煞星界上主星，如土在天秤六度，界是金，亦死

---

① "第八宫度"，《天文书》作"第八宫第八度"。
② 见《天文书》第三类第十八门"说人寿终缘故"。
③ "火"，《人命部》作"火多"。
④ 见《人命部·上卷·死亡》。
⑤ 此小字注见《人命部》。
⑥ 见《人命部·上卷·死亡》。
⑦ "经星亦各随五星之性"，《人命部》为正文大字。

于金之性。又看煞星宫之性，如土在天秤六度，即如土在天秤之性。上三说为死时光景，分五星之性或经星，同定死时光景。星或前或后，亦有关于死时之光景。煞星有吉星吉照，如吉星在高为有人拯救，凶星在高为更凶。凡定死时光景，无凶星恶照，其凶星又非定死时光景主星，而日月又无凶星恶照，皆死于正命。强死无名者，土火或水作定死时光景主星，又土火或水与定死时光景主星弦冲，又两星性不和，<small>如水星、火星</small>。会弦冲，虽不作定死时光景主星，亦同。强死有名者，二凶星凌日月，二凶星或凌日或凌月，二凶星与定死时光景主星或凌日或凌月，一凶星或凌日或凌月，一凶星与定死时光景主星相凌，皆强死有名。凌有二：一非其宫主星，无吉照，又不相和，而在其高位；一凶星，有恶照，而在其高位。大抵日月作有名事，凶星与日月在四角，或同在降角，皆然。在降角，他星易高，更凶狠。二凶星相合，并与煞星恶照，死后更有余凶。二凶星相合，无吉星吉照，凶星却在双鱼、金牛、狮子、人马、磨羯，尸喂禽兽。无吉星吉照，二凶星却在双鱼，死葬鱼腹。煞星界上主星在降角，死于外①。五星之性，在煞星后<small>定死时光景主星也</small>。或前，或在降角，亦主丧外②。若月离煞星，或与定死时光景主星弦冲，更的。③

治法

《真源》云：人命中权力有四：一用、一受、一化、一去④。能用在热干，太阳主之，如湿多不能用。太阴在白羊宫，人马救之则能用。<small>寅午戌属火，或日或与日同性之星，在寅宫吉照为救，下仿此。</small>能受在冷干，土星主之。太阴在金牛或双女宫，磨羯宫救之，则能受。<small>巳酉丑属土星，丑宫吉照为救。</small>能化在热湿，木星主之。太阴在天秤宫，宝瓶救之则能化。<small>以申子辰属风也，木亦风性。</small>能去在冷湿，太阴主之。太阴在巨蟹宫，天蝎、双鱼救之则能去。<small>亥卯未属水，太阴亦水性。</small>如病不能化好，治脾胃俟用⑤到宝瓶，治之有益。

---

① "死于外"，《人命部》作"死于外裳"。
② "丧外"，《人命部》作"外丧"。
③ 见《人命部·上卷·死亡》。
④ "用""受""化""去"是古希腊医学的基本内容，指四种人体机能（Virtue），今天分别命名为吸收的、保持的、消化的、排他的（Attractive, Retentive, Digestive, Exclusive）。这部分内容被后世星占学家融入星占中，并将它们与冷热干湿、日月五星对应，以占验人体情况。
⑤ 据《人命部》，"用"当为"月"

九 门

论迁移看九宫并九宫主，及火及吉星照

《象宗》云：凡论迁移，看九宫并九宫主星，又看火星，①已上各星与命宫或命宫主星相照者，其人多出外。若有吉星照，与命主照，或又与九宫主照，或九宫主为吉星与命主照等皆是。宜出外。恶星恶照，不宜出外，凡事不吉。若已上各星与命宫及命宫主星不相照者，则少出外。各星强旺有力，出外诸事遂意且得财，身安还家。各星陷弱无力，则其人出外，凡事艰难不遂意。若已上各星互相照者，主其人久远在外。②

《真源》云：吉星与出行照星吉照，有名有利，回速。恶星与出行照星吉照，远行艰苦难回。③

日月火福

《真源》云：日月为远行照星，第一是月。月或在七宫，或在降下角，行路远。火在七宫或九宫，或与日月弦冲，亦主远行。火与月在七宫，非少年死即远出。月火在别降下角，虽远行不能久。大抵七宫主长久在外，九宫主远出，三宫行不远。日月火福四者主出外。火主出行，亦要与日月相弦冲。福在远行宫，九宫等。同月与火④，出行有利，日月福火在阴阳、双女、人马、双鱼，长久出外，他宫次之。⑤

木金水土火

《真源》云：木星、金星为月日宫主星，或为出行宫主星，主出外有气色。若有水吉照，更有大利。若土火为出行宫，主星⑥出外艰难无利。⑦

四正柱

《象宗》云：若已上各星在四正柱上，而命主星却在四弱柱上，主其人常在外。如

---

① 《天文书》此处尚多"又看迁移箭并箭主星"。
② 见《天文书》第三类第十七门"说迁移"。
③ 见《人命部·上卷·远行》。
④ "同月与火"，《人命部》作"同月与火星，或九宫"。
⑤ 见《人命部·上卷·远行》。
⑥ "星"，当为衍字。
⑦ 见《人命部·上卷·远行》。

九宫主星在四正柱,则迁移为有权,命在弱柱,为迁移之象。太阴在四弱柱,亦多出外。火星在四正柱,与上所言同。①

为何事

《真源》云:何星为出行主星②,福为主星为利,日为名,十宫主星为学问。一云:日为名,月为外事与婚姻,福为利,火为地方与争斗之事。③

为何方

月、日在东,东南行;在西,西北行。从一宫到十宫,从七宫到四宫为东,余为西。月、火纬北,北行;纬南,南行;上升,北行;下降,南行。湿宫内为水路,巨蟹、天蝎、双鱼。此宫为出行宫,或出行主星在其宫④,海内有艰苦,或死于海。金牛、狮子、天蝎、宝瓶,子午卯酉。大风浪。阴阳、天秤、巨蟹、磨羯,有病无粮。阴阳、双女、宝瓶、人马前半,途中有贼。金牛、双女、磨羯,巳酉丑。禽兽害人。若有水星恶照,为恶兽害,更的。⑤

为何时

"远行之时,算许星见"命法"。到远行之宫,为其期。"⑥

十　　门 又见《二门》大富贵占,又见"月离逐"卷中

论官禄视日月五星及十宫

《真源》云:日月在黄道阴宫,应在阳宫。又俱在四正角,前后有五星,且日在东,月在西,乃帝王之命。日月傍五星与十宫吉照,官主可知。在位长久。日在阳,宫。月在阴,宫。或日或月,有一在正角,亦为大人公侯。日在阳,月在阴,亦在正角⑦,但无五星在旁,与十宫吉照,亦是显官。日月不在正角,日月旁五星在正角者,亦显

---

① 见《天文书》第三类第十七门"说迁移"。
② "主星",《天文书》作"照星"。
③ 见《人命部·上卷·远行》。
④ 即在湿宫。
⑤ 见《人命部·上卷·远行》。
⑥ 见《人命部·上卷·远行》。
⑦ "日在阳,月在阴,亦在正角",《人命部》作"日月亦在阴阳亦在角内"。

达。日月不在正角内，日不在阳，月不在阴①，旁亦无五星，即为平人。日月在降下宫，且俱在阴宫，旁又全无吉星，为下贱人。日月在阴宫，志气小，不知大事，旁无他星，孤立无助。在降下宫，身尝有病，不得强壮。日月在角内，有初中背。上升下降，俱有初中背。在中者胜，初次之，背为下。②

日月傍星与日月宫主星吉照

看日月傍星，与日月宫主星吉照。主星吉，日月傍星亦吉，又相吉照③。如日在阴阳，有木星在日傍，与水星吉照，水是阴阳主星。则吉。傍无吉星，主星亦不吉，平常④。吉星无吉照，亦平等。恶星恶照为下。⑤

论出身

日月旁星，其宫主星属土，大抵功名从财上来，木金从大人朋友中来，火星从争战来，水星从文章来。⑥

屡验：日与金或木与金相会照，功名从科甲来，吉照同；金与水月相会或吉照，游庠可望；再看伎能照星，则其术业无有不可决者。⑦

业术

《象宗》云：凡看人何艺立身，看第十宫并宫主星，又看火金水星⑧，选一强旺有力者为主。其人于此星所主之事上立身。若是土星，为农夫，或土工石匠，或种花灌园为生。是木星，仕宦儒吏兼通。是火星，行凶好斗，为炉冶之事，或兽医，或与人针灸为生。是金星，好修合香货，能小术、造酒、博戏、塑绘，并诸艺精巧。是水星，则为人善书能算，又好吟咏诗词，或能经商。是太阳，则有官禄，又能采取金银、宝贝、矿内等物，又喜烧炼之术。是太阴，则其人或长为使客，快行，又能种植，并通水利。若已上各星，又与吉星相助照，则其事尤盛。有凶星助照，不吉。⑨ 若火、金、水又为

---

① "日不在阳，月不在阴"，《人命部》作"亦不在阴宫、阳宫"
② 见《人命部·上卷·官禄》。
③ "看日月傍星，与日月宫主星吉照。主星吉，日月傍星亦吉，又相吉照"，《人命部》作"看日月傍星宫之主星，主星吉又与旁星吉照，则吉"。
④ "傍无吉星，主星亦不吉，平常"，《人命部》作"吉照星为凶星，平常"。
⑤ 见《人命部·上卷·官禄》。
⑥ 见《人命部·上卷·官禄》。
⑦ 此段当为张氏自述。
⑧ 《天文书》此处尚多"又看技艺箭并箭宫主星"。
⑨ 见《天文书》第三类第三门"说人生何艺立身"。

第十宫主星，有吉星助照，更为可信。

《真源》云：水星作匠人，或书办，或客人，及术数。水与土吉照，管闲事。水与木吉照，为官。金星作画，合香工，织绸，种花，卖药；有土吉照，作快活事，信邪神；有木吉照，赌钱，定是土木同吉照。财自妇人来。木与金月照，得妇人财。火与日合，为金银匠，或为厨子。应水与火合。单是火①，作铁匠，或为石匠，或造宝石。若火与土吉照，或行船，未详。或近秽之役。又见《二门》。火木吉照，或从军，或招商，或为屠户。屠户应金与火恶照。金与水合，好音乐诗画，女人好刺绣；有土吉照，主好色，金土火亦然。或为色破家；与木吉照，为讼师，金与水必恶照。为学师，为官。火与水合，塑神，应土与水吉照。作兵器，应火金合。工医药，好争讼；有土吉照，为贼，为隶，打人度日；有木吉照，好管闲事，水土同。一云能经纪。金与火合，作金银匠，作染色，应金水相照。工医术；必为外科。又有土吉照，信邪神，作邪事；若有木吉照，作媒保。②

金水火

金、水、火三星中，有一星在十宫，或日才出，在日前不远，或过日离日不远，即为伎能照星。若三星俱为照星，强者力大③。无星在日前后，亦无星在十宫，有一星与十宫吉照，亦作照星。若无上四等，即为闲人。④

黄道之性 必为十宫

又看黄道之性，阴阳、双女、宝瓶，为有材艺；双鱼、狮子、金牛、人马、磨羯，为五金匠，或造房屋，作客商；白羊、天秤、巨蟹、磨羯为农，似指丑宫。为医，为知天文。似指天秤。凡星有五大权⑤，此处更重界。⑥

月

月为照星，月离日后，朔后也。有水吉照，在金牛、巨蟹、磨羯，学能知未来事。在双女、天蝎，喜习天文。⑦

---

① 无日，单是火星。
② 见《人命部·上卷·术业》。
③ "强者力大"，《人命部》作"但一星强者能力大"。
④ 见《人命部·上卷·术业》。
⑤ "五大权"指《纬星性情部》所论舍、升、分、界、位。
⑥ 见《人命部·上卷·术业》。
⑦ 见《人命部·上卷·术业》。

星在何宫 可并看十宫主星

照星在东在四角，为艺有名。东必以地平论。在西在下去角，帮人作佣。吉星吉照，或同宫而强旺，材艺可得大名利。恶星恶照，无名无利。①

到时

照星在一宫、十宫、七宫来速：一宫幼年至三十岁，十宫三十至四十岁，七宫四十至老年。来时又算照星之主星。②

十 一 门

福德。西法主福禄，见《一门》，又主朋友。

十 二 门

相貌。相貌西法见《一门》，《十二门》则主仇人。

朋友

凡论朋友，看十一宫并宫主星③，与命宫及命主星吉照者，则有好友又相契。恶照者，虽有友不相乎；不相照者④，朋友少。若星宫强旺，又有吉星相照，则与上等人为友；陷弱无力，又有凶星恶照，则与低微人为友。⑤

两主星

若命宫主星在十一宫，又顺受，或十一宫主星在命宫亦顺受，⑥或两主星相吉照，各主多友，皆相契合。⑦

---

① 见《人命部·上卷·术业》。
② 见《人命部·上卷·术业》。
③ 《天文书》此处尚有"又看朋友箭并箭主星"。
④ 指十一宫并宫主星等，与命宫及命主星不相照者。
⑤ 见《天文书》第三类第十六门"说朋友并仇人"。
⑥ 此处《天文书》尚多"或朋友箭主星，与命宫主星相照""或朋友箭在四正柱上，与命宫主星同度"。
⑦ 见《天文书》第三类第十六门"说朋友并仇人"。

二人命

二人命内，太阳太阴皆同宫，或太阳皆在升，太阴皆在酉，则结交至密，如同气。二人命内，太阴太阳或三合照，或六合照，应与上文同。若二人安命在三合六合者，主朋友燕饮之交。若二人命内福德箭同宫者，主朋友互相希望，吉照相减。①

《真源》云：朋友看日、月、一宫、福星共四处。如两人日、月、一宫、福星皆在一处，十七度已内皆是。② 其爱永不可断。两处三处亦取③。一人日、月、一宫、福星，与一人日、月、一宫、福星三六合吉照，彼此相爱，但不甚久。有吉星过即久，凶星过亦能相恨。相爱：一人木在金牛四度，一人火在人马三度，一人④木在人马三度，火在金牛四度，一时朋友相爱。木火本相和。土火金爱不长久，水火再无相爱，木水再无相仇。日长久相爱，两人日不在一处，又无吉照，说相爱不可信。⑤

相爱因何事

朋友之爱有三：日月为德行事，福为利，一宫为快乐，快乐未免入邪。⑥ 土木如上相易⑦为耕田，星弱则为作乱。土火为争嚷，土金为亲戚，土水为送礼物及生意，木火为功名，木金为政教，木水为学问，火金为邪淫，火水为争嚷，金水为快乐适情。⑧

仇人

《象宗》云：凡论仇人，看十二宫并十二宫主星，⑨强旺有力⑩，在命宫或与命宫主星相照，则多有仇人，能为害；吉照者仇轻，不能为害；恶照则仇重，不相照仇人少。若已上星陷弱无力，则十二宫为顺受，或十二宫主星在命宫亦顺受，虽有仇人，其仇

---

① "互相希望，吉照相减"，福德箭吉照，则希望期待相减。此段见《天文书》第三类第十六门"说朋友并仇人"。
② 此小字注见《人命部》。
③ "两处三处亦取"，《人命部》作"或一处或两三处亦相爱"。
④ 此处"一人"当为衍字。
⑤ 见《人命部·上卷·朋友仇人》。
⑥ 此小字注据《人命部》小字注："快乐乃淫佚邪事。"
⑦ 据《人命部》，此处"如上"是指"人相爱，如一人木星在金牛四度，火星在人马三度，一人木星入人马三度，火星入金牛四度，一时朋友相爱"。据此，"土木如上相易"当指将土木交换木火。
⑧ 见《人命部·上卷·朋友仇人》。
⑨ 此处《天文书》尚多"又看仇人箭，并箭主星"。
⑩ 看以上各星或宫何者强旺有力。

力弱,亦肯渐消①。若二人命内太阳太阴皆相冲,则仇人恨重。若太阳太阴皆在四正照者,仇恨比上亦轻。② 四正角不为冲。

《真源》云:若二人日月在不相和之宫,或冲宫,大不相和且久。人相恨,一人星入一人星相冲处,如一人火在阴阳五度,木在金牛四度,一人木在人马五度,火在天蝎四度,寅申卯酉冲。即相仇。火水相仇,若度相更换倍甚,如水入火,火入水③。大抵爱自金星出,恨从土星来。一人月在金牛四度,一人金在金牛四度,定相爱,差几度亦同。一人福在白羊六度,一人土在天秤六度,定相恨。④ 辰戌冲。

---

① "若巳上星陷弱无力,则十二宫为顺受,或十二宫主星在命宫亦顺受,虽有仇人,其仇力弱,亦肯渐消",《天文书》作"若以上各星陷弱无力,则仇人力弱,不能侵害。若以上各星互相照者,则多有仇人。若命宫主星,在第十二位顺受;或第十二位宫主星,在命宫顺受;或仇人箭与命宫主星相照;或仇人箭,与命宫主星同度,在正四柱上,又顺受;以上但有一星在命内者,虽有仇人,其仇人力弱,渐亦消也"。
② 见《人命部·上卷·朋友仇人》。
③ "火水相仇,若度相更换倍甚,如水入火,火入水",《人命部》作"火星同水星相仇,若度相更换,如水入火星度,火入水星度,亦主相恨"。
④ 见《人命部·上卷·朋友仇人》。

《天象源委》卷十五

西法十五格

十五格系人命格，后附以月食①，而观象占事②不与焉，盖西人秘之也。然观此亦可以类推矣。大抵地平宫须算，而天度亦宜当兼看图说，颇纷杂无叙，兹略为订正。其有疑仍阙，以待知者。

---

① 本卷有十六幅命宫图，均来自《人命部·下卷》。据钟鸣旦研究，《人命部·下卷》十六幅命宫图，其中十幅来自卡尔达诺《Liber XII Geniturarum》，三幅来自卡尔达诺《De Interrogationibus Libellus》，另外三幅来自对托勒密《四门经》的评注。天宫图按原来样式著录，不作改变。

② 在张永祚的分类中，此卷占验月食部分属于占物，而"占事"是在事情谋划开始时，安命宫占验的占法。张氏认为此占法并未传入中国，但可以类推。张永祚的分类见卷一"象理·论占天、占人、占事、占物及选择吉日立象安命之同"："占物之术，如命格后月食占，言筑此城时或日或月在亥宫，是分明其城始基之时，亦可安一命宫以占此城之休咎也。至于占事，而即于事之谋始时，安一命宫，用占凶吉，其理相同。"

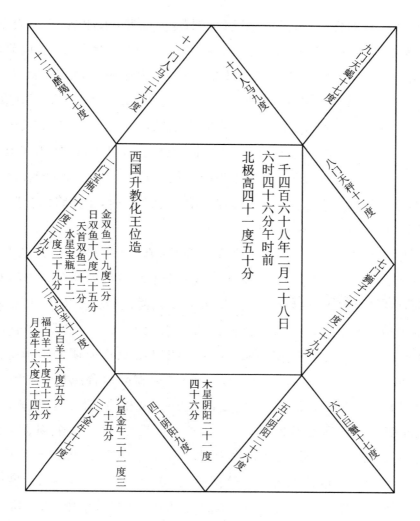

西国升教化王位造①

　　一宫主土星，双鱼大星亦有土星之性，故宝瓶同双鱼为一宫均照土，占为有记性，能忍耐、稳重、体大。木同参大星②，有火水之性，故木所主亦大，如大位大权之类。火在金牛同昴星，火二十二度三十五分，月十六度三十四分。月逐之，月十六度三十四分。有日六合照，日一门，火三门。为兵马大权。月在金牛内有金星之性，助③，主福禄加

① 此图乃文艺复兴时期的最后一位教皇——保罗三世(Paul Ⅲ，Alessandro Farnese，1468年2月29日—1549年11月10日)的命宫图。该命宫图在《人命部·卷下》的第三格"西国升教化王位造"，此处张永祚或许出于地位高低移为第一位，后紧接王侯、王子等亦当因地位高低排列。此外，与《人命部》相比，张永祚对命宫图（包括后面各命宫图）中的一些信息（主要是命主身份信息）进行了改变。

② 此处"参大星"指参宿四（猎户座α），有火星水星之性，是一颗变星，有时会为参宿最亮的星。

③ 月助金星。

增。火在此宫亦减凶性①。七门各星照全到②，火弦照，水冲照，土三合照，木六合照。火酉，七门午；水一门，冲照七门；土戌，七门午；木申，七门午。狮子七门。内轩辕大星亦在，故老年有大名，盖七宫主老年也。日在一宫，日为命照星，水在前以子至午言。余星俱随后。水正在第一宫初分，在日东，水未会日，如何云在日东？木正在角内，四宫。福大之极。木有水三合照。木申，水子。日有木弦照，日亥，木申。月六合照，日亥，月酉。月在本升宫。月升金牛。十宫得木宫，人马。同宫主星木对照，轩辕大星在狮子为七宫，会四照。即上文所言火水土木照。老年当即王位。升王位为六十六年二百五十三日九时三十四分。日到水三合照，与木同在阴阳二十二度内，土亦将六合照，外有众经星，火性，同木照。日到水三合，指回流年。

何以不用木本体，用水三合？因水在正角内，在东，以子午言。其三合亦在水本宫内，阴阳亦水官。阴阳亦土三角，申系土水三角。土木水三星一处，木主权，水主才干，土稳重，其年为六十六。再看十宫。是年十宫亦到阴阳，流年。是日太阳在双女，与原太阳对。原太阳亥为一门，流日太阳在七门巳。双女有月与火三合照，月酉火酉。木弦照，木申，月火木在当生。是时水在宝瓶二十度，当生水原处亦有阴阳上项等照。木三合照，火弦照，以宫言；月六合照，以门言；土六合照，以宫言。火在昴六合照日，以门言为六合，以宫言为弦照。一时众人齐心奉戴，日在火三角亥卯未。又相协，升王位无疑。水在一宫甚强，主大聪明。一宫到土不死，三十一年内。一宫是土本宫，一宫甚强，水日在内，又有木三合照。日到火不死，火在金牛为弱。本命九十度照，五十五年不死。流年不合。又有火在内，金牛。因月在金牛本升宫极强，九十度斜升小，与六十度同，所以不死。六十一年内，六月三日几死水内。月到土弦照，月在昴星中，火在降角，多强死水。因昴星属海，月在是间，月性湿，为身体，而土又凶照其星于地平之下，故主落水中。八十一年六十八日当死。命主长年照命星，是日与一宫。一宫有水星甚强，木三合照，月六合照，星皆不在地平上，在地平上照在下，地平下照在上。故命长。是年③系一宫三合照，斜升小，与弦照同大，因日照在土星界内，此死之故。

---

① "凶性"，《人命部》作"凶星"。
② 即九十、六十、一百二十、一百八十四照均有。
③ 指八十一年。

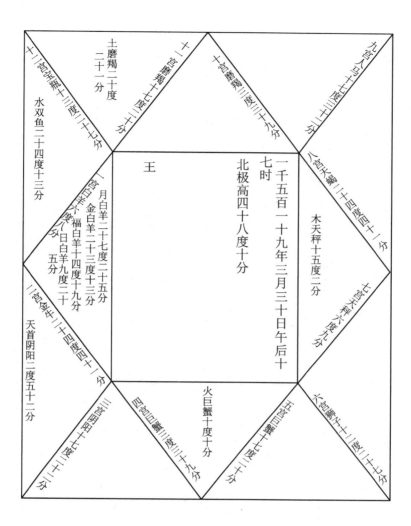

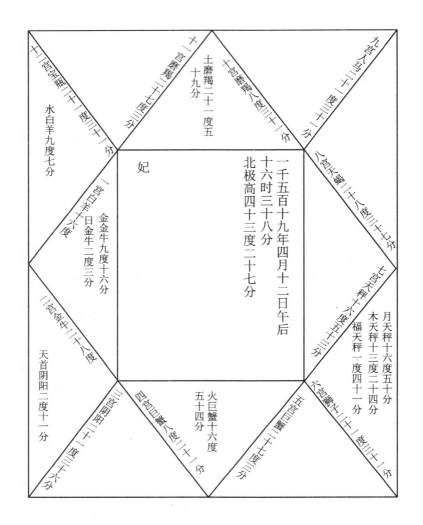

王 及 妃①与其妃屡被屈抑于父，终不肯离

　　王命命宫吉照多，照字疑星字之误，以照言，火弦照土，论门六合照，何吉照多之有？以星言，日福金月俱在白羊作命宫。木星又在对照，木星对命，决为帝王。先看命主、命宫。王命月为命照星，夜生，月在角，又在日升，日升白羊。又在一宫，当取为命照星。四十年流年。月到火，火在四宫冲十宫，火在月宫，与命宫原弦照，冲十宫土。应死于非命。妃亦然。妃命火在四宫巨蟹，以门言亦弦照命宫，上冲十宫磨羯宫之土星。妃命月与木合，日在月升，月升金牛，日金合金牛一宫后。又在月三角，酉系金月三角。定作妃后。金在本宫，本三角为一宫

---

① 此两个命主案例的顺序在《人命部》中属于第十二格"帝王"（与其后屡被屈抑于父，终不肯离）、十三格"前帝王之后"。此处的"王"指亨利二世（HenryⅡ，1519 年 3 月 31 日—1559 年 7 月 10 日），1547—1559 年的法兰西国王。此处"后"指亨利二世妻子凯瑟琳·德·梅第奇（Catherine de Médicis，1519 年—1589 年），后摄政法兰西（1560—1574 年）。

后。女命照星，应先取月。月不可取，取日。兹月在天秤降角六宫，又为降宫，不可取，取日，日在日分，与金合，且又在一宫。**两命一宫，同是白羊，王命始六度八分，妃命始十六度。日金又同在一宫，木俱在天秤，相爱不能间。两命宫土俱有九十度照，王命土磨羯照到白羊，妃命土十门照到一门。故幼年俱艰苦。**妃命月与木合，妇人更吉，爱夫爱子。

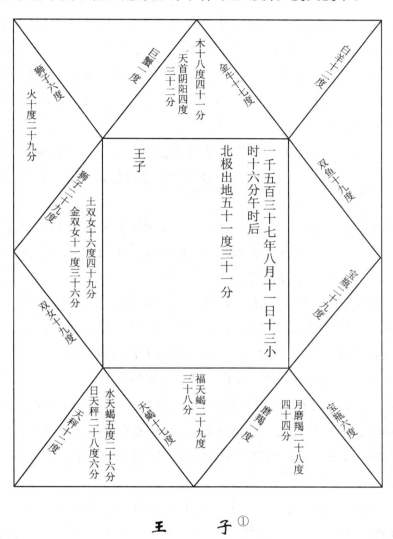

木十八度四十一分　天首阴阳四度三十二分

巨蟹一度

金牛十七度

白羊十二度

狮子六度　火十度二十九分

双男十六度

狮子二十九度

土双女十六度四十九分　金双女十一度三十六分

王子

北极出地五十一度三十一分

一千五百三十七年八月十一日十三小时十六分午时后

宝瓶二十度

双女十六度

磨羯一度

月磨羯二十八度四十四分

日天秤二十八度六分　水天蝎五度二十六分

天秤十二度

天蝎十七度

福天蝎二十九度三十八分

宝瓶六度

王　子[1]

柱内第一有权者，土星。日降天秤，月在磨羯，无权。火在十二门。木退，金降双女，水在三门，皆不如土，土虽在双女水宫而实为三角，且又在一门。**在日东**土同日会至相冲，属太阳东。**在角内，**四角也。**属夜。**四局土与水属夜。**往北上行，**白羊初度至双女三十度，属北。月在其

---

① 此案例在《人命部》属于第一格"皇子少即位少亡"，王子指爱德华六世（Edward Ⅵ，1537 年 10 月 12 日—1553 年 7 月 6 日），1547—1553 年的英格兰及爱尔兰国王。

宫。磨羯是。日在其升。天秤是①。日月主人命,在其宫升,土有权可知。土所在宫,双女属冷,又与土同性。在双女为水宫,亦为水升,亦为月三角。水升双女,月三角巳酉丑。土又在木界,十八度至二十一度为木界。有木三合照,木在金牛,土在双女。与金又将会,金在木宫②十一度三十六分,土在木宫十六度四十九分。但双女宫性属阴属夜,属冷属干,金到此宫为降,木到此宫为弱。木弱退行在日西,土木火与日相会至相冲属日东,此何以言日西?所在宫为金牛,属冷属干,属阴属夜,乃金星宫。又在月位内。月之木位原距一百二十度,今月在丑,木在酉,故云。并在自界,金牛十五度至二十二度为木界。纬南下行,下行未详。相近有火弦照,火狮子,木金牛。有月三合照。木酉,月丑。又同昴星昴初度入金牛二十五度。在十门,得火星之性。

而火为福宫主星,福在天蝎。又为水星宫主星,水亦在天蝎。水逐木,冲木在酉,水在卯。在日东,水与日相会至冲属日东。而本体又在日大权内,日大权狮子。并在木三角。寅午戌。

在日为火宫主星,火在午。日弱日降天秤。无照,止在阳宫,辰。又在降角,三门。属夜,实在金宫内,天秤。又在土大权内,大权表不载。土升内,土升天秤。水三角,申子辰。火界,天秤二十八度六分。本降宫。

在金为日宫主星,又为木宫主星,木在酉也。且又为十宫主星,十宫系金牛。金在水宫,双女。水升,水升双女,水界,十一度三十六分是金界。月三角,巳酉丑。日西,未与日会。行速,顺行。纬南上行。上字恐下字之误。近狮子宫黄道内第一大星轩辕,在土与轩辕之间。土在巳十六度,轩辕在午。又在本降。金降双女。

水在东,与日会后。行速,宫角界皆火,卯宫,亥卯未火三角,天蝎五度三十六分火界。且又退③火弦照,火午十度二十九分,水卯五度三十六分。亦有月弦照。月磨羯二十八度四十四分,其与水止可谓光六合照。天蝎宫属阴属夜,属冷属湿,为凶星。水管第一门,土星皆在其宫。

月在五门,与日弦照。月丑未日辰未。又追火冲照火午十度二十九分,月丑未。在无权宫,丑宫与界皆属土,土宫土界。又为火升,火升磨羯。十宫与木皆在月升宫。月升金牛。月所在磨羯宫,属阴属夜,属冷属干,纬南下行。

十宫甚吉,第一宫狮子后,二十九度又加五度○。④ 加五度无解。火界内,狮子二十九度属火。双女水宫,在其内水六合照,水在三门后。木三合照,木,十门初。土金本体。

---

① "天秤是"后疑有"木升"二字。
② 双女乃水宫。
③ "退",《人命部》作"追"。
④ "二十九度又加五度○"小字注见《人命部》原文。

福在火三角，亥卯未。土界，卯末。与水同宫，同在卯。有月六合照。月丑末，福卯末。在宫尽处。五宫尽。

取真时相近者，八月十一日近朔，日月相会在天秤，云磨羯非①。升星是土，云主星非法②，亦可用升星。土在巳十六度四十九分，四柱内十门起金牛十七度为相同，则安命不错。竟定金牛十七度起十宫，而十三小时即真时矣。

父照星，日与土，土强，且木金皆吉照，故父甚吉。次看日，日弱，日行至火弦照而亡，岂火在日宫之故，日行必指回年。日有金六合照，金在一门，日在三门。金在本降，金降双女。照甚弱。金性湿，死于虫胀水肿。母照星，金与月皆极弱。月在无权宫，丑。在地平下，有日弦照，见上文。日极弱，照又凶，又追火冲照，见上文。故母死于血症。追火之故。而月又全无吉星吉照相助，金又在本降，见上文。追土星，金十一度三十六分，土十六度四十九分。故因生子破身而亡。日极弱，与月弦照，父不爱母。兄弟，月极弱，十宫有土弦照，土在一门。土在双女，不送子，阴宫。故无兄弟姊妹，木在十门，金在一门，何以不论？且土主父，父如是，即不生我手足。

日在本降，月在弱宫③，丑。又相弦照，不吉。二吉星，金在本降，木又无权，一宫、十宫皆在凶星位内，十宫金在土位内，一宫未详。凶星皆高于吉星，考小轮，土高于金。然木吉照土，亦能解土之凶。火凶甚，弦照水，见上文。冲照月，在日宫，午。凡火在狮子主极凶，故父母与己皆伤于此。日月与二吉星并福星，或在凶地，或在本降，故其人命全不吉。福在天蝎凶地，其人一时未死，要费尽财物方死。昴在十宫有谋反作乱事。朋友仇人看狮子宝瓶，为一宫双女不相和之宫，子为巳之不和宫，午亦然。即月在此两宫，亦主相仇，况火在乎？兹火在午，故作乱者多中毒而死。一云若有月在巨蟹或双鱼，主相爱。双鱼系冲宫，有误。凶星皆在日月东，必以子午论。金在一宫，故生相甚美。

性情才干，月与水主之。水宫主星火，火强，在日大权。月宫主星土，土在正角甚强，又土亦在水宫，且在一门，故为大才能。又近狮子内火星，占同。命之长短，日月俱在地平下，金在一宫，至弱，土后双女又系坏命之宫，皆主不永。双女坏命未详。命照星土，坏命，不可用，取日月。命照星取月，金弱降不取，土坏命不取，日降不取，故取月。月在地平下亦取，则地平下不取之说，未可以为定则。月到火冲，在十五年八月二十八日亡。其日月到火冲，日到火弦照，日又到土六合照，凶极。然犹未敢定其真。再详回年月，亦到狮子八度会原火星，即定其年死臣下之毒，大汗出血而亡，皆火星之故。月到火冲，回年月亦会火。定人命短长，不单用星照，要兼流年流月。用星照必指回年。

---

① 《人命部》云"日月相会在磨羯"。
② 天秤是土星升，《人命部》作"主星是土星"，故张氏云"云主星非法"。
③ "日在本降，月在弱宫"，《人命部》作"日月俱在本降"。

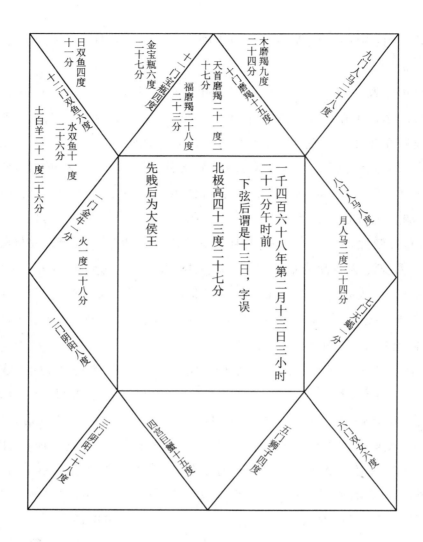

先贼后为大侯王①

　　火在第一宫，行疾上行，以一宫言，则东地平到十宫为上；以黄道言，白羊至双女系升上。有日水六合照，火酉，日亥，水亥。有金弦照，火酉，金子。木三合照，木丑。日与水皆在木宫，双鱼。故为人有胆力才干。一火星而日水金木共照之，且日水又并在木宫。日月五星又皆疾行，诸事皆能，又皆在地平上，各处有名声。月冲火，心狠好杀，有胆力。火在命宫，月在七宫，且金与火又弦照。月有水弦照，月寅，水亥。故聪明。弦照且然。月在七宫，近地平，在下弦，定是二十三日后。娶迟。又因月在人马故，天秤至双鱼属南道，低，系降下。月有金六合照，月寅，金子。娶于富贵之家。金在十一宫，近十宫，是尊贵帝王之女。

① 此案例在《人命部》中属于第二格"先贼后为大侯王"。拉丁文底本人物信息为 Illustriss Ioan Iacobus Medices Princip。此处天宫图中"下弦后谓是十三日，字误"，乃张永祚自述，《人命部》原图无。

但日月弦照，日亥，月寅。夫妻不和。福在十宫，木九宫。金十一宫。夹之，日月吉照，月在人马二度三十四分六合照，福日近于六合。富贵长久。一人福有三，或以功德，或以才力，或以天命。从功德来要看在天经星，从才力来看五星在本宫，从天命来看五星在四角内同太阳照。此命两角有火月，日六合照火，又木金夹福，必有大福，为侯王。做侯王时，十门到太阳，在四十五年内。定是回年日到十宫。金近十宫，命宫主星是金。在土宫内有火弦照，当以邪淫伤身，残下体。土在十二宫，是宫主监狱，土星不吉。一宫宫主星金与火弦照，一宫到土合照，被人害入狱。或合或照，或看回年，或看流年。五星在各宫前，以黄道言。惟土在后，且俱在吉星界，有险不危。火金界，水金界，金水界，木木界，惟土在火界。命照星取月，何以故？日近十二宫不可取，取月。福在磨羯土宫，亦不可取。取照星：一日、二月、三福、四一宫、五十宫。四十一年月到火冲，当生所有。人谋害将亡，逼迫作乱。实煞星到照星，非照星到煞星。又命不取退度，小事亦取。坏月者，土弦照，月到即死当生月已与火冲，再加土凶照。共六十一年。算流年为六十年。推流月日，又到土星。凡月冲火，好杀；月冲土，身危。无吉助。

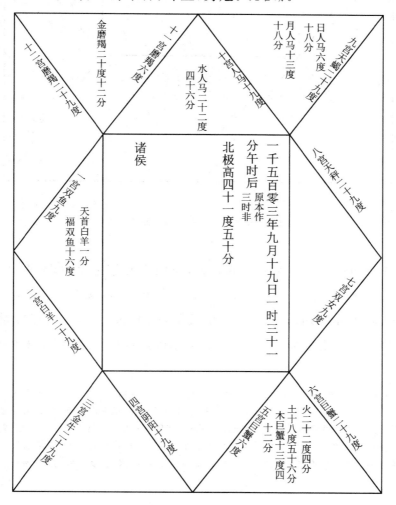

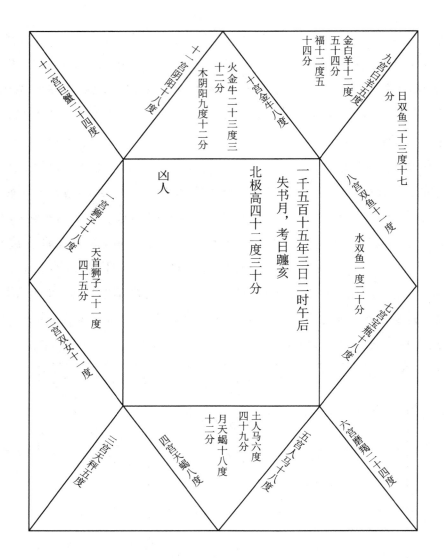

诸侯 教化王子。**及凶人**①

命照星日，太阳到土冲，火土二煞同在，时四十五年定无生理。当生日人马六度十八分，火巨蟹二十二度四分，土十八度五十六分。木与火土同宫，又在月宫，木巨蟹十三度四十二分。因火土凶，木亦变凶，退行。且土在巨蟹，性不和。冲宫。火在巨蟹伏物宫，日在人马物伏宫。一宫主星金，双鱼为金升。与二凶星②冲，金在磨羯二十度十二分，火土在

---

① 此两个案例在《人命部》属于第四格"诸侯被杀教化迁子"与第五格"即前弑主之人"。"诸侯"指保罗三世之子 Pier Luigi Farnese(1503—1547 年)。Pier Luigi Farnese 后被米兰统治者 Ferrante Gonsaga(1507—1557 年)雇杀手 Ioannes Angosciola("凶人")杀害。"诸侯"天宫图中张永祚将时间信息更改，《人命部》作"一千五百〇三年九月十九日三时三十一分日未没午时后"。天宫图中小字注"原本作三时非"系张氏所加。"凶人"天宫图中"失书月，考日躔亥"亦张氏所加。

② 指火土。

巨蟹。月在日光内，月人马十三度十八分。主有谋不就。木火土俱退行，人命有三星退行，多以忿怒取怨，死于内变。因金升于一宫，得位。金与双鱼原距一位，兹亦然。在火土冲，有好星，在当死之地不能救，好星是木。必由家人害命。月在日光内，若有凶星照，倍凶。若月在狮子或天秤或宝瓶或天蝎，非少年亡即凶死。因月主人脑，少年易坏之，故兹月在日光内，所以不能有为。

是人火与月冲，好杀。[1] 火在十门，月在四门。土在人马六度四十九分，正在其主太阳度，即为其主之煞星。第一宫为狮子，其主[2]一宫是双鱼，双鱼与狮子不相和。同谋七八人，其命皆与是命狮子有合处。主人命照星是日，日宫即为此人命之第一宫。火在昴星中。金牛。作乱者非一人。

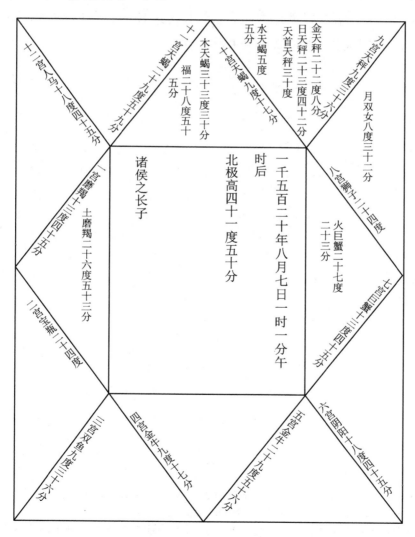

---

① 此段论凶手，上段论诸侯。
② "主"指上面诸侯。

诸侯之长子 侯有四子①

其父木星之冲，是其一宫②。父木冲是磨羯宫，亦火土冲。火与父同度③，父命火巨蟹二十二度四分，是命火二十七度二十三分。命照星日，日降天秤，何以取为命照？十三年内一宫到土星土原在一宫。有火冲照，火原冲。大病不死，因一宫不为命照星。日为父，有二凶星弦照，火未末④照辰末日，土丑末照辰末日，俱以官言。父当强死。二十七年必死，因日到土六十度，火一百二十度。金同日，有大权大名，十四岁为大官。交金运。祖照星取土，在本宫磨羯。甚强，故祖命长年。其祖命第一好星水在子。是水星，此命日与金在其三角内，申子辰。第二好星是木星，此命木在其日之三角内，祖日在亥，亥卯未为三角，是命木在卯。且同福星，故大福从祖来。

---

① 此乃 Pier Luigi(即前"诸侯被杀教化王子")的长子 Alessandro Farnese(1520 年 10 月 10 日—1589 年 3 月 4 日)命宫图。在《人命部》属于第六格"被弑诸侯第一子，有四子"。

② Pier Luigi 命宫图中木星在巨蟹十三度四十二分，此处命宫图命宫在摩羯十三度四十五分到宝瓶二十四度。巨蟹十三度四十二分与摩羯十三度四十二分相冲，所以说"父木星之冲，是其一宫"。

③ "又与父同度"，《人命部》作"火星与父同度"。

④ 火在巨蟹二十七度二十三分，故称"未末"。

《天象源委》校注

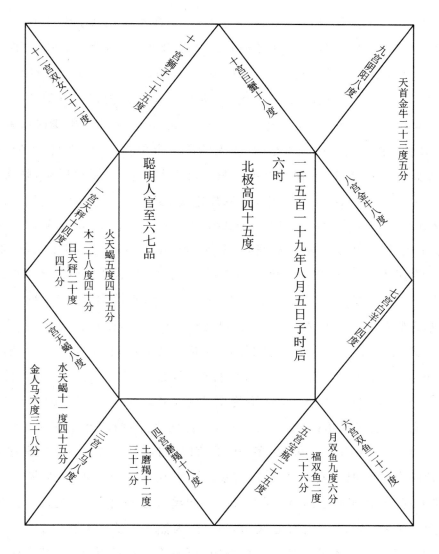

聪明人官至六七品①

父照星土近四宫，在土本宫内有水六合照。又照星日在一宫，与木会，故父命长。母照星月，有金弦照，月在递上，且又在本三角，在双鱼。有水三合照，水在天蝎。故母命亦长，但不如日在一宫之吉②。兄弟月在双鱼，男女宫。十宫为巨蟹，系生子

---

① 此案例在《人命部》属于第七格"聪明人官六七品"，为卡尔达诺朋友 Gugliemus Casanatus 的命宫图。

② "母照星月，有金弦照，月在边上，且又在本三角。有水三合照，故母命亦长，但不如日在一宫之吉"，《人命部》作"母照星月，有金星照，金在降角，月在上角，故母命亦长。为月在本三角，有水星三合照，但比父少短，为日在一宫"。

多宫，故多兄弟。土星接月，月东土星处无他星。① 土在本宫，磨羯。与十宫巨蟹。对照，性又相仇。日又弦照十宫，兄弟姊妹俱亡。金三合照十宫，存一兄弟。第一宫是阳宫，日木皆阳星，主男。日木在一宫，生相好。火跟日，火天蝎五度，日天秤二十度。日有土弦照，日辰，土丑。少年多险，所以不死者，木与日在一宫为强。五星皆在东，占法本合主日东言，详此图似以子午分。生人短小，东为强，短小不解。木在天秤、阴阳，主肥胖。未详。金土木水都在强宫，惟木火土在强。为人活泼。吉星在一宫、六宫、七宫，无凶星，虽带疾，无妨。土在四宫，近脚尝有疾。日木在天秤，辰宫。属热属湿，热多而湿少。日在本降，木在日光内，病多从热生，如疮痒之类，又火将相会，亦从邪淫得来。考日木土与疾危俱无涉，而火已会木，惟日将会火，惟土六合照月，火又六合照土，而火与木光合，木又与月合。才能，月在火三角，亥。水在火宫，火星弱，在东；东不弱。金亦在东，行疾；宜论小轮。为人刁但不伤人。水有月三合照，有胆气有才干，且聪明，水卯月亥。心性无大乖戾，以凶星不在月水宫，且与水月无凶照。火在天尾，心性多变，亦主性气喜事。金主一宫，亦为好色、好戏、好友。有日木在，未必然。财帛，福在月光内，木宫有金弦照，福亥，金寅。火三合照，火卯。所得财物与众共费。火系吉照，年长五十后。财盛，为福到阴阳七度冲金，指流年月日，冲则未必盛。官禄，日在一宫，得贵人喜悦。日在天秤，土升宫，日降，未必中贵人意，而终不为贵人嗔，但终不见大任。因一吉星在土位内，何指？一吉星金在降角，指近人马言。妻，月在西将完，将进东，以子午圈言。娶不迟不早；在双鱼②，有外妇。子女，女多，多死，因日弱，日降天秤。与十宫弦照，幸土未到四宫，到四宫子女俱不存。四宫为生育根。月在五宫，递上。亦有火照，火卯。主出外。月到十宫，火弦照狮子六度，即离家。命照星日在一宫会木，主长年。死于六十六年，日到月弦照，指流年。内有心大星，卯。亦为煞星。火③木在日光内，其九十度与一百八十度照，亦作煞星。参酌命之长短，可看人命前后煞星，定其生死。

---

① 此小字注据《人命部》小字注录。
② 月在双鱼，为二体宫，故另外有妇人。
③ "火"，《人命部》作"金"。

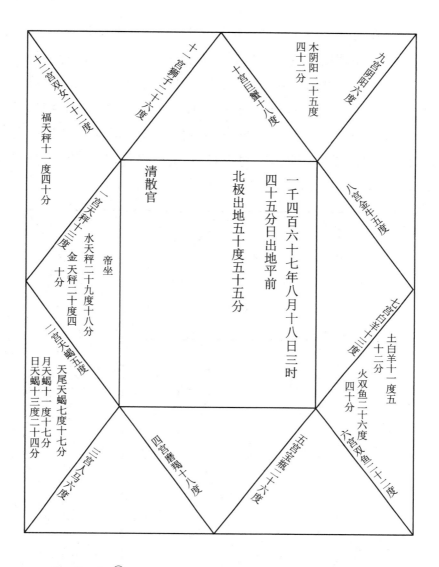

清散官[①]大聪明读书人，生于贫贱，常有病患，饥，七十岁死

土在降角六门。又在西。四五六门属西。在白羊宫内。火在双鱼，常有流火，肿毒之灾。热温冷，六门之故。月在天蝎同。同上所言病。日在天尾多病，病因脑不足。必月之故。多厄难。日月之故。月在交道，无妻无子无官，少年且无主意。必因日月同在天尾。水金在一宫，天秤系金舍，水三角。同黄道双女宫内大星出东地平，有火三合照。恐是木在阴阳三合照金水。能知七国言语，九门属行。学问无不知。木在西，以在阴阳故，阴阳属西南，著述多，木在西而著述多，未详。又有金水三合照。水亦在西，岂因申子辰主西

---

① 此案例《人命部》属于第十一格"大聪明读书人，生于贫贱之家，常有病，七十死，多饥"，乃 D. Erasmus Rotterd 的命宫图。

南之故？而一宫又在土升，土升天秤。皆主富著述。水主聪明，土主耐劳，水在土宫或升位，或升或□。① 皆主聪明忍耐。十宫到金六合照，十宫巨蟹。遂起声誉。三十二年十宫该到三合照，不该六合照。日到木冲，四十三年内为清散之官。由此论，日月在天尾，亦可得散官。命照星取金，金舍天秤。其煞星土三合照，实近冲照。亦一宫冲照。土在西，见上。又与一宫冲，故身小。土与月冲可想。一宫得金水，人活动。日月在火位，天蝎系舍。火在降角，多出外。福在十二宫，与土对照，土又退行，又在降角，当至贫。然有金水木照，木与金水相照。晚年亦有财帛。

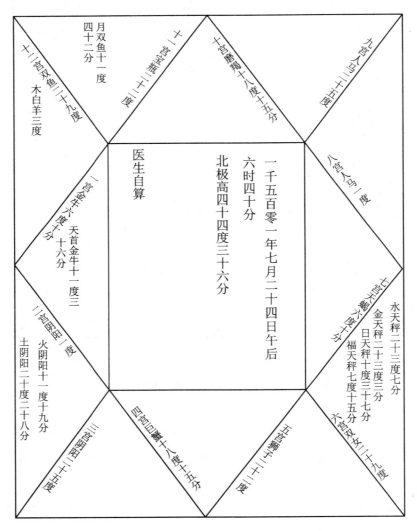

① "或"后当有缺漏。

医　生①

　　月为第一宫升之主星，月升金牛。又六合照，金牛宫照巨蟹宫为六合照。金星为金牛宫主星。月在双鱼，又为金星之升，木星又为月主星，双鱼系木舍。月吉，故生相好。湿多热多，双鱼湿，木又热多。与火星近，有怒性。火近一宫。第一宫在天首，项后尝有些强，不能直起头。第一宫节气属春分，东至午为春分，属阳属血。金与木主之，金舍金牛，木岂谓近之故？且月光大，故血多。在金升宫之故。金牛在第一宫，额长。日月俱有火照，火弦照月，三合照日。又俱在降角，日辰月否。故二目俱小。日月主目。四角无凶星，日月亦不在角，六宫内②。亦无凶星，为人无大福亦无大过恶。但六宫内有日、金、水，在日光内，不吉。又金有土三合照，月有火弦照，命有病苦，曾有夜出冷汗疾八年。因其时土右照月③。岂指回年耶？身有疮疾，二十四年起，是第一宫到火星，算流年为二十五年。其间亦有月弦照。因火接土，火土相近。至五十一年，共二十七年，方痊。其时因一宫到木六合照。宫必论流年，星必论回年，否则何以有二十七年之说？

　　金水在六宫合，且在日光内，故有痔漏。六宫生疾又递下。及血多病冷，皆为金水有凶星照，土。十年，至三十一年愈。十年时金星到火冲，指金流年。日六合照，月弦照，皆到方愈④。日到必指照到金水，日六合。日弦似指回年，若指流年，日系弦照，月系三合。又病心动，因日主心，在六宫降角。至三十七年有好方⑤治此病，其时一宫到日三合照。以流年言该三十八。又有流火病，为月在双鱼，湿宫。有火弦照。四十四年起无解。后，月到自己六十度照，一宫到木六合照，当治，因当先死不及治。俱无解。声哑，因土在水宫退行，又水有土三合照，水主言语，父亦有此病。父照星土。然水近金，不甚哑。六十四年坠车，伤面、左臂。流年月到火，在昴星内，又日与火照，申辰。有火在一宫，月在七宫狮子内。此必指回年。

　　命主月，他说以一宫为命，然其年一宫到火土，当死。不死，因一宫不为命照也。但有险厄，上所言诸病。又一年月到土照弦，痢，几死。二十七岁，病，小便甚多，日至十斤，几死。亦因一宫到土，常累，不除。金为月与水星宫主星，月在双鱼是金升，水在天秤是金舍。金水合，有土三合照，申子辰。故好学，伶俐，喜谋，耐劳，记仇怀妒，暗

---

①　此案例在《人命部》属于第十四格"医生自己算"，"医生自己"指《人命部》底本作者卡尔达诺本人。

②　"内"，疑当为大字。《人命部》"内"为正文大字。

③　"土右照月"，《人命部》作"土星右照，与月相合"。

④　"十年，至三十一年愈。十年时金星到火冲，日六合照，月弦照，皆到方愈"，《人命部》作"有此病十年。至三十一年愈，其时金星到火星冲照，日六合照，月弦照，皆到方愈"。

⑤　"方"，《人命部》作"法"。

里害人，又好色。因①月光，故胆大，过失小。为金有土照，故常有淫邪之念。

土星有金星三合照，金六宫中照到二宫中土。父寿。日在降宫辰。降角，六门。故不取日而取土。母寿更高，以金星强，金舍辰。与水同在天秤，水三角。火留无力，且三合照，火二宫中照到六宫中金。不能伤金。月与十宫主兄弟。十宫有木六合照，木十二宫中照到十宫中。又金水二星弦照，六宫后照到十宫前。十宫是磨羯一人宫，亦是阴，子阳，丑阴。月在双鱼，为二体宫。下文云木六合照。故许二男兄弟，一女兄弟。二子一女之故见下文。日在阳宫，辰阳。月亦为阳，论朔望上下弦，上弦至望，望至下弦，属东，即属阳。木又在西边，西字恐东字之误，一宫至十宫为阳为东。故主生男。相貌美，因四角无凶星。幼难养，因月有凶星照。火弦照。月主四年以前。日月在降角，最难养，日辰又在六门，月亥十一门，不为降。终不妨，为俱在吉星宫内。日在金星宫，月在木星宫。生时艰难，半死方活，又数月瘟，几死，皆为火有月弦照。

木近第一宫，故耐劳，著书多卷。土金水皆在降角，金水在六宫，土近三宫。故至老方成②，成亦益于事。土退行，多谋想，为人难信。火与月弦照，为人多怒，无主意，性急，好赌钱。好赌必土退行，而火又与月弦照。水退行，在天河内同小星有水星之性，故为人有学问，但糊涂，凡事不明白。有土三合照，又退行，所以无记性，学问不知止，好色亦无休，总为金水相合与土照之故。

一宫到火星，亦到月弦照，至五年，无解。大赌，钱输怒起，刀伤贵人被擒，脱走上船，落水救起。财禄福在日光内，不能主财帛，取二宫主星水，故财帛皆从学问来。但水退行，主贫。然金相合，又在金宫，并在金界，亦当有财，但常有常贫耳。木金水至木六合照，其年有财。指流年。水金到木三合照，同官禄无大秩位，因四角无吉星，然三十四年内流年为三十三年。十宫到土三合照，得学问堂为教官，为土原照在宝瓶。但土系凶星，此官反为损，多怨仇，退职。十宫到金水三合照，是何年？又得医生堂。

夫妇，月在日西，下弦后也。论宫在东，十一宫。娶妻不晚不早，三十一年内，火在木星所在白羊宫③，似指回年。其日又有火六合照，木三合照，似指流日所。谓照，火木照也。其时火又三合照，七宫天蝎④火字疑月字。以火为我，即以月为妇人照我，是年娶妻极真。七宫主火，若以月为我，火三合照月，应娶。月有火照，弦照。妻性傲。月在吉星宫，木。主聪明，在双鱼，阳宫有照，火在阴阳，阳宫照月。能生子。一云火不送子。送子三星木金月，论日当无子，为日不照十宫，又不照十一宫，又在降角。据此则日照十宫、十

---

① "因"后底本有缺漏。
② 据《人命部》，所成者乃书卷。
③ "火在木星所在白羊宫"，《人命部》作"火在木星对照，白羊宫土星亦在阴阳"。
④ "其时火又三合照，七宫天蝎"，《人命部》作"其时火星为七宫天蝎（主星到月）三合照"。

一宫,不在降角,当生子矣。木六合照十一宫宝瓶,属阳,有一子。一云子午宫不宜男。生子时木又到宝瓶,木又照月在双鱼,属阴,亥阴。又生一女。生女时月在双鱼四度,即木六合照处。木如何能六合照双鱼四度?论金星,金有十宫三合照,十宫中为子宫。金属阴,十宫磨羯亦属阴,当生女。但金在阳宫,天秤。与水合,有土照,三合照。金又在东,在日东。故又生一子。

六十年回年,一宫阴阳主星水在双鱼,木宫金升①,五宫主星又强,是年身旺,人多病已全无。十宫宝瓶宫主星土,在三宫降角狮子宫内,亦指回年。故一年本地无一人求医。月主远行。三合照、日弦照一宫,皆到,且一宫有木星,却有远方诸侯来求医。五十三年内,其年似身安,忽午后二时三十分小肠起痛,又二时夜作泻,睡后即痛止,常常小便多至八十两,是何缘故?其时月在日冲,日与月有土弦照,土在当生月处,月在当生火处,日天秤则月冲应在白羊,却云月在当生火处。当生火在阴阳,如何能与日冲?与日冲者为阴阳,日必在人马,而土在当生月处,双鱼方能弦照日月。其日应在人马之故,论流年或有之,论回年无此理也。故痛起。若月到当生土处,月到阴阳六度,当生土在阴阳二十一度。② 为木弦照,木又在降角,此时要便亦不能便矣。已上指回年。

五十三年论流年,其日一宫到天蝎一度,流年不合。日③为月之对宫,双女。在地平宫是木冲,故命绝不好。病之故有几件:一、二宫④到天蝎凶处。二、为命对冲、火弦照。是何指? 三、月同火在磨羯弦照命宫,土弦照,土在当生月处⑤。指回年。四、月逐当生土。土在当生月处,月逐当生土,故月得同土弦照。五、木在降角又弦照,见上文。其月土相会之日系廿一日,第一不好,少时略好,为金来三合照,次月逐火,所谓月逐火,岂当生火耶?大病几死。病愈,为月出阴阳,当生阴阳有火土。木出双女,当生木之冲。火出磨羯,当生十宫。复元。

死时第一宫到金水弦照,七十二年内二月十二日当死。一为弦照,凶,无一吉星助,病因冷得。为金水有土弦照,金水近第一宫有弦照,金水当生在六宫,此云近第一宫,又云有土弦照,必指流年言也。作煞星⑥。金为命宫主星。命取二照星,第一照星月,已过诸煞,原取月为命主星。故当取第一宫算流年。

---

① 双鱼为木舍金升。
② 此小字注见《人命部》。
③ "日",《人命部》作"月"。
④ "二宫",《人命部》作"第一宫"。
⑤ "月同火在磨羯弦照命宫,土弦照,土在当生月处",《人命部》作"月同土星弦照,土星在本生月处"。
⑥ "作煞星",《人命部》作"故以金水九十度作煞星"。

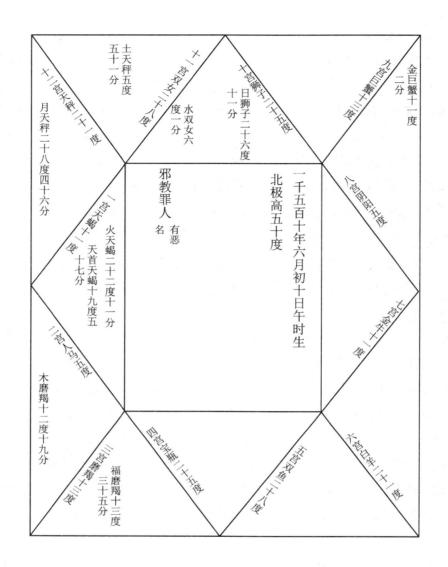

邪教罪人问 ^①烧死

其人二十七年内以邪教得罪逃走，至三十七年自出，问前罪烧死。二十七年逃走、三十七年自出之故未详。日为命照星，土为煞星，土在天秤五度为十一宫，与命宫有六合照，土六十度亦为煞星。土在日降处，日降天秤。日到土三十七年。似指流年。日有火弦照，火卯，日午。火在命宫角内，又在本宫，又同天首。煞星同天首主分尸。前云火在天蝎，日恶照，主烧死。土作煞星，木光弦照，木在磨羯凶地。凡磨羯、金牛、双女皆凶地。木星降于磨羯。月在十二宫凶处，又在日降。凡月在十二宫，为人有恶名且多仇。月又在火

---

① 此案例在《人命部》属于第八格"被邪教罪烧死名人"，邪教罪人指 Laurentius Lovaniensis。天宫图命主信息中"有恶名"系张氏自加。

界，天秤二十九度至三十。且木退行在降地，磨羯是木降。是土弦照，问官即仇人。木为审问官。日在狮子作十宫，日为命照星，其日最为苦难，又属火宫火分。火在火宫，日在火分。又火星处有三经星，与火同性，火与天首又相会，故凶。天首合日月火土主凶亡①。

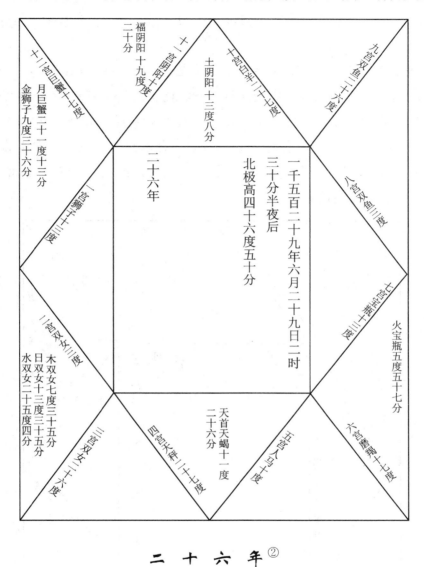

二 十 六 年②

日月不在主命宫，取照星之宫五：十宫、命宫、十一宫、七宫、九宫。第一宫至土九十度照，死，土申十三度照，至双女十三度。木在近不能救。因双女是木星本降，③土照在双

---

① 此小字注见《人命部》。

② 此案例在《人命部》属于第十五格"二十六年死于水"，命主乃 Leonhartus Casanatus。Leonhartus Casanatus 是卡尔达诺朋友 Guglielmus Casanatus 的兄弟。

③ 《人命部》此处尚多"又在日光内"。

女，当水死。二十六年，水内死。一宫至土九十度，指流年。死时土在人马二十八度四十五分，木在双鱼七度十二分，在原生木冲。此指回年。火在双女十八度十九分，与日合。金在狮子十六度五十四分，水在天秤五度十二分，月在宝瓶二十五度四十五分，日在原生日处，与火合。天首在天蝎二十三度十一分，近当生天首。一宫到人马十三度，与原土冲。是论流年乎？抑流月日乎？

流日，死在酉时后，其时土在磨羯十二度七分，月日不载，惟载时何耶？先流年日，日到水星处，水为定煞主星，故死于此日。水为煞主，取八宫主是木非水，岂即所谓土九十度耶？定死星，双女第二度。一度是煞星度，土申十三度，弦照日亦应十三度，何为又以宫之一度为煞星耶？二度是定死时光景度。以分系水也。有木星，二度无木。木不吉。降宫故。定死光景是水星，有月六合照，月在未，旧注云："斜升长即弦照。"①土第一次留。土星第一坏人者，一次留，故不能逃。

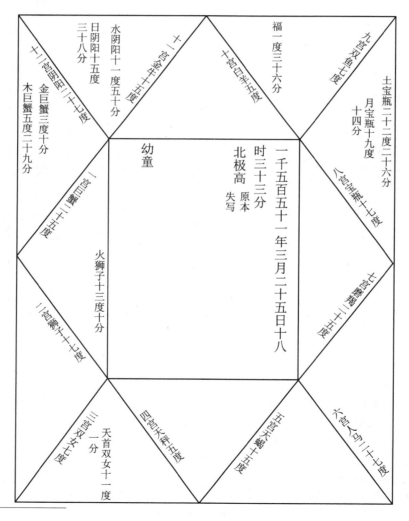

---

① 此旧注指《人命部》注释。

幼 童 ①楼板上跌下死

月离火对照逐土，极凶。火在狮子十三度十分为一宫。月在宝瓶十九度十四分，土二十二度二十六分。土退行，吉星退行，不能救人。凶星退行，其凶更甚。土在本宫，子。日为命照星，以在十一宫。吉星通无权，且与日月全无照。日在阴阳十五度三十八分。以天言，与月在宝瓶十九度十四分、土二十二度二十六分为光三合照。若以宫言，亦可为光弦照日，无不解。月与一凶星冲，一凶星会，主从高坠死。以月冲火，且合土在子也。火与月冲，至月冲度，三年内死，岂谓流年耶？其年日又行在狮子，似指流年。其月六月。火亦行到狮子，似指回年。又日月水皆在狮子内，指回年。死于六月。算时，死于午后五小时。从初一日后二十日十七时，流日第一宫到宝瓶，火日水对冲死。上云，火与日月水皆在狮子。

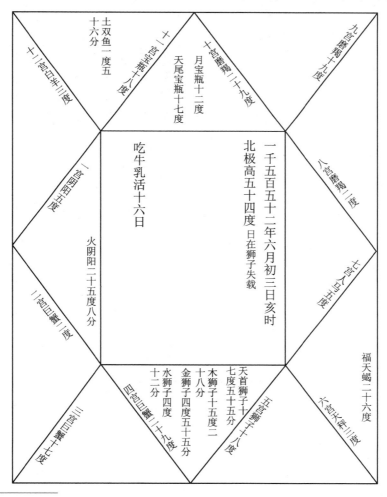

---

① 此案例命主为 Dionysius Ripaldus，在《人命部》属于第十格"幼童（楼板上跌下死）"。天宫图中"原本失写"系张氏所加，指北极高度《人命部》未写。

吃　牛　乳 上二人下一人

命在二体宫，其主星水与金合于狮子，上二人狮子又临天首下一人。月在天尾，凶。木在天首与月冲，日在火六合照，日亦在狮子，方能与火六合照。因斜升大，作弦照，且火又在角内，命宫。土第一高，岂谓高行耶？水为一宫主星，在本交处。大抵凶星会命主星，在本交，所生皆凶。凶星会何指？

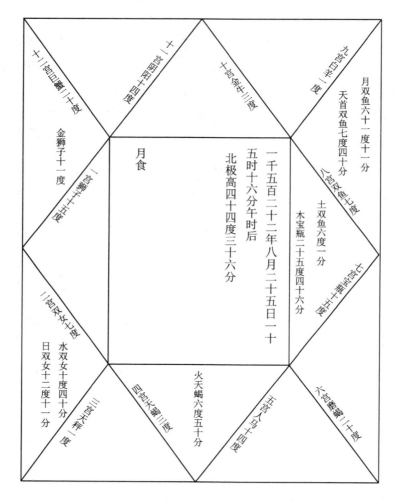

内容（天宫图文字）：

十一宫巨蟹二十度
十宫阴阳二十四度
九宫白羊一度
天首双鱼七度四十分
月双鱼六十一度十一分
八宫双鱼十七度
土双鱼六度一分
金狮子十一度
木宝瓶二十五度四十六分
一宫狮子十五度
七宫十五度
月食
北极高四十四度三十六分
一千五百二十二年八月二十五日一十五时十六分午时后
六宫磨蝎二十度
二宫双女十七度
水双女十度四十分
日双女十二度十一分
三宫天秤一度
四宫天蝎三度
火天蝎六度五十分
五宫人马十四度

① 此在《人命部》属于第九格"吃牛乳活十六日（小腹以下一人，上二人）"。天宫图中"日在狮子失载"系张氏所加。据《人命部》，日在狮子二十度四十四分。

月食①

月全食共三时四十七分。九月后大疫，三日雨②。三日雨，必在当日。一城中，死三万人。第一不吉，水在日光内与月冲。凡星在日光内不吉。土又与日冲，土与水日两边皆有火弦照，日巳十二度十一分，水十度四十分，土亥六度一分，火卯六度五十分。火弦照水日不可解，弦照土以门言。火与水日实六合照。火在天蝎第一有毒宫内，此年定是大疫。作此城时，或日或月在亥，故他处不然。定起时，看月食离第一宫③。兹月食起在五宫，过一半。一宫作二月，四宫作八月，又半宫，共九月，故曰八月起。照时圈数至十一月半方止，照食时共三时四十七分。是大时。无荒年，亦无兵戈。为火在天蝎有毒，日与水在双女，为有人性宫，故为坏人。

占　事

《象宗》云：凡人作一事，看此时东方是何宫分出地平环上，呼为命宫。却看命宫，或看十宫有何大显杂星在其上，又遇太阳、太阴，或木星，或土星④，或福星在上，看杂星与何星性同，为相助也。若杂星与凶星性同，则其事先吉后凶。恐系始终皆凶。设五星凶而杂星吉，可以解凶。与吉星性同，则始终皆吉。杂星内有一等星至凶，凡一切事或人命限，遇此星，事则不吉，人命夭。若人要行一事，却看此时东方出地平环上命宫主星，并太阴在何宫分。看所求何事，如求官以太阳为主，即看太阳与太阴落何宫分，并命主星在何度数，或与三合六合吉照，则事成矣。再看杂星得力者，与太阳或命主星性情相同者同度，则事必成，且速而利。⑤

---

① 此在《人命部》属于最后第十六格"月食"。
② "雨"，《人命部》作"内"。
③ "一宫"，《人命部》后有"四宫"。
④ "或土星"，《天文书》无。
⑤ 见《天文书》第一类第八门"说杂星性情"。

《天象源委》卷十六

选　择

《书》云："月正元日，舜格于文祖。"①是即位即于岁首元日，不更择日也。诗云："吉日维戊。"②是祭马祖择吉也。《月令》云："是月之末，择吉日大合乐。"盖合乐亦择吉也。后世择吉，惟凭干支，不知二曜。必不以干支之吉，而遂不交食。五星亦必不以干支之善，而遂不凌犯。是可止问干支，而不问七政乎？况后之术士，又因干支而演为神将，尽属无象之象。无象者信之笃，而有象者不之推，未见其可也。但用七政择吉，殊不易耳。辑"选择"。③

西　占　选　择

总论

凡论选择，必选一时辰，看东方是何宫度出地平环上，以此宫度为主安一命宫，又将其人当生命宫及流年命宫并选择时安命宫相合看之。④ 俱吉，则凡事成就。若

---

① 见《尚书·舜典》。"月正元日"，即正月吉日。"格"，前往。"文祖"，尧之太庙。
② 见《诗经·小雅·吉日》。戊日为祭祀马祖之吉日。据郑玄等解释，房宿四星合为天驷，马祖之神即在天驷处。每年初次选定吉日出发田猎，要先祭祀马祖之神。
③ 传统选择术主要以干支及以干支为基础的神煞为选择依据，而西法选择则以天体为选择依据。所以在张氏看来，传统选择术无象无据，没有西法选择优越。这与薛凤祚的认识相近："夫七政既可以关切人事，若直取其真体本行，较之求于诸神煞性情之属，于七政者不更著明径捷乎？"（《天步真原·选择部·选择叙》）
④ 既强调要绘制择日盘（"选择时安命宫"），又与本命盘（"当生命宫"）、流年盘（"流年命宫"）相结合。

当生命宫及流年命宫均吉，而所选时命宫与上不相合，则所求事，虽行不成。当生命宫及流年命宫皆凶，而所选时命宫与上又相冲不合，则所求之事祈福反致祸。一切选择，专看太阴及太阴所在宫主星，又看所求之事关系何位，并看其位主星①，又看其事所主之星，又看所选时安命宫并宫主星及四正柱，均要吉。若所求一事欲速结，不欲缠绵者，选时安命，要在转宫，太阴亦然，又要吉星相照。欲修造起盖，久远坚固，选时安命，要在定宫，太阴亦然。作明显事，选太阴在阳宫；作隐密事，选太阴在阴宫。总不喜太阴在所选时安命宫内②，惟交易则喜太阴在命宫旺相。凡一切选择，凶星吉照可用，吉星凶照不③可用。太阴所在宫主星，如在四转柱④，而太阴又与凶星照，所行之事，久后不吉。所求之事主星，不喜在四正柱，喜在十一宫或九宫或三宫或五宫。若选出征及争讼，则主星喜在四正柱。又凡选择，太阴不在吉位上，有木星或金星在命宫，或在十宫，顺受亦可用。⑤

入城及登位

选入城日，有二等。如明白入城时，要太阴在巨蟹、双女、金牛、磨羯，降宫恐不可⑥。又要与吉星相照，入城时安命宫亦要在已上四宫内，有吉星照，又要命宫主星与主星吉照。入城安命宫主星也。若暗地入城者，要太阴与吉星照，又要吉星在地平环下，不要在四正位⑦，又要太阴离太阳⑧，而仍在太阳光下。君王登位选太阴在人马、双女、天蝎、狮子，此时安命命宫主星亦要在上四宫内⑨，又要太阴与太阳木星相照，与火吉照，俱要顺受，太阳要有力，不要与凶星相照，命宫主星亦要在上四宫又有力，不与凶星照，又要木金在四正柱上，又要十宫主星吉，又与吉星相照，又比太阳先东出，出地平。如此则久远得吉。⑩

到任并受职

若官员到任或受官职，要安命在定宫，命宫主星在吉位。要与太阳吉照，又要十

① 据《天文书》，此处指宫主星。
② 此处当指不喜太阴在第一宫命宫。
③ "不"，《天文书》作"亦"。
④ "四转柱"，《天文书》作"四弱柱"。
⑤ 此部分内容见《天文书》第四类第一门"总论选择"。
⑥ "降宫恐不可"，《天文书》无此条件。
⑦ "四正位"，《天文书》作"第四位"。
⑧ 月亮与太阳会后相离。
⑨ "此时安命命宫主星亦要在上四宫内"，《天文书》作"此时安命亦要在四宫内一宫"。
⑩ 此处直至"采捕"节，均见《天文书》第四类第二门"细分选择条件"。

宫主星吉，无凶星照，不要第十位并第十一位主星恶照。又要太阴所在宫分与宫主星吉照，又要第四位主星与吉星照，并在吉位上。其四正柱上不要恶星照，又命宫主星不要与八位主星照，又忌太阴与罗睺、计都相遇。

求仕

若求仕，选太阴在二体宫，又看太阴与太阳相会之时，用一吉星在命宫。若太阴与太阳相冲之时，用一吉星在七宫。凡求一切事，皆依此例推选。

见君王进贡

若见君王进贡，选太阴与吉星照，忌凶星照。与一吉星相遇，后离了再遇一吉星，其后遇之星比前所遇之星又要有力。

见贵人成事

选太阴在定宫或在二体宫，要与所在宫主星吉照，并安命宫吉照。安命宫亦要在定宫或二体宫。

入学

入学要太阴在人马、双女、阴阳，与水星吉照，水星又先太阳东出，太阴、太阳不要与凶星相照，又当时安命宫亦要在上三宫或在双鱼宫，命宫主星又与太阴、水星吉照，又要木星与命宫相照，又要水星在命宫，太阴在第三位或五位，则吉。

开河渠

开河渠要太阴在水局，与土星吉照，土星先太阳东出，顺行，又要太阴在命宫，或三宫，或五宫，则吉。

筑城及拆毁城墙

若要筑城，取太阴在定宫吉位，又与吉星相照，又要命宫并宫主星吉，四正柱上不要凶星照。

若要拆毁城墙，要太阴力弱又下降，又要土星陷弱无力，不在四正柱上。

起造房屋及拆毁房屋

若人起造房屋，取太阴在土宫，或在风局。又看太阴与一星相照，正遇其星在庙旺宫度^①，且在黄道北，先太阳东出。太阴亦在黄道北，增光上升，则吉。忌太阴与罗睺或土星同度，又忌土星在命宫。

若毁拆房屋，看太阴属南方宫分，离一凶星遇一吉星，吉星比太阳先出东方，或太阴在地平环上，与地平环下一星相照，又要太阴在黄道南下降。

农田及栽种树木并收藏五谷

若选农种，要太阴在巨蟹、双女、金牛、磨羯等宫，又与吉星相照。又要安命宫亦在上四宫，又要宫主星吉，或吉星相照。

若栽种树株，要太阳^②在定宫或二体宫，又要此时安命在定宫。其命宫主星又比太阳先东出，与吉星相照，亦要太阴与木金在风局相照，却忌火照命宫。又看太阴所在宫主星有力，与太阴相照，如此栽植茂盛。

收藏五谷，选太阴在土星宫分，与土星吉照，又要第十位是定宫。

嫁娶婚姻及求子与觅乳、断乳

选择嫁娶，要太阴在金牛宫或狮子宫、双女宫、阴阳宫，又欲金星照，要在吉处，不要恶星照。若选结婚，要太阴在金牛或狮子，忌在六宫、八宫、十二宫，又忌在白羊、巨蟹，本宫忌。宝瓶、磨羯，又忌与凶星同宫，贵与吉星相照，与金星相照更吉，金亦要在吉处。

求子嗣，要太阴在阳宫，与太阳三合照。又要太阳有力，又安命亦要在阳宫，命宫主星亦要在阳宫，与吉星照。其四正柱总不要凶星照，都要吉星照。

求乳母，要太阴在金星度数上，又要与金星相照，金星亦要有力顺行，所行度数渐增。疾也。太阴无凶星照会，如此则乳母婴儿皆吉。

断乳要太阴离太阳光远，不要凶星照，又要太阴所在宫分主星^③与吉星照，又要命宫主星与太阴所在宫主星吉照，又要太阴在定宫或二体宫。

交友

若交朋友，选太阴在定宫，又看与何等人结交，关系何星，要本星与太阴相照，忌凶星照四正柱，又要十一宫主星与命宫或命宫主星相照，顺受。

---

① "正遇其星在庙旺宫度"，《天文书》作"正遇其星在庙旺宫分吉照"。
② "太阳"，《天文书》作"太阴"。
③ "所在宫分主星"，《天文书》作"所在宫分宫主星"。

移屋

移屋住,要看太阴在有力度数上,或遇吉星相照,又在三位,指月。要三位主星吉照,与太阴吉照。又要命宫与命宫主星吉照。

出行及马到一处

陆路出行,要太阴在转宫,或在土局。行时安命宫,亦要在转宫或土局,又要太阴与迁移宫主星吉照,又须看所求之事关系何星,要太阴与之相照在吉处,忌与火星照,并火星所在宫主星相照,又须看太阴并迁移宫主星,及所求之事之宫主星,俱与吉星照,不与凶星照,最忌者是火。若水路出行,要太阴在水局,不与凶星照,最忌者土星,又要安命宫①并宫主星均吉,四正柱亦不要凶星照。

若人平日不曾出行,不曾择日出行也。忽然马到一处,取一时辰,要太阴在转宫,与太阳相照,又要太阳太阴与命宫相照②。

买田地头匹及买物卖物

买田地要太阴在土局,与土金相吉照③,各顺受有力,又要第四宫并宫主星均吉。

买头匹,选太阴在金牛宫或狮子宫与吉星相照,此星要顺行,先太阳东出,又要此时安命在二体宫,命宫主星亦要在二体宫。

买物,看太阴在巨蟹至人马,要金木二星照,又要福德箭在四正柱上,及寅亥二宫有吉星相照。

卖物看太阴在磨羯至阴阳,离一吉星,却又遇一吉星,则卖物快捷,有利④;若遇凶星,迟滞,无利。

自办本作买卖及与人合本经商

若要自行办本作买卖,要太阴与水星吉照,又看二宫并二宫主星有力,又要十一宫并宫主星有力,则事能成就。

---

① "安命宫"指出行时安命宫。
② "要太阴在转宫,与太阳相照,又要太阳太阴与命宫相照",《天文书》作"太阴在转宫与火星吉照,又要木星相照,得吉"。
③ "与土金相吉照",《天文书》作"与木星金星相照顺受,又与土星吉照,土星亦要顺受有力"。
④ "有利",指有利息。

若要与人合本作经商,看太阴在二体宫,与吉星相照顺受。

医治诸病

医治诸病,看所患之症,或寒或热,或湿或燥。如病寒,则用太阴在火局,又与吉星相照。病热则用太阴在水局,亦与吉星相照。其相照之星[①],亦要与所患之症相拗。若医治头痛,须用吐者,要太阴在白羊宫,_{主头}。或金牛宫,_{主项}。与吉星相照,忌凶星照。又要太阴在减光时,而命宫亦要在白羊或金牛。若治病服通药者,要太阴在水局下降,又要太阴在地平环上,与地平环下一星吉照,又要金星与太阴吉照,又要火星与太阴吉照,_{恐是水星}。忌太阳与木星同度,如此则用药有效。若用针出血者,忌太阴在所管穴道宫分,喜吉星照,忌恶星照,用太阴减光时。若火星吉照太阴,亦无妨。若用针刀治眼者,要太阴与木星或金星吉照,又要金木二星在[②]在地平环上,又要太阴在增光时,忌太阴与凶星照,又要太阴与太阳吉照。

沐浴剃头

若要沐浴,必须太阴在火星宫分,或在木星宫分,又太阴与木星相吉照。若选剃头,必择太阴在水局。

裁衣造金银器皿

若选裁衣,要太阴在二体或转宫,又要金星吉照,忌太阴在定宫,最忌火土恶照。要作金银器皿,择太阴在火局,与太阳吉照。或火或金或木,皆与太阴吉照。

修书信

若修书信,要太阴在转宫,又看寄书与何等人,关系何星,相照顺受。如寄书与贵人看太阳,与文学人看木星,与军官看火星,相照顺受,余依此推。

跟寻逃走人并寻觅失物

跟寻逃走人并寻觅失物,看太阴在何宫分,要宫主星与太阴吉照,又要太阴在地平环上与凶星相吉照。

---

① 此处指相照星之性。
② 此"在"疑衍字。

藏物藏身并行隐密事

若人要藏一物,或自要藏身,取太阴与太阳会后相离,而太阴尚在太阳光下,或太阴在地平环上,与地平环下吉星相照,又要命主星亦照,此相吉照。人之命主星。

行隐密事,选太阴在太阳光下,近与相会,又要命主星在太阳光下,忌太阳、太阴与命宫主①相照。

出兵

若选出兵日,要太阴在转宫。出征之时,看东方土、木、火三星宫分内一宫出地平环上即为命宫,最紧的是火星宫分,又要火与命宫三合或六合照,又要命宫主星在定宫或二体宫,又要命宫主星在命宫,或在第十宫,或十一宫,又要七宫主星弱,别与一星相照,其星与命宫绝不相干系,又不顺受,谓别一星。此星或与一星又相照,彼星又在太阳光下。又忌七宫主星在第四位,又忌二宫主星在八位,要八位主星在二位。又要命主星强旺,如胜②七位主星,如此则战必胜。若要知出征遇敌不遇敌,看火星在十位,则遇敌又交锋。若出征时,火在十位,与吉星同度,又吉星与出征时命宫相干系,吉,纵相遇无交锋之事。若七宫主星与命宫主星吉照又顺受,则敌自求和。又看命宫主星在何宫,所在宫分主星有力,吉,顺受。又比太阳先东出,如此则战胜。其七宫主星不要如命宫主星强旺。

祭旂收旂

若国家祭旂之日,选太阴在吉位上,吉位主星又有力顺行,又要比太阳先东出,又要太阴增光行疾,并上升,与太阳三合照,或与火三合照,在吉位顺受。又要此时安命宫吉,并命宫主星亦吉,有力,顺行,比太阳光先东出。最要火星强旺。收旂日选太阴在二体宫,与吉星相照,又取太阴增光上升,安命亦要在二体宫与吉星相照,又要命宫主星有力。

围猎

若选围猎日,要太阴在二体宫,安命亦要在二体宫,宫主星要与吉星照,又要有力,又要七宫主星在四辅柱上渐渐行迟,又要太阴在增光时相离火星,太阴所在宫主

---

① "命宫主",《天文书》作"命宫"。

② "胜",据《天文书》,当为衍字。

星却与火星相照，火又要吉且旺，忌太阴与恶星相照①，又忌太阴在转宫，与所在宫主星不相照，最忌土星相照。

采捕

采捕水中物，要太阴在水局，命宫主星亦要在水局，与命宫相照，又要命宫主星与水局宫主星吉照，忌金水二星与火星相照，却要金水二星与太阴相照。②

作灶 _补

作灶要火星顺行，不要在十宫，要与水星吉照，水火又要与命主星吉照。

安葬 _补

以化命子星为主，化者之命主星及子之命主星。要得地，吉宫。两相吉照，又要化命回年之命宫主星，与子孙回年之命宫主星两相吉照，又各与坐向有情。如三六合照之类。

《真原》选择

太阴十二宫二十八舍之用

一、白羊八度二十二分③至二十一度十三分，性稳，宜用药，宜出游。二、金牛四度四分④，性干，宜水路，栽种，不宜用药。三、金牛十六度五十四分，性湿，不宜游行。四、金牛二十九度四十六分，性湿，不甚温，多冷，栽种，宜水路。五、阴阳十二度三十九分，性干，宜游行，服药。六、阴阳二十五度三十分，性稳，性皆不宜。稳字有误。七、巨蟹八度二十二分，性湿，栽种，不宜旱路，宜水路。八、巨蟹二十一度十三分，有少云，有微云也。宜用药游行。九、狮子四度四分，性极干，诸事不宜。十、狮子十五度五十六分，性湿，宜修盖栽种，不宜游行。十一、狮子二十九度四十七分，性

---

① "忌太阴与恶星相照"，《天文书》作"忌太阴无星相照"。
② 此段《天文书》作："若采捕水中之物，要太阴在水局增光时，与太阴所在宫主星吉照，忌凶星照。安命要在二体宫，忌在水局。命宫主星却要在水局，与命宫相照，又要命宫主星在水局，与水局宫主星吉照。忌金水二星与火星相照，却要金水二星与太阴相照。"
③ "八度二十二分"，《人命部》作"八度"。张氏当是据后文"二十八、白羊八度二十二分"改。
④ "金牛四度四分"，《人命部》作"至金牛四度四分"，即从白羊二十一度十三分至金牛四度四分。后"金牛十六度五十四分"等同。

冷不稳，宜栽种，不可服药，略可游行。十二、双女二度①三十八分，性湿，宜工作种植，他不宜。十三、双女二十五度二十九分，性湿，宜种植游行。十四、天秤八度二十分，性湿②，宜种植、嫁娶，不宜游行。十五、天秤二十一度十二分，性湿，宜开井，不宜游行。十六、天蝎四度四分，性湿性冷，诸事不宜。十七、天蝎十六度五十六分，性温，宜买禽兽，不宜游行。十八、天蝎二十九度四十七分，性干，可工作、种植、买田、到任、行水路。十九、人马十二度三十八分，性湿，可讼理、种植、游行。二十、人马二十五度二十九分，性湿，买禽兽，打猎。二十一、磨羯八度二十分，性稳，宜修盖、买田、种植。二十二、磨羯二十一度十三分，性湿，宜服药、行水路、穿衣。二十三、宝瓶四度四分，性稳，宜服药游行。二十四、宝瓶十六度五十六分，性稳，宜服药交兵。二十五、宝瓶二十九度四十七分，性干，宜游行交兵。二十六、双鱼十二度三十八分，性干，诸事不宜。二十七、双鱼二十五度三③十九分，性湿，交易、嫁娶、服药。二十八、白羊八度二十二分，性稳，交易、种植、服药。④

杂用

月在天蝎下弦，去发生迟。金牛、双女、天秤上弦，生速。治目疾宜月在巨蟹、金牛、阴阳、宝瓶、双鱼、人马、天秤。修屋、木植宜日月相冲至相会，不宜相会至相冲，恐屋宇易坏。月要在金牛、双女、天蝎，宜冬日。<small>梅文鼎云：此条与上弦以后不宜伐竹木条，正可参看。</small>用烧木，<small>烧过之木。</small>则宜日月相会至相冲，吉。种树木宜月会土六十或一百二十度，要月在金牛、狮子、天蝎、宝瓶。用粪宜下弦。<small>梅文鼎云：补之益之也。</small>骟马驴等，宜下弦。⑤<small>梅文鼎云：乘其虚观瓜田等，欲其速生，则宜上弦可见矣。</small>

太阴会合五星太阳之能

土星会月，诸事不宜，尤不可与老人农夫同事。土星去月六十度，宜共老人作事，不宜与妇人共事，宜耕田工作修屋。土去月九十度，不宜与老人共事，不宜耕种出行。土去月一百二十度，宜与老人共事，宜耕种修城。<small>工做起之后不论。</small>土冲月，诸事不宜，不可与老人共事，性俱冷，大不吉。木会月，宜见贵及聪明人，亦可为公门中事。月去木六十度，诸事皆吉。月去木九十度，作文读书见贵，俱吉。木去月一百

---

① "二度"，《人命部》作"十二度"。
② "湿"，《人命部》作"温"。
③ "三"，《人命部》作"二"。
④ 见《选择部·太阴十二宫二十八舍之用》。
⑤ 见《选择部·太阴十二宫二十八舍之用》。

二十度,不拘何事皆可为,求官亦宜。木冲月,宜作文读书。火会月,不宜与将官共事,不可与人争。火去月六十度,见武官吉,兵争吉,镕金吉,买马及诸红色物皆宜。火去月九十度,不宜见贵镕金。火去月一百二十度,宜见武士,镕金用兵。火冲月,不宜结交买人口,诸事皆不宜。金去月六十度,宜嫁娶,裁衣,见文人。金去月九十度,宜嫁娶裁衣。去月一百二十度,同。水会月,宜作书、会计、交易、出行。水去月六十度,宜入学。水去月九十度,宜会算会人①,远行交易。水冲月,宜入学交易。日去月六十度,宜见君、见官、见聪明人、上表到任。日去月九十度,不宜见官府及女人。日去月一百二十度,宜见贵,求上人财物。日会月,宜行密事,因月无光,他事不宜。月会星,宜嫁娶,进人口。②

---

① "会人",《人命部》作"令人"。
② 见《选择部·太阴会合五星太阳之能》。

《天象源委》卷十七

望　　气

　　气者涵于无形,而著于有象,弥漫于宇宙,充塞于六合。鼓而为风,蒸而为云,为霾为雾,为虹为霞。其在二曜傍也,为晕,为冠,为珥。或挟土之性,或挟木之性,或挟火之性,或挟金水之性,或以升而轻,或以降而重,或以郁而蒙于地,或以舒而亘于天。其状既殊,其名不一,而要皆气之所变化。然气有元气,有和气,有正气,有瑞气,有戾气,有浮游之气,有淫气。人之一身,丹田有气,呼吸有气。五脏六腑,皮肤手足,俱各有气。天地之间,四时有气,五行有气,而山岳河海、平原大泽、筌①神剑宝玉之属,无不有气。气之盛形,而有色、有声、有味。夫数,其隐者也;气,其显者也。第观其气,而不推其数,则无据;第推其数,而不观其气,则无征。顾望气之说亦繁矣,兹惟辑其精而切者,先望气,次风雨,后附中占。朱子《天元玉历》及《贤相占》②自成书,不辑入。

占　　诀

　　《隋·天文志》云:凡占灾异,先推九宫分野,六壬日月,③不应阴雾风雨而阴雾

---

① "筌",疑衍字。
② 《天元玉历》当指《天元玉历详异赋》,由明仁宗朱高炽于洪熙元年(1425年)正月御制序,颁赐大臣。该书版本众多,书中题"朱文公曰",故张永祚认为乃是朱熹所作,实则当为伪托之作。《贤相占》当指《贤相通占》,乃明末天文学家魏文魁所作星占学著作,收录于薛凤祚《历学会通·致用部·中法占验部》中。
③ 以六壬等三式占法推测风雨灾害等,涉及地盘九宫的分野。《遁甲演义》卷三云:"天有八门,地有八方,加以九星,察其气运,随星消息,应以八方。非惟可以戡乱除暴,扶助邦国,又必先知岁内丰俭灾祥,而可预为备荒之计耳。尝以本年立春过宫之日布局、使符、用星,就九宫分野以辨吉凶。盖太乙、奇门、六壬皆同此应,故为之三式。然入门各有不同,要其极至,则无二理也。"

风雨者乃可占。①

是时人第知重在九宫分野，六壬日月，故云然。今既推测天象，当合天象同占，亦宜与地理并论，并应详察风散雨厌之说。②

又曰：游气蔽天，日月失色，皆是风雨之候也。若天气清净，无诸游气，日月不明，乃为失色。凡气初出似甑上气，勃勃上升，气积为雾，雾为阴，阴气结为虹蜺晕珥之属。凡气不积不结，散漫一方，不能为灾，必须和杂，杀气森森然疾起，乃可论。候气常以平旦下晡、日出没③时处以见知大。句不可解。占期内有大风雨久阴，则灾不成。故风以散之，阴以谏之，云以幡之，恐是播字。雨以厌之。④

日出没时，气候之一大变也。子夜亦然，故观象者俱于此时，节气朔望准此。⑤

总　　论 凡有关于军阵者，入"军占"

《宋·天文志》云：《周礼·保章氏》以五云之物，辨吉凶、水旱降⑥、丰荒之祲象。古者分至启闭，必书云物，为备故也。逮乎后世，其法浸备。瑞气则有庆云昌光之属，妖气则有虹蜺祥云之类，以候天子之符应，验岁事之丰凶，明贤者之出处，占战阵之胜负焉。⑦

《隋·天文志》云：瑞气，一曰⑧庆云，若烟非烟，若云非云，郁郁纷纷，萧索轮囷，是谓庆云，亦曰景云。此喜气也，太平之应。一曰昌光，赤如龙状，圣人起，帝受终，则见。妖气，一曰虹蜺，日旁气也，斗之乱精，主惑心，主内淫，主臣谋君，天子诎，后妃颛，妻不一。二曰艹云，如狗，赤色长尾，为乱君，为兵丧。⑨

---

① 见《隋书·天文志·杂气》。

② 此段当为张氏自述。

③ 汉代将一天分为十六个时段，从夜半（0时）开始，依次为鸡鸣（1:30）、晨时（3:00）、平旦（4:30）、日出（6:00）、蚤食（7:30）、食时（9:00）、东中（10:30）、日中（12:00）、西中（13:30）、晡时（15:00）、下晡（16:30）、日入（18:00）、黄昏（19:00）、夜食（21:00）、入定（22:30）。此处时间段当对应于平旦日出，下晡日入。

④ 见《隋书·天文志·杂气》。此句最后部分语义较晦涩。或因占期内若有风雨久阴之类天气则占验之灾不成，所以此种占期内风可以散灾，阴可以进谏灾，云可以播去灾，雨可以满足平复灾，使得灾不见，故有"风以散之，阴以谏之，云以幡之，雨以厌之"的说法。

⑤ 此段当为张氏自述。

⑥ 水旱所降之情况。

⑦ 见《宋史·天文五·云气》。

⑧ "曰"，原作"日"，据《隋书》改。后"一曰昌光""一曰虹蜺""二曰艹云"之"曰"同。

⑨ 见《隋书·天文中·云气》。

《史记·天官书》曰:阵云如立垣,杼云类杼,轴云抟、两端兑①,杓云如绳者,居前亘天,其半半天,其蜺②者类阙旗故。钩云勾曲。诸此云见,以五色合占。而泽抟宓③,其见动人,乃有占。兵必起,合斗其直。王朔④所候,决于日旁。日旁云气,人主象,皆如其形以占。故北夷之气如群畜穹闾⑤,南夷之气类舟船幡旗。大水处,败军场,破国之虚,下有积钱,古作泉。金宝之上皆有气,不可不察。海旁蜃气象楼台,广野气成宫阙然。云气各象其山川人民所积聚。故候息耗⑥者入国邑,视封疆田畴之正治,城郭室屋门户之润泽,次至车服畜产精华。实息者,吉,虚耗者,凶。卿云,见喜气也。若雾非雾,衣冠而不濡,见则其城⑦被甲而趋。夫雷电、蝦红、辟历、夜明⑧者,阳气之动者也。春夏则发,秋冬则藏,故候者无不司之。天开县⑨物,天裂而见物象。地动坼绝,山崩及徙,川塞溪垙⑩,水澹⑪、泽竭、地长⑫,见象。城郭门闾,闺臬⑬枯槁,宫庙邸第,人民所次。谣俗车服,观民饮食,五谷草木,观其所属。仓府厩库,四通之路。六畜禽兽,所产去就。鱼鳖鸟鼠,观其所处⑭。鬼哭若呼,其人逢悟⑮。谓相逢而惊也。化言,诚然。⑯ 化当为讹。

仰望、平望、高望分道里远近

《天官书》云:凡望云气,仰而望之,三四百里,平望,在桑榆上余⑰二千里,登高而望之,下属地者三千里。恐无是远。

《隋·天文志》云:凡候气之法,初出森森然在桑榆上高五六尺者,是千五百里

---

① "抟",圆厚积聚貌。"兑",通"锐"。
② "蜺",音 niè,虹。
③ "宓",《史记》作"密"。"泽抟密"指云气润泽、团聚、浓密。
④ 王朔,人名,汉武帝时期术士。
⑤ "穹闾",弓形居室,即蒙古包。
⑥ "息耗",休养生息与消耗。
⑦ "城",《史记》作"域"。
⑧ "红",《史记》作"虹"。"蝦虹",大气现象,乃一种在雨幕或雾上形成的彩虹。"辟历",大气现象,即雷震、雷暴及看不到闪电的响雷,或由一组响雷组成的突然放电现象。"夜明",极光或气辉。
⑨ "县",通"悬"。
⑩ "垙",填塞。
⑪ "水澹",水无故自动。
⑫ "地长",土地自己生长。
⑬ "闺臬",《汉书·天文书》作"润息"。
⑭ "处",《史记》作"属"。
⑮ "悟",音 wù。"逢悟",相逢而惊。
⑯ 此段及下《天官书》各条均见《史记·天官书》。
⑰ "余"前,《史记》有"千"。

外,平视则千里,举目望则五百里。仰瞻中天则百里内,平望桑榆间则二千里。登高而望,下属地者三千里。①

云浮动且凌虚难测,山可测,用重表测山之高远,即可以验云之远近。②

山川人物之气

《天官书》云:自华以南,气下黑上赤。嵩高、三河之郊,气正赤。恒山之北,气下黑上青。勃碣海岱之间气皆黑。江淮之间,气皆白。

《隋·天文志》云:"东海气如圆簦③。附汉河水,气如引布。江汉气劲如杼。济水气如黑狁④,滑水气如狼白尾。淮南气如帛。少室气如白兔青尾。恒山气如黑牛青尾。东夷气如树,西夷气如室屋,南夷气如阇台或类舟船。"又云:韩云如布,赵云如牛,楚云如日,宋云如车,鲁云如马,卫云如犬,周云如车轮,秦云如行人,魏云如鼠,齐⑤云如绛衣,越云如龙,蜀云如囷。⑥

《天官书》云:"徒气白,土功气黄。车气乍高乍下,往往而聚。骑气卑而布,卒气⑦搏。"《隋·天文志》云:喜气上黄下白,怒气上下赤,忧气上下黑。"⑧《淮南子》云:山云草莽,水云鱼鳞,旱云烟火,涔云⑨波水。山气多男,泽气多女,障气多喑,风气多声,林气多癃,木气多伛,岸下气多肿,石气多力,险阻气多瘿,暑气多夭,寒气多寿,谷气多痹,邱气多狂,衍气多仁,陵气多贪。轻土多利足⑩,重土多迟。清水音小,浊水音大,湍水人轻,迟水人重。中土多圣人。⑪

天子气

《隋·天文志》云:天子气,内赤外黄正四方,所发之处当有王者。若天子欲有游往处,其地亦先发此气。或如城门,隐隐在气雾中,恒带杀气森森然。或如华盖在气

---

① 见《隋书·天文下·杂气》。
② 此段当为张氏自述。
③ "簦",长柄笠,类似于伞。
④ "狁",同豚。
⑤ "齐"前,《隋书》有"郑"。
⑥ 见《隋书·天文下·杂气》。
⑦ "徒气",徒役之云气。"土功",修筑军事工程。"车气",车战部队之云气。"骑气",骑兵之云气。"卒气",士卒之云气。
⑧ 见《隋书·天文下·杂气》。
⑨ "涔云",含雨的浓云。
⑩ "足",《淮南子》无。
⑪ 见《淮南子》"览冥训"与"坠形训"。

雾中,或有五色,多在晨昏见。或如千石仓在雾中,恒带杀气。或如高楼在雾气中,或如山镇。苍帝起,青云扶日。赤帝起,赤云扶日。黄帝起,黄云扶日。白帝起,云①扶日。黑帝起,黑云扶日。②

尧,火德。舜,土德。禹,金德。汤,水德。周,木德。汉继周,火德。唐,土德。宋,火德。③

或日气象青衣人,无手,在日西,天子之气也。敌上气如龙马,或杂色郁郁冲天者,此帝王之气也,不可击。若在吾军,战必大胜。凡天子之气,皆④上达于天,以王相⑤见。⑥ 王相,时日也。

一云,天子气紫云如华盖,或成龙凤马虎状。⑦

《心传合撰》云:初起之日,必有瑞气见于日傍,圆者王,直者霸,横者强,偏者亡,无者不能兴起。

贤臣云

一云,四时常有大云,五彩明润,或成禽兽山花,下有贤良大臣,宜相招以为辅。

贤人气

《京房易飞候》云:视四方有火云,五色见其下,贤人隐也;青云蔽日在西北,为举贤良也。 西北为天门。

---

① "云",当作"白云"。
② 见《隋书·天文下·杂气》。
③ 此段当为张氏自述。
④ "皆"后,《隋书》有"多"字。
⑤ "王相"属于四时休王(王相休囚死)元素,《隋书·天文志》中可见对四时休王的应用。这里王应当指时日。《五行大义·论相生·论四时休王》云:"春则甲乙寅卯王,丙丁巳午相,壬癸亥子休,庚辛申酉囚,戊己辰戌丑未死。夏则丙丁巳午王,戊己辰戌丑未相,甲乙寅卯休,壬癸亥子囚,庚辛申酉死。六月则戊己辰戌丑未王,庚辛申酉相,丙丁巳午休,甲乙寅卯囚,壬癸亥子死。秋则庚辛申酉王,壬癸亥子相,戊己辰戌丑未休,丙丁巳午囚,甲乙寅卯死。冬则壬癸亥子王,甲乙寅卯相,庚辛申酉休,戊己辰戌丑未囚,丙丁巳午死。"中国古代时日用干支表示,故而可以得到王相属性。
⑥ 见《隋书·天文下·杂气》。
⑦ 此段出处不明,亦当非张氏自撰。在此卷以下行文中,张永祚有多处未标记出处,经检索亦难确认来源,所以未注出处与标记引号。不过,从检索情况来看,张永祚似乎参考《戎事类占》《开元占经》《观象玩占》《文献通考》《武备志》《农候杂占》一类著作较多。这些论述当是他糅合各书相关内容所得。

良将云

一云,良将云,大云如金银色,或成虎豹猛兽,下有良将。

《隋志》云:"凡气上与天连,军中有贞将。"①

猛将气

《隋·天文志》云:凡猛将之气如龙,两军相当。若气发其上,其将猛锐。或如虎在杀气中。猛将欲行动,亦先发此气。若无行动,亦有暴兵起。或如火烟之状,或白如粉沸,或如火光之状,夜照人,或白而赤气绕之,或如山林竹木,或紫黑如门上楼,或上黑下赤,状如黑旌,或如张弩,或如埃尘,头锐而卑,本大而高。两军相当,敌军上气如困仓,正白,见日逾明,或青白如膏,将勇大战。气发如云,变作此形,将有深谋。②

喜气

一云,云色黄润,绕日上下,成龙凤山花怪石,国有大喜,战胜无敌,化外,有来归顺。

灾气

一云,云色如鹊尾盖荫,兵乱大战,人多死,国有大灾。云色惨黄不散,小人当权,久执国柄。云变紫赤满天,所见之方,火旱与兵。

风　　雨 此门专占风雨

天色

天高白色为旱,惨黄为风,或火灾。惨白而淡为风雨。气低,昏三日,雨兆。天忽苍苍如灰,有大风至。游气蔽天,日月失色,星宿光昏,有雨之证。

日色

《隋·天文志》云:或天气下降,地气未升,厚则日紫,薄则日赤。若于夜则月白,

---

① 见《隋书·天文下·杂气》。
② 见《隋书·天文下·杂气》。

皆将雨也。或天气未降，地气上升，厚则日黄，薄则日白。若于夜则月赤，将旱且风，亦为日月晕之候，雨少而多阴。月赤主热，亦主火。或天气已降，地气又升，上下未交，则月①青。若于夜则月绿色，将寒候也。或天气②虽交而未密，则日黑；若于夜则月青。主雨。将雨不雨，变为雺③雾、晕背、虹蜺，又主沉阴。④

又云：月色黑，有水。月色如火血，天旱。如火血而干。有黑光，不出六十日，大水伤五谷。白无光，月内少雨。青赤无光，或黑绿，或如灰色，七月山崩水溢，应在冲。月所离之冲。九月来年大蝗，夏水灾。十月鱼行人道。七月、九月、十月之应以月建言。青光不出，三旬大风。光暗红色，雾结浓阴，有大风雨，大热。日出东方二竿，亭亭无光，曰日病；未入西方，如是，曰日死，一曰有风雨。月初占雨，曜如青黑，多雨，黄赤多晴，明润干枯同之。初一管上旬，初二管中旬，初三管下旬，斗光同。

日傍云气日气斗光，应有雨而无雨者，乃雨应于各方位故也。中占论干支，考《天元玉历》方位，却止论干，甲为齐，乙为鲁云

太阳将出，看东方黑云如鸡头，如旂帜，如山峰，如阵鸟，如星㥯⑤，如龙头，如鱼，如蛇，如灵芝、牡丹，俱主当日未申时雨。或紫黑气贯穿在日上下，并主当日。日出时有黑云如盖、四边垂者，三日后多风雨，贯之二三亦然。日上下有黑气如蛟龙者，主风雨。如黑蛇贯日，主雨水。日出有黑云如隔，其下有兵，遇雨即解。日入时已久旱，而有赤云遍天，照映山谷，则来日有雨。俗于日入时看乌云接日。大抵乌而白润者雨，乌而黑者青，看风，赤者雷电且热。若云气障半天，不得谓之接日，可谓之蔽天，其应迟在三日内，接日应明日。

《隋·天文志》云：四始之日，有黑云气如阵、厚重大者，多雨。⑥

一云：三月三日，日下赤云，夏秋必旱，民多疫亡。

《隋志》云："日有交者，赤青如晕状，或如合背，或正直交者，偏交也。两气相交也，或相贯穿，或相向，或相背也。"⑦

---

① "月"，《隋书》作"日"。
② "天气"，《隋书》作"天地气"。
③ "雺"，音 méng，《尔雅·释天》："天气下，地不应，曰雺。"是雺指天气下降而地气不应的一种特殊的蒙暗状态。
④ 见《隋书·天文下·十辉》。
⑤ "㥯"，此字音义不明。明朝陈继儒《致富奇书》、清朝苏毓辉《便农占镜》中均有相同表达，均用"㥯"字。
⑥ 见《隋书·天文下·杂气》。
⑦ 见《隋书·天文下·十辉》。

日珥

日左右珥,大风起。多珥临日,有雨。日有四提,大雨,灾不成。

日晕

日晕色黑,有水,一日主风。青赤,主一二日大风。青色,一日主雨五重,天下大水。赤色,火旱,其日有大风雨,雷震杀人畜且大热,再重旱。白,一重当日风雨,二重其月多风雨,三重天下大水。黑晕二重,其下大水。三重,水流中央,民食野草。紫晕一重,大旱。绿晕三重,三日一百二十里连雨不绝,鱼行人道。晕一重,主次日风飘荡;二重,七日大风雨。晕角,又主大水。亢,多雨。璧①,风雨大水。毕,一日风雨。井,多风雨。晕有珥,左风右雨。

日食

日食三月,有大水,鲁凶。二月,亦为大旱。四月一日,旱,疫。七月一日,有洪水,韩恶之。十月一日,冬旱。十二月一日,水灾,夏麦不收。食有珥,有云冲之,丙丁日,黑云,水。余类推。

月

月宿十精:春丙丁,夏戊己,秋壬癸,冬甲乙。土王用事,庚辛。三日必大风,雨不应,应各方,土王应庚辛方。此占未密。雨,月见一日,主大水。当望不望,一日大旱。前望西缺,后望东缺,名曰反月,天下有涌水。初生而广大者,水灾。初生正偃,一日有水,正仰如之。月大而体小者,旱。月望而蟾兔不见,所宿大水,城陷民流。月中有如神龙玉兔者,洪水千里。

月色

月色红,明日雷雨,青色同,赤则旱。有圆光大如车轮,来日大风,或三日后应。有白云结成圆光,不甚圆明,日亦有风。月初生而白,旱;无光,四月大旱,五月旱;满而赤,旱;黑,水;黄燥,为风,为旱。出三丈,或未入三丈,大赤无光,曰病。平时主风雨。乘斗而变色,大风雨。乘牛②而变色,大水灾。

---

① "璧"当为壁,二十八宿之一。
② "斗""牛",二十八宿中的两宿。

月傍云气

月始出,有黑气贯月,一二三四,不出三日,暴雨;白气贯月,夏水,秋风;赤气贯月,在夏为旱;黑云刺月,阴雨移时;有龟形倚月,主大水。

月珥冠

月珥黑,水灾,期于三年。无此远。冠而珥,有大风,晕而冠同。

月晕

月晕,无军,主大风雨。赤晕,旱;黑,多水。晕西向,风雨害五谷;北,大水灾;南,旱,风。再重,大风。晕三环连接,黑,来年水;赤,旱。晕不合,有两珥,其国水。视"分野"。晕角,大水,多风雨,秋水灾;再晕,大水;亢,多雨;氐,冬为水;房,有风雨;心,虫,旱;尾,其分水灾;箕,风;虚,风起,兵谋不成;室,一曰为水火风;壁,为风,为水;娄,五日不雨,兵叛;昂,大雨;毕,雨;井,旱;鬼,旱;星,旱;张,水;翼,有大风伤物;轸,一日旱,多大风;室璧,风起,大水。晕入斗,大水。晕辰星,春旱,秋水。孟月十一日,仲月八日,季月九日,皆当晕。若不晕,不出三日有暴风雨。正月晕火日①,旱;戊己,大水;壬癸,江河溢。又四时壬癸晕皆为水。五月至九晕,道多热死人。十二月八日,晕再重,大风。

月食

食而赤,一日旱;黑,水。以日支占地,如子丑主北方云。月食未望或望后,大水。食大半以上,大水。以日支占国。食夏,旱。冬食一日,春多潦。春食东方,其月恶风。食子夜,天下大水。正月食,秦旱;二月,赵水;四月,魏旱;五月,旱;六月,沛;十二月,秦大水。丑、卯、寅日,旱。食箕为旱、风,斗有水。食犯角左星,大旱;角右星,大水。又箕,大风,拔木伤人。井,秦、雍大水。轸,大风。

月食星

月食辰②,大水。辰入月,水。彗犯月,离方③,大旱。有星围绕,多至数十,其分

---

① 五行为火之日,即丙丁日。

② "辰",水星。

③ "离"指离卦,"离方"指离卦所表示的方位。八卦在中国古代被用来指示方向方位。此处所用当为后天八卦方位,"离"指南方,南方主火,故大旱。

水灾。

星

火犯水，大旱。填星逆行入河，大雨。荧惑守天河及天河中星少，皆主旱。辰星守天河，及天河中星多，皆主雨。星光闪烁主风。星昏而行，江河泛涨。

云气 合日月傍云气同占

《隋·天文志》云：云气如乱穰，大风将至，视所从来避之。云甚润而厚，大雨必暴至。云色如土浊不润者，阴。有云如日月晕，青白色，有大水。有云状如龙行，国有大水，人流亡。① 如牛车相连，同。

一云：云如巨鱼，疾行中天，色苍黑，有大风。云润乌，如牛猪渡河汉，不出三日大雨。黑气如牛巉，有暴雨；如牛马，不出三日大风雨；如群羊飞鸟，必雨；飞鸟恐属风象。如雨人提鼓持桴，有暴雨。黑气如鸣鸡，与营门相对，必大雨泛涨；如屋形，两头有门者，主大雨滂沱；此云见，有龙降乡村，冬来雪高于屋。甲辰日为青龙②，早有云气如马形，在离上，主午日雨。癸丑日为黑牛，夜黑云如龙形，在震上，主辰日雨。每日平明③看五方，若东风有青云，主甲乙日雨，以此推之。且占云气；有五色交错，赤黑相兼者，必有大雷雹风雨；晴色则成蒙雾。又平明看五云接日，白主雨，黑即雨，五色恶云主雷电。夏间赤云接为朝霞，雨便至。冬间赤云接为火气，主雨雪。冬间白云气如舞，往来其处，凄风送迎，大雪将下。日始出，有晕气如云盖在上，其日必雨。日出时，有云带在日中，或横蔽日不见，随日不散，主日高丈五时雨。日高一二丈时有此，日中雨。夏如此。日入后有白光如气，自地至天，直入北斗，所历星皆失色，其夜必大风。黄昏时看北斗上之云气，初夜间看新月边之云气，拂晓看南方黑云，最高谓之雷牌，应巳午时；中天而止，应未申时；东方云头，东方至。拂晓，看东方五色云气如锦，过西，当日风雨；中天而止，应三日。日没时，看五色云气过东者，亦应三日，谓之龙气。早看东方有白虎云气，随太阳上下，应巳午时雷雨；巳午时随，应未申；未申时随，应酉戌。凡晦朔弦望，云气四塞，皆雨。四始日④有黑云如阵，重厚太者，多雨。日内不应，必主一年。六甲日⑤云气四合，当日雨，无云，一旬少雨。正月朔，

---

① 见《隋书·天文下·杂气》。
② "甲辰日为青龙"，此主天干而言，甲为木，主东方，青龙。
③ "平明"，黎明，天刚明亮。
④ "四始日"，正月初一、四月初一、七月初一、十月初一。
⑤ "六甲日"，干支纪日中的六个天干为甲之日——甲子、甲寅、甲辰、甲午、甲申、甲戌。

有云南去,旱;_{南去则为北风,主旱未必。}北去,秋涝。十五日子时至平明,南方有赤云,主大旱三千里。_{太原未必。}北方有黑云,七月内水灾,平地三尺。二月朔,云东南来,春旱。三月朔,云西去,主九十日无雨;北去,立秋有风伤禾。四月朔,云南去,田禾焦;西去,三十日风灾。五月朔。_{无占。}六月朔,北去,冬多雪。七月朔,西去,风雨多。八月、九月、十月朔。_{无占。}十一月朔,南去,春旱。十二月朔,东去,来春多雨雪,损花果;南去,春不雨;西去,春旱;北去,春雨水均。元旦见黑云,东方春雨,南方夏雨,西方秋雨,北方冬雪。_{亦可类推。}夜若有黑云掩北斗,主年中大涝,损五谷;赤云,旱。

北斗

苍白气入北斗,多大风。白气掩北斗,大风雨之象。斗间五色云气变为苍色,如龟龙之形而动者,当夜大雨。魁边黑云,雨至当夜,罡①前黄气,雨至来晨。乌云遍遮北斗,主三日内雨。一二星云遮,主五日内。四望无云,惟斗中上下有云气润者,五日内雨。如黑云低而广厚,当时雨。斗间有赤云气,主旱,明日大热。黄云蔽北斗,或日上,主风埃。白云遮北斗,明日雨,应未申时。白云遮二三四星,同。斗下有白云,气如水波,明日大风。斗中上下云如乱絮,止有大风;如鱼鳞,主风云。斗下斗口有紫黑气,三日后雷雨。青色应本日,黄白黑仿此。霞彩同占。天罡红色动摇,有雷雨;青色,有霹雳。星上起白云,明日大雷雨。白光静无。

天津云气

苍黑白气入天津,主大水;赤气入,主旱。白云六道二里、五里,有青云如水波,外更有黑云,此是天河云气,四方别无云,后六十日,海水漂涌三百里外,大为民灾,不则至九十日,黄河、孟津水溢,亦为应。天河中云气黑润如猪往来,当夜雨,或如烂绵枯木,或如雾,或遮太阴,或在太阴上下,并应来日雷雨。白云如绵,或如小鱼,头南脚北,明日南风,俱日落后验。五卯②六甲日望天河中云气,有多风雨,无多晴明,应所管日内。

昆仑云气

白云一道带黑者,此是昆仑云气,至十日海溢。又赤云五道十道内有紫云一道,

---

① "魁",北斗星的斗首。"罡",北斗星的斗柄。
② "五卯",指干支纪日中的丁卯、己卯、辛卯、癸卯、乙卯日。

九十日内大河竭。

霞

黑霞贯月，大雨，民灾。久阴则解。贯日，三日内大雨无事。日之上下左右见者，主大风。色惨者，雨。白霞变动，劲锐若匹帛，三日内风雨无事。

雾

在天为蒙，在地位雾，阴来胃阳，黄，小雨，或有大风；黑，有暴水。夏丙丁，雾，主旱。大雾朝夕，至三秋则暴风雨。

虹蜺

苍无胡者，虹也。胡见《考工》。① 赤无胡，蚩尤旗也。白无胡，蜺也。冲不屈者，天杵也。直上下不屈者，天梧也。此五虹，丙丁日出，南方大旱。虹直上行，直而不曲，所出之方，大旱。立春后贯震②，春多雨，秋多水。春分后贯巽，春大旱。立夏后贯离，大旱。夏至后贯坤，有水蝗之害。立秋后贯兑，秋有水有旱。秋分后贯乾，秋多水。立冬后贯坎，冬小雨，春水灾。冬至后贯艮，春多旱。一云冬虹主雪。

雷电

雷初发，起南方，小旱；夜起，大旱；起北方，海溢川涌，夜更甚；起西方多雨水，夜更甚。丙日起，年内旱。雷闪过斗及斗口，当夜雨；不过斗，应明日。

雹

雹巳日，旱；未日，荒旱；酉日，秋风，有损。

地山水

地出火，其国大水。地无故出泉，且有大水，生杂物，同。山夏崩，天下大水。泽水自无鱼，又为秋，大水。

---

① 《周礼·冬官·冶氏》云："戈广二寸，内倍之，胡广之，援四之。"《周礼注疏删翼》卷二十八引仲舆郝氏曰："胡，锋旁出而下曲者，即钩也。"

② "贯"，贯穿，如白虹贯日之贯。"震"，东方震位。立春对应震，春分对应巽，立夏对应离等，是按后天八卦排布分类的。后天八卦中，震为东，巽为东南，离为南，坤为西南，兑为西，乾为西北，坎为北，艮为东北。

风 五音占见"审音"，风雨有土占，如风有单日双日早起暗起，江河有风暴海云起，各地方有某山出云主雨之类，不能尽载

候风以鸡羽八两悬五丈竿上，无风处有声，如奔马，炎如火，乃人气也。八风乾风 不周。悠扬，不疾不徐；坎风 广莫。火削险怪，撮聚成旋；艮风 条风。刚大激烈，吹物上冲；震风 明庶。冲大涣散，顿而复起；巽风 清明。平荡，顺吹不散；离风 景风。明爽，若断若续；坤风 凉风。长大包含，遍野散漫；兑风 阊阖。细细袭人，条理不乱。

立春日阴，则旱。风从离来，旱；坤来，春寒，六月大水。春分日，风从乾来，岁多寒；巽来，多暴寒；离来，五月先水后旱；坤来，小水。立夏日晴明，旱。风从坎来，多雨水；巽来，大暑；离来，夏旱，禾焦。夏至日，南方有赤气则热；晴明，旱。风从乾来，寒；坎来，夏多寒；艮来，山水暴出；巽来，九月大风落木；坤来，六月雨水横流；兑来，秋多雨霜。立秋日，风从乾来，多寒雨；坎来，多阴雪寒；震来，秋多暴雨；离来，多旱。秋分日，风从坎来，多寒；艮来，十二月阴寒；巽来，十月多风。立冬日晴明，小寒。风从坎来，冬雪杀走兽；震来，居多寒；巽来，冬温，明年火旱；坤来，水泛滥。冬至日有云，寒雪。风从乾来，夏寒；艮来，正月多阴雨；震来，雷不发，大雨并；离来，冬温，水旱不时；坤来，多水伤；兑来，明年秋多雨。正朔风南来，大旱；西南，小旱；东来，大水。八风各与其冲对，多胜少，疾胜徐。见"占岁"小序。若风热冷急昏异常，又当以八卦暴风占之。从坎来，大水；震，大旱；恐字误。巽，多风；离，旱，大热。风云相交为雨。青龙风急，大雨将来。朱雀风回烈日，晴燥。白虎风生必有雨雾。玄武风急，雨水相随。本时而言，随方起风，应乎雨晴。

春东风，何以雨？以东风得令故也。夏南风亦然，至季夏又不然矣。夏至六月而令将衰，此所以不雨也。夏东风不雨，盖非得令之风，故不雨也。夏北风又雨，此何以故？水克火也。夏南风，雨，以南而兼西者多雨，盖夏令渐通秋气也。若雷阵雨，则不拘方向，然毕竟西南阵更大。秋西风多雨，冬西北风多晴，东北风多雨，亦是此理。若至边海之地，又非可以常理论。如论风，夏秋闷热，每起风潮，东南风巨，海水过塘。此占验之贵于明理也。①

雨 亦有土占，如早看天顶，暮看四降，黄昏开门之类，不尽载

春甲子雨，乘船入市。夏甲子雨，赤地千里。秋甲子雨，禾头生耳。冬甲子雨，飞雪千里。凡甲子日，晴久晴，雨久雨。若甲子遇双日谓之雌，甲子虽雨不妨。壬子

① 此段当为张氏自述。

日，春雨，人无食；夏雨，牛无食；秋雨，鱼无食；冬雨，鸟无食。若甲寅晴，谓之拗得过。凡雷雨作于巳午阴生之后、夜半止者，草木沾之荣茂。先风后雨为顺，先雨后风为逆。先雷后雨，其雨必小。先雨后雷，其雨必大。雨止而风雷不止、云雾不散者，必有灾伤。风雨之至，不独天象可以豫卜，凡物类无不先知先著。如鸟翔，如江猪起，虾笼得鳗，水生靛青，皆主风。如鱼噞①，如蚁出穴，鹊洗澡，水蛇盘芦上，冬青花开，未开，梅雨未过。炊烟不起，皆主雨。如海燕成群白肚，风；乌肚，雨。逍遥夜叫一声风，二声雨，三声四声风雨。无如此类，未易悉数，天地人物一理贯通，于此可见。

西　　占

《象宗》云：若太阳未②出西入时，清朗无云翳，主天晴明；或云色不等，围绕太阳，及太阳色如火光显长者，必有狂风；若色黑青又有云气在周围，天必阴暗雾雨。若太阴于朔望前三日，或上下二弦之前三日，周围清净无云气，主天晴明；如红光环而不定，主风；色黑暗青，天阴有雨。应本日。杂星比常时明朗显大者，必有翼。其光偏一边，其翼如之。光四散者有乱翼，翼主风③。虹蜺在天，晴时见雨，阴时见晴。④

《泰西水法》云。原缺。

中　　占　中土一切占书所言，岂无精微之处，但宽泛者多耳。本门及本卷"望气""风雨"二门论干支处即是

日

总论。《隋·天文志》曰："《周礼》视祲氏掌十辉之法，以观妖祥，辨吉凶。一曰祲，谓阴阳五色之气，祲淫相侵。或曰抱珥背璚⑤之属，如虹而短是也。二曰象，谓云如气成形象，云如赤乌夹日以飞之类是也。三曰镌⑥，日旁气刺日，形如童子所佩之镌也。四曰监，谓云气临在日上也。五曰暗，谓日月蚀，或日光暗也。六曰瞢，谓

---

① "噞"，音 yǎn，在水面张口呼吸
② "未"，据《天文书》当作"东"。
③ "杂星比常时明朗显大者，必有翼。其光偏一边，其翼如之。光四散者有乱翼，翼主风"，《天文书》作："若杂星，比常时明朗显大者，必有风。其星光偏一边者，应其方有风。若星光四散者，有乱风。"
④ 见《天文书》第二类第八门"断说天象"。
⑤ "璚"，同"玦"，有缺口的佩玉，此处指形状似玦的日晕。
⑥ "镌"音 xī，同觿，古代解结的工具。

蓸蓸不光明也。七曰弥，谓白虹弥天而贯日也。八曰序，谓气若山而在日上。或曰冠珥背璚，重叠次序，在于日傍也。九曰阶，谓晕气也，或曰虹也。《诗》所谓'朝阶于西'①者也。十曰想，谓气五色有形想也。青，饥；赤，兵；白，丧；黑，忧；黄，熟。"②

戴冠等各名。《隋志》云：日戴者，形如直状，其上微起，在日上为戴。戴者，德也，国有喜也。一云立日上为戴。青赤气抱在日上，小者为冠，国有喜事。青赤气小而交于日下，为缨。青赤气小而圆，一二在日下左右者为纽。青赤气如小半晕状，在日上为负。负者得地为喜。又曰：青赤气长而斜倚为戟。青赤气圆而小，在日左右为珥，黄白者有喜，又曰有军。有一珥为喜，在日西，西军战胜；在日东，东军战胜；南北亦如之。无军而珥为拜将。又日旁如半环向日，为抱。青赤气如月初生背日者，为背，又曰背气。青赤而曲，外向，为叛象，分为反城。璚者如带，璚在日四方。青赤气长而立在日旁，为直。日旁有一直，敌在一旁欲自立。从直所击者胜。趋其未立定击之。日旁有二直三抱，欲自立者不成，尚有向我者。顺抱击者胜，杀将。气形三抱，在日四方，为提。青赤气横在日上下为格。气如半晕，在日下为承。承者，臣承君也。又曰，日下有黄气三重若抱，名曰承福，人主有吉，喜且得地。青白气如履，在日下为履。③

色。《宋·天文志》云：君亮天工，则日备五色。④ 赤如血，君丧臣叛。赤如火，君亡。⑤

光。《观象辑要》云：日有黄芒，君福昌；多黄辉，主政太平。日无光为兵丧，又为臣有阴谋。日昼昏，臣蔽君，有篡逆。光四散，君失明。

珥。《观象》⑥云：人君有德，日有四珥，光辉四出；日有二珥，一年再赦。两珥，气圆而小，在日左右，主民寿考。三珥，色黄白，女主喜，纯白为丧，赤为兵，青为疾，黑为水。四珥，主立候⑦王，有子孙喜。日珥，甲乙日有二珥四珥而食，白云中出，主兵；丙丁黑云，天下疫。戊己青云，兵丧；庚辛赤云，天下易少主；壬癸黄云，土功，抱戴冠承履纽缨。

《宋·天文志》云：凡黄气环在日左右为抱气。居日上为戴，为冠；居日下为承，

---

① 见《诗经·鄘风·蝃蝀》。
② 见《隋书·天文下·十辉》。
③ 见《隋书·天下下·十辉》。
④ 见《隋书·天下下·十辉》。
⑤ 见《宋史·天文五·七曜》。
⑥ 当指《观象辑要》。
⑦ "候"，当为"侯"。

为履;居日下左右为纽,为缨。为抱则辅臣忠,余皆为喜为得地。①

晕。《观象》云:日晕,七日内无风雨,有异应。甲乙,忧火;丙丁,臣下不忠;戊己,后族盛;庚辛,将不用命;壬癸,臣专政。半晕,相有谋。黄则吉,黑为灾。晕再重,岁不农。色青为兵,谷贵;赤,蝗为灾。三重,兵起。四重,臣叛。五重,兵饥。六重,兵丧。七重,天下亡。

虹。《宋志》云:白虹贯日,近臣叛,诸侯乱。②

云气。《观象》云:日旁云气白如席,兵众战死;黑,有叛臣;如蛇贯之而青,谷多伤;赤,其下有叛。青云在上,下年谷登。有赤气如死蛇,为饥,为疫;白,为兵;黑,为水。杂气刺日,皆为兵。

食。《观象》云:日食在正旦,王者恶之。又曰:寅卯辰,木,司徒。巳午未,火,太子。申酉戌,金,司马。亥子丑,水,司空。又曰:在甲乙日主四海之外,不占;丙丁,江淮海岱也;戊己,中州河济也;庚辛,华山以西;壬癸常山以北。

瑞象《宋志》云:人君有道,则日含王字。③

异象。《宋志》云:日中黑子,臣蔽主明。日中见飞燕,下有废主。日生牙,下有贼臣。④

并出及夜出陨斗。《宋志》云:数日并出,诸侯有谋,无道,用兵者亡。夜出,兵起。下陵上,大水。日陨,下失政。日斗,为兵寇。⑤ 日正中时,有景无光,夏寒。日无光,有死王。李寻曰:月⑥初出时阴云邪气起者,法为牵于女谒⑦,有所畏难;日出后,为近臣乱政;日中,为大臣欺诬;日且入,为妻妾役使所营。孟康曰:日月无光曰薄。《春秋感精符》曰:色赤如炭,以急见代,久⑧兵马发。

赤晕毕,边兵动。日暗,黄雾四塞,不及三年,下有拔城大战。日晕有虹,为大战。半晕,相有谋。苍黑,祲气也。黑云夹日者,贼臣制君之象。变而如人,为叛臣;如马,为兵。青黄晕五重,有国者受其祥。云如象赤乌,夹日以飞,当王身。云在楚上,不及他国。日中乌见,王者恶之。白虹,兵气也。三、四、五、六日俱出并争,天下兵作。

---

① 见《宋史·天文五·七曜》。
② 见《宋史·天文五·七曜》。
③ 见《宋史·天文五·七曜》。
④ 见《宋史·天文五·七曜》。
⑤ 见《宋史·天文五·七曜》。
⑥ "月",据《汉书》当为"日"。
⑦ "谒",请。
⑧ 据《春秋感精符》,此句话中"代"当为"伐","久"当为"又"。

月

色。《观象》云：月变色为殃，青饥，赤兵，白旱，黄喜，黑水。

光。月昼明，则奸邪作，女后强。

珥。月珥，青忧，赤兵，白丧，黑国亡，黄喜。一珥五谷登，两珥外兵胜，四珥及戴，君喜国泰。有背璚，臣下弛纵，欲相残贼。乃不和之气。

晕。《宋志》云：月晕三重，兵起；四重，国乱；五重，女主忧；六重，国失政；七重，下易主；八重，亡地；九重，兵起亡国；十重，天下更始。① 日傍一珥军喜，二珥民寿，三珥后喜，四珥立候②王及子孙喜。戴者推德，抱者国降，承者承君，冠者封建。晕珥，为忿争。半晕缨，得地。直，为自立。交，为大战。背，为背叛。战，为兵斗。贯刺，君所恶。若在月，则应后妃。

食。《天官书》云：月蚀岁星，其宿地③饥若亡；荧惑也乱；镇星也此最不吉。下犯上；太白也疆国以战败；未密。辰星为乱。食大角，主命者恶之；心则内贼乱也；列星，其宿地忧。并食可以类推。

异象。《观象》云：月生齿，则下有叛臣。月生足，则后族专政。

并出。数月并见，兵起，国乱，水溢。

与星犯。《天官书》云：月行中道，安宁和平。《索隐》案：中道，房室④星之中间也。房南为阳间，北为阴间，行阴间多阴事，行阳间则人主骄恣。行入角与天门，若十月犯之，来年四月成灾。以月建之冲言。十一月为五月，十二月为六月，水发，近三尺，远五尺。犯四辅房四星也，辅臣诛。行南北河，以阴阳论，为旱，为水，为兵，为丧。南河三星，北河三星。《宋志》云：岁星犯月，兵、饥、民流。荧惑犯，大将死，有叛臣，民饥。填星犯，女主忧，民流。太白犯，右为阴国有谋，左为阳国有谋⑤。月与太白会，太子危。岂以月主太子耶？未详。辰星犯月，天下水。月食辰，水，饥。辰入月，臣叛主。彗星入月，或犯之，兵期十二年，久。大饥；贯月，臣叛。流星在月上下，国将乱。月犯列宿，其国受兵。星食月，国相死。星见月中，主忧臣叛。⑥《宋中兴天文志》云：星入月而星见于月中，是为星食月。月奄星而星灭不见，是为月食星。月与人为近，星见月中，非真象。月昼光，奸邪并作，擅君。未当阙而阙体如蚀，色赤黄，

---

① 见《宋史·天文五·七曜》。
② "候"，当为"候"。
③ "宿地"，月掩蚀岁星所在二十八宿对应的分野之地。
④ "房室"，《索隐》作"房"。
⑤ "右为阴国有谋，左为阳国有谋"，《宋史》作"出月右为阴国有谋，左为阳国有谋"。关于"阴国""阳国"的介绍，见卷二十"分野·分野异同考"。
⑥ 见《宋史·天文五·七曜》。

大臣黜。晦而月见西方谓之朓，朔而月见东方谓之仄慝，仄慝则候①王其肃，朓则候王其舒。月晕参、毕，七重，参为赵，毕为边兵。汉高祖七年。月出东方，上有白气十余道，如匹练，贯五车及毕、觜觿②、参、东井，与鬼、柳、轩辕，占曰女主凶。白气为兵丧。五车主库兵。轩辕为后宫。月生五色晕，人主有后宫喜。月食既，大人忧。两月重见，君弱而妇强，为阴所乘。两月相承如钩，其国乱，见于亡国。

五星

《宋·天文志》曰：岁星为东方木，为春，为仁，为貌。舍而前为赢，退舍为缩，色光明明润，君寿民善。又主福，主大司农，主五谷。所在国不可伐；如在卯，不可东征。所去，国凶；所之，国吉。退行，为凶，入阴为内事，为水；入阳为外事，为旱。③ 星大则喜，小则牛马多死病疫。初见小而日溢④大，所居国利。初出大而日小，国耗。色黑为丧，黄则岁农，白为兵，青多狱，君暴则色赤。荧惑为南方火，为夏，为礼，为视。所舍国为乱、贼、疾、丧、饥、兵，或环绕勾巳，芒角、动摇、变色，为殃愈其。退行一舍，其下⑤有火灾；三舍，大臣叛。主大鸿胪，又主司空、司马，又司天下群臣之过失。与岁星相犯，主册太子，有赦。岂以岁主青官而火为礼耶？与太白犯，主亡，兵起。与辰星会，为旱。妖星犯之，为兵，为火。填星为中央，为季夏，土，为信，为思。四星皆失，填为之动。所居，国吉。否。天子失信，星动。盈则起舍以前，德盈吉象。则加福⑥，刑盈⑦凶象。则不复。缩则退舍，不及常。德缩则迫蹙，刑缩则不育。行中道则阴阳和。退行一舍为水，二舍海溢河决。光明岁熟，大明主昌，小暗主忧。春青夏赤，女主喜。春色苍，岁大熟；色赤，饥；有芒，兵。荧惑相犯，为兵、丧。太白相犯，为内兵。不应主兵。太白为西方金，为秋，为义，为言。出西方，失行，外国败；出东方，失行，中国败。经天，天下更主。凡至午位，避日而伏。若行至未，即为经天。与

---

① "候"，当为"侯"。
② "觜觿"，即觜宿。
③ 关于"入阳""入阴"之说，清代李锴《尚史》卷六十"天文志"云："东宫苍龙角南左角曰天津，列宿之长；北右角为天门，中为天关。日月五星皆从天关行角南二度为阳道，入阳道，旱；北二度为阴道，入阴道，水。"
④ "溢"，《宋史》作"益"。
⑤ "其下"，《宋史》作"天下"。
⑥ "盈则起舍以前，德盈则加福"，《宋史》作"盈则超舍，以德盈则加福"。
⑦ 此处"德盈""刑盈"不明。不过，德盈、刑盈又见《乙巳占》卷三："盈者超舍大进，过其所常，德盈则加福，刑盈则加祸。"德刑在《乙巳占》中表示一种干支之间的关系，如《乙巳占》卷十称"辛德在丙""子德在巳""子刑在卯""丑刑在戌"，这种关系除表示时日干支之外，应该还可以表示一种相位关系，如刑为九十度。所以此处德盈、刑盈或可解释为行星运行超出正常运行位置后，正常位置与超盈位置间的相位关系。后面德缩、刑缩或亦可如是理解。

日争明,强国弱,女主昌,又主大臣。光明见影,战胜,岁熟。犯荧惑,客败,主胜。入月中,死其下王①。犯月角,兵起在右,外国胜;在左,中国胜。兵戎近占火。辰星为北方水,为冬,为智,为听。色黄,五谷熟;黑为水;苍白为丧。太白犯,战凶。岁星色青,比参左肩。荧惑色赤,比心大星。填星色黄,比参右肩。太白色白,比狼星。辰色黑,比奎大星。得其常色而应四时则吉,变常为凶。②

良星

良星者,即德星也。其状无常,出于有道之国。星明大而中空,或王③星相聚赤气中,曰德星,其国昌大。大星在西方,光明黄润,曰寿星,天子寿考,多历年所。赤星黄光在赤气中,曰禄星,其国吉昌,文士用兵。星如黄光,如半月,曰景星,文士任用,天下隆平。黄光焰焰,明照其地,曰周白星,所见之下,有大喜。焰光明盛,如彗舍出,曰含誉星,国昌君德,蛮夷入贡。流星坠下,四散有声,曰天保星,坠方有喜,但防火灾。似彗红,非星,似云非云,光贯北斗,曰泽格星,主兵息,有福国之兆,敌国灭,王者复,与圣人出。

妖星

妖星者,形长久守,其灾大,期远;形短速减,其灾小,期近。星三尺至五尺,期百日;一丈,期一年;三丈、五丈,如之;十丈,七年;十丈已上,不出九年。约举之,有天狗星,光出如彗,其色中黄,上锐下拖,见则主兵候,讨贼杀将,人相食,失地。蚩尤旗上锐,下拖三足,光如烛,赤云闪动如旗,主兵起,扰动天下。天枪星出正东方,尾上冲,长三五尺,其出三日,必破国败军,饥馑,暴疾,旱。五残星出正东方,去地六丈,大而赤,有毛,数动,防急兵分残之兆,又主大兵诛正臣或大丧。六贼星,出正南方,如彗,九髯,去地六丈,大而赤,数动,主兵大起,贼害国,有凶丧。咸汉星,出北方,去地六丈,表赤而动,察之中青,下有三彗纵横,灾起,兵乱,大丧。天谗星出西北方如彗,状如剑,长四五尺,末曲为钩。见则寇内乱,大饥。枉矢星,类流星,色苍如蛇,有毛长数丈,或如布着天,见则兵乱。国皇星,星大而赤,类南极老人,去地三丈,如炬火。照明星,大而白,芒角,台上台下或如布机,皆主内外兵起。披头星,白气穿心,上有披头,主百物消耗,兵乱作害。银枪星,白气一条穿心直贯,兵起四方,扰害天下。

---

① "死其下王",《宋史》作"主死,其下兵"。
② 见《宋史·天文五·七曜》。
③ "王",据《续文献通考》卷十七或当作"三"。

星变

星陨自上而下，星升自下而上。星同馆，两星共行。星斗，两星相触。星钩，东西相绕。星合、星犯、星守皆是。

恒星其详见《乙巳占》，凡《天文志》均载此占

北极五星在紫微宫中，北辰最尊者也。第一星主月、太子，二星主日、帝，三星主五行、庶子，四星主后宫，五星为天心。勾陈主后宫天帝正妃，六星六宫也，明大者曰元妃。天皇大帝一星，黑色，勾陈口中稍微者是。其神曰耀魄宝，主御天下群灵。五帝内座，各顺方位之色，为五帝之神。四辅佐北极，不欲明。华盖七星下九星名杠，即盖之柄，偃盖大帝，正吉。六甲分阴阳，纪节候，布政教，授农时。大理，平刑断狱之官。女御，御妻之象。八谷，稻、黍、大小麦、大小豆、麻。天厨。内阶。内厨，为太子妃后饮宴厨。阴德，主中宫女主。天床，主寝舍。女史，主传漏。尚书，主纳言。柱史，记过之史。天柱，建政。太乙，天帝之神，主使十六神，知水旱、风雨、兵革、饥馑。天乙，天帝之神，主战斗，知人吉凶，治十二将。文昌在北斗魁前，天之六司，主集计天道。一大将军，二次将，三贵相，主太常，四司禄，五司命，六司法。三公，主赞扬。太尊，贵戚也。天牢，为贵人牢。北斗七星，乃七政之枢机。魁第一星曰天枢，为天子象；二璇，为地，女主象；三玑为人，主火，为令星；四权，为时，主水，为代星；五玉衡，为音，主土，为杀星；六闿阳为律，主木，为危星；七摇光为星，主金，为部星、应星，主兵。分野，一主秦，二楚，三梁，四吴，五赵，六燕，七齐。辅一星附第六星，明近，亲强；斥小，疏弱。天理，执法之官。天相，总领百司。势，阉臣之象。太阳守，大将军、大臣之象，主备不虞。天枪，天之武备。天棓，为天子之先驱，主刑罚，藏兵御难。玄戈，主北方。三师，即三公之位。传舍。

太微垣，天子之庭也，将相三公之府，九卿十二诸侯之司也。南蕃中二星间曰端门，东曰左执法，廷尉之象；西曰右执法，御史大夫之象，所以举刺奸邪。左为东，左掖门；右为西，右掖门。东蕃四星南第一曰上相，其北东太阳门也。二曰次相，其北中华东门也。三曰次将，其北东太阴门也。四曰上将，所谓四辅也。西蕃四星，南第一曰上将，其北西太阳门也；二曰次将，其北中华西门也。三曰次相，北西太阴门也。四曰上相，亦四辅也。五帝座中一星，黄帝，天子之正位。四帝拥黄帝，各顺其方，东青，南赤，西白，北黑。内屏近于执法，别善恶。太子，帝储也。从官、幸臣各一，侍从太子之官。常陈，天子之宿卫。郎将左右为外御。郎位，守卫之司。五诸侯，内侍天子大臣之象。三公，内坐朝会之所居也。九卿，九卿象。谒者，赞宾客。

三台,亦三公之位。上台,为司命,主寿,上人主,下女主。中台主宗室,为司中上诸侯,下卿大夫;下台为司禄,上元士,下庶人。虎贲,侍卫之官。长垣,主界域。少微,一名处士。灵台,占与司怪同。明堂,天子布政之宫。

天市垣,天之都市。东蕃十一星:一宋,二南海,三燕,四东海,五徐,六越,七齐,八中山,九九河,十赵,十一魏。西蕃十一星:一韩,二楚,三梁,四巴,五蜀,六秦,七周,八郑,九晋,十河间,十一河中。帝座,天皇大帝外座也。候,主伺阴阳。宦者。斗斛,主平量。列肆,市肆之所。屠肆,主宰杀。车肆,主车货。宗正,宋①大夫也。宗人、宗星,皆帝之宗族。帛度,主货易。市楼,市府也。七公,为天相。贯索,贱人牢。天纪,九卿之象,主狱讼。女床,后宫御女,侍从官也。

角,为天关,七曜所行。南门,天之外门,主守兵禁。平星,廷尉象也。平道,天子八达之道。天田,主畿内封域,一云天子耤田②。天门,朝聘待客之所。进贤,主卿相举逸才。周鼎,主流亡。亢,主内朝,又主疾疫。大角,人君之象。折威,主斩杀,断军狱。摄提直斗杓南,主建时节伺机祥,又主九卿。阳门,主守隘。顿顽,主考囚状,察诈伪也。氐,主路寝。天乳,主甘露。将军。招摇,主北兵。亢池,主渡。骑官,主宿卫。梗河,天矛也,主北边兵,又主丧。车骑,主部阵行列。阵车,革车也。天辐,主乘舆。房,为明堂天子,布政之宫。下一星上将,次次将,次次相、上星、上相。键闭,主关籥。钩铃,房之铃键,天之管籥。东西咸,为房之户,以防淫佚。罚,主受金罚赎。日,太阳之精,主照明令德。从官,主疾病巫医。心,天王正位也。中明堂,主赏罚。前太子,后庶子。积卒,主卫士。尾,天子后宫。第一星,后;次三星为夫人;次嫔妾;亦为九子。神宫,内室也。天江,主太阴。傅说,主后宫女巫。鱼,主阴事。龟,主卜。箕,为后宫,亦曰天津,主八风,又主口舌蛮夷。糠,在箕舌前。杵,主舂杵。斗,主天子寿算,为宰相爵禄。鳖,主水族。天渊,主灌溉。狗,主吠守。建,一曰天旗,天之都关。天弁,市官之长。天鸡,主候时。狗国,主三韩、鲜卑、乌桓、猃狁、沃且之属。天籥,主开闭门户。农丈人,主先农、农正官。牛,天之关梁,主牺牲事。天田,占与角天田同。河鼓,主天鼓,天子及将军鼓也。左旗右旗,天之旌旗。织女,天女也,主果瓜丝帛珍宝。渐台,主晷漏律吕事。辇道,主王者游戏之道。九坎,主沟渠。罗堰,主隄塘。须女,天之少府,贱妾之称,妇职之卑者也,主布帛裁制、嫁娶。十二国,列国之象。离珠,须女之藏府。奚仲,主帝车之官。

---

① "宋",疑当为"宗"。
② "耤",音jí。"耤田",帝王亲自耕种的田地。

天津，主四渎津梁。败瓜，主修瓜果之职。匏瓜，天子果园也。扶筐，盛桑之器。虚，为虚堂，冢宰之官也，主死丧哭泣，又主北方邑庙祀祷事。司命，主举过行罚，灭不祥。司禄，主增年延德。司危，主矫失正下。司非，主察内外愆过。哭。泣。天垒城，主鬼方、北边丁零①类，所以候兴败存亡。离瑜，离，圭衣也，瑜，玉饰，皆妇人服饰。败臼，主败亡灾害。危，为天子宗庙祭祀，又为天子土功。虚梁，主园陵寝墓祷祝。天钱，为军府藏。坟墓。杵。臼。盖屋，主治宫室。造父，御官。人。车府，主车府之官。钩，直则地动。室，天子之宫，一曰清庙，又为军粮之府，主土功事。雷电。离宫，天子别宫也。壁垒阵，主天军营。腾蛇，主水虫。土功吏，营造起土之官。北落师门，主非常，以候兵。八魁，主捕张禽兽之官。天纲，主武帐宫舍，天子游猎所会。羽林军，主天军，军骑翼卫之象。斧钺，主斩刍稿以饲牛马。壁，主文章。天厩。霹雳。云雨。铁锧，刈具也，主斩刍饲牛马。奎，天之武库。天溷，外屏，主障蔽。土司空，主土事。王良，天子奉车御官也。策，天子仆也。附路，别道也。阁道，飞道也。军南门，大将之南门也。娄，主苑牧牺牲，供给郊祀，亦为兴兵聚众。天仓。左更，主山泽林薮之事。右更，主牧养牛马之事。天大将军，主武兵。天庚，主露积。胃，天之储藏、五谷之府也。天囷，仓廪属。大陵，主山陵。积尸。天船，主通济利涉。积水，候水灾。天廪。昴，天之耳也，主西方及狱事，又为旄头。昴毕间为天街，天子出，旄头，毕以前驱。刍稿。天阴，主密谋。天阿，主察山林妖变。卷舌，主口舌。天苑，天子禽兽之苑。天谗，主巫医。月，女主臣下之象。砺石，砺锋刃。毕，主边兵弋猎，又为旱车。天节，主使臣持节，宣威四方。九州，主通重译。附耳，主听得失。九游，主天下兵骑。天街，南，华；北，夷。天高，主望八方氛气。诸王，主察诸侯存亡。五车，为大臣边将，五兵五谷。天潢，主河梁津渡。咸池，主陂池鱼雁。参旗，候变御难。天关，日月之所行，主边方，主关闭。天园。觜觿，行军之藏府也。座旗，主别君臣之位。司怪，主候怪异。参，应七将，中三星代②，天之都尉，又主外国鲜卑。玉井，主水泉，给庖厨。屏，屏障也。军井，给师。厕。天矢。井，黄道所经，主水衡事，法令所取平也。五诸侯，主刺举，诚不虞。积水，供酒食。积薪，供庖厨。南河，主火，越分南戒。北河主水，胡分北戒，天之关门。四渎，江淮河济之精。水位。天镑，镑垒。阙邱，主悬法象魏。军市，天军贸易之市。野鸡，主变怪。狼，为野

---

① "鬼方""丁零"，均为地名。
② "代"，当为"伐"。

将,主侵掠。弧矢,天子弓矢。老人,一名南极。丈人,民之父,子、孙①侍之。水府,水官也。舆鬼,为子丧内质星,为诛戮。爟,主烽火。天狗,主守财。外厨,天子外庖。天纪,纪禽兽之齿。天社,社神也。柳,天之厨宰,主尚食。酒旗,主享宴。星②,主衣裳文绣,又主急兵。轩辕,主雷雨,又主后妃之职。天稷,农正也。天相,丞相大臣之象。内平,平罪之官。张,主太庙明堂,御史之位也,又主珍宝天厨。天庙,祖庙也。翼,主太庙三公文籍化道,又为天之乐府。东瓯,主南蛮。轸,主冢宰、辅臣、车骑,战任死丧。长沙,主寿。青邱,主夷。军门,与南同占③。器府,乐器之府。土司空,主界域。

风

一云风者,天之号令。地气出赤黑而成风,近山风大而尘昏,近海风大而昏黑。暴风起于百里,小风及于一方,不主休咎。冬至日,乾来,岁大收;坎来,岁收,民安;艮来,岁大水,民疫;震来,岁有收;巽来,岁收,国安;离来,寒,主水,热,主旱;坤来,寒,谷不实,热,虫食禾;兑来,主兵,民疾,国灾。风起,日下有云乌润,吉;苍白,水,兵;赤,旱;黄,收。风起,月下有云乌润,凶;赤,旱,兵;白,水,丧。春甲子风,主颁赦;夏丙子风,旱灾,兵荒;秋庚子风,刑滥,兵起;冬壬子风,水灾,国忧;四季戊子风,君吉,颁赦。八风,立春条风、春分明庶风至,寒,水;热,伤禾,民疫。立夏清明风、夏至景风至,寒,兵与水灾,人疫。立秋凉风、秋分阊阖风至,凉,吉;热,来岁灾旱;疾,兵起,人疫。立冬不周风、冬至广莫风至,寒,岁丰;热,兵起,人灾,万物不成。恶风,暴气晕昏,政乱民怒。邪风,风鼓尘,昏,连日不止,国有大忧,杀害民人。逆风,旋风损物,怒起上冲,在朝防失土宇,衙失位,营冲袭,家火盗。哭风,风声哀鸣,火灾伤人,兵败。冤风,旋风搅土,去而复来,下有冤枉。叛风,风吹雨血,奸邪谋逆。乱风,淫昏乱政,大饥,热生,虫害苗。流风,风疾不动,君不思道,民受殃,五谷不实。黑风,君失其政,边塞侵扰。神风,风急有光,盗贼兵起,杀害忠良。鬼风,如人行无迹,兵有异谋,将凶。贼风,暴急刺人,贼兵冲袭。水风,风寒逼人,刑滥兵起。不顺风,逆损物,政横逆,民不安,臣夺君权。不泽风,木不动,而援臣利私蔽公,民灾国危。祸风,温热,赋敛无度,大旱,虫灾,盗起。

---

① "子""孙",为二星官。
② 又名七星、天都。
③ 指与南门同占。

雷

正月雷主疾疫，应在所发之方。秋暴雷，百谷耗。冬雷，阴阳逆。三月一日及四月，雷主大热。夏甲子、庚寅、辛巳雷，主虫蝗。秋甲子，岁凶。九月雷，谷贵。雷不时，子日，贼臣立君，水灾；丑日，天子动出，将相迁易；寅日，兵灾，妖言，津梁不通；卯日，边兵起；辰日，主兵；巳日，蛮夷兵动，饥，凶；午日，天子奢侈，火灾；未日，大水，大臣诛；申日，兵革乱，将相危；酉日，外夷入；戌日，王者迁，土木兴；亥日，水灾，暴寒杀物。雷鸣连日不止，谓之失信。先震后雪，君失道，贼臣起。震宫殿陵寝，国有谋逆，蒸尝不久。无云而雷，君无所托，下人将叛之象。无云而雷发一声，谓之天鼓，兵起，国危，秋冬尤忌。

雾①

---

① 此节《天象源委》原缺。

《天象源委》卷十八

审　音

　　音律，耳学也，非师旷之聪不能辨。然其理，学者亦不可不知。矧声之与气，气之与数，数之与理，本自相通。观象者，既知望气矣，而可不知审音乎？自秦氏燔书已后，先王之教衰，而学者无宗，诗书礼法，荡然殆尽。其有不在燔列者，亦渐流而失其本源。如易以道阴阳也，律以正五音也，历以纪数也。而志历者，必欲兼以律，且欲明以易，不知易自有易之数，律自有律之数，历自有历之数，使天下后世之人望之而生疑阻者，其谁使之然欤？

　　天下有大学问数端。易学一也。书学一也，书为文字之祖。诗学一也。自汉、魏以降，尚以雕镂，阻以声律，而其细已甚，无补于王化矣。元以曲取士，以郑声化天下。间尝检明之《会典》：朝会宴享曲，有名《贺圣朝》者，即《鹧鸪天》是；有名《九重欢》者，即《柳梢青》是。① 《鹧鸪天》自有《鹧鸪天》之腔调，《柳梢青》自有《柳梢青》之腔调，即以二典三谟②之义、明堂清庙之辞，谱入于二曲之中，以歌功颂德，导化宣风，亦与优孟衣冠③无异矣，其足以为一代之典章乎哉。礼学一也。闻之前人之学礼也，其深衣④等皆用布裁成，以验古制。《经学五书》与《礼记集解》⑤，似亦有发明之处。其有先贤未发之精义，亦未始不愿后人之再为发明也。春秋学一也。《春秋》

---

① 见《大明会典》卷三十一、《国朝典汇》卷一百二十。

② “二典三谟”，指《尧典》《舜典》《大禹谟》《皋陶谟》《益稷》，均见《尚书》之中。

③ “优孟衣冠”，典见《史记·滑稽列传》。优孟为春秋时期的一名乐人，曾在孙叔敖死后，有感于楚庄王对孙叔敖家人的冷落，穿上孙叔敖的衣服进谏楚庄王。

④ “深衣”，古代上衣与下裳相连合缝在一起的长衣。

⑤ 《经学五书》，清万斯大（1633—1683年）撰，包括《学礼质疑》《礼记偶笺》《周官辨非》《学春秋随笔》《仪礼商》五种。其中对深衣的介绍可见《礼记偶笺》。《礼记集解》，或指清孙希旦（1736—1784年）的著作。该作品是清代重要的《礼记》注解作品。

乃刑书。《大清律》一书，仰蒙钦定，仁至义尽，与经相为表里。历学一也。伏读《御制数理精蕴》为万古拨云雾，而二十一史《历律志》之牵强，均可不辨自见矣。农学一也。后稷教民稼穑，中古又立农官。夫曰教则自有道存，而农官之立，必有所司。农政略拟①，似非泛述者。兵学一也，有文事者必有武备。河工又一也。言性言理者，有《河防述言》《河清录》②，于井田、学校、兵农、钱谷，大经大纬，历叙前代之制度，而折衷之以圣经。算学一也。梅氏之书，彰名较著，合中西而裁定之，为古今一人。若夫音律之学，六律所以正五音。孟子之言，简而且明。③钦定黄钟围径，实为至精至密，于是始有定数矣。在五音，人所能辨。而五音中又有五音，亦人所能辨。辨虽能而正则有不能，故无律，即师旷之聪，亦无所凭以为正之之具。此圣人所以制律以正五音。五音正而大不过宫，细不过羽④，金、石、丝、竹、匏、土、革、木之器，均有所准以成音。金、石、丝、竹、匏、土、革、木之器定，而乐可作，声可和矣。是知律管也者，原欲和人声而制也。其于天地之间，声音不齐，大如雷霆，细如蠛蠓⑤，管固不必以协之，而即欲协之，如琴之中有《霹雳引》⑥，亦不过仿佛之而已，非真可协之也。虽然，乐有五音，而天地万物亦何尝不具五音？故风有宫、有商、有角、有徵、有羽，天人一理，在在可验，音何不然，况吹律又可以知风乎？辑"审音"。

黄　钟　围　径

《御纂性理精义》：《律吕新书》⑦，案黄钟围径，当细剖其九方分之面幂⑧，以方圆比例求之。汉蔡邕、晋孟康、吴韦昭皆主径三围九，其术既甚疏而积实太少。宋胡瑗主径三分四厘六毫，考其积实则又过之。惟刘宋祖冲之密率⑨求得径三分三厘八毫四丝四忽，其数为近，但其法以周率二十二四之，犹用圆田术⑩三分益一起算，故

---

① "略拟"，粗略地模拟、理解或拟定。张永祚谓自己对农学理解粗疏，故不敢泛泛论述。
② 《河防述言》，清代治河专著。陈潢（1637—1688年）原议，张霭生编述。成书于康熙四十四年（1705年）之前。
③ 《孟子·离娄上》云："师旷之聪，不以六律，不能正五音。"
④ "宫""羽"为五音中之二者，五音为宫、商、角、徵、羽，相当于1,2,3,5,6。五音为五声音阶，中国古代尚有七声音阶：宫、商、角、变徵、徵、羽、变宫。
⑤ "蠛蠓"，音miè měng，小虫，似蚊蚋，喜乱飞。
⑥ 《霹雳引》属于乐府旧题，曲最早见于蔡邕的《琴操》。
⑦ 《律吕新书》，南宋蔡元定所撰，乐律学著作。蔡元定（1135—1198年），字季通，号西山，南宋理学家。
⑧ "九方分之面幂"，求面积为九平方分的圆面的直径。
⑨ "密律"，指圆周率。
⑩ "圆田术"，见《九章算术·方田》，乃计算圆面积之术。

尚有毫忽之差。今以密率考黄钟之径三分三厘八毫五丝一忽,其周十分零六厘三毫四丝六忽为定数云。①

考用圆田术三分益一,则以方幂四除三乘②是也。祖法③:径三三八四四,方幂一一四五四一六三三三六④,以四除,二八六三五四零八四,以三乘得八分四九零六二二五二。今法:径三三八五一,径一周三一四一五九二六五⑤,径求周,用以乘,得十分零六厘三毫四丝六忽。方幂一寸一四五八九零二零一⑥。方幂求圆幂,四除,三一四一五九二六五乘。兹以四除,得二分八六四七二五五零二五。去零尾二五。以三一四一五九二六五乘得八分九九九八零二一七三四六七五七五。⑦

黄钟:黄钟之长九寸,空圆⑧九分,积八百一十分,是为律本,十一律由是而损益焉。⑨

律吕黄钟之实:《新书》云:黄钟九寸,以三分为损益,以三历十二辰,实得一十七万七千一百四十七⑩为黄钟之实。⑪

十二律之实

海虞桑氏悦⑫曰:或问黄钟之数,林钟得其二,损也。⑬ 太簇又倍其一,益也。南吕又得其二,损也。姑洗又倍其一,益也。应钟又得其二,损也。蕤宾又倍其一,益也。大吕当损,何反益蕤宾之一⑭? 曰:朱子云十二管隔八相生,自黄钟之管,阳皆下生,

---

① 见《性理精义·卷六·律吕本原·黄钟第一》。
② "方幂四除三乘",即以平方直径,除以四,再乘以三,是圆田术中介绍的第三种计算圆面积的方法:"又术曰:径自相乘,三之,四而一。"(《九章算术·方田》)
③ "祖法",当指祖冲之之法。
④ 为三三八四四的平方。
⑤ 即圆周率。
⑥ "一寸一四五八九零二零一",等于径三三八五一的平方。
⑦ 此处论述"今法",即 $S=\pi D^2/4$,D 为直径。此段当为张氏自述。
⑧ "圆",《性理精义》作"围"。
⑨ 见《性理精义·卷六·律吕新书·律吕本原·黄钟第一》。
⑩ 177147 为 3 的 11 次方。该律数被称为"黄钟之实"。《后汉书·律历志》云:"黄钟,律吕之首,而生十一律者也。其相生也,皆三分而损益之。是故十二律,得十七万七千一百四十七,是为黄钟之实。"
⑪ 见《性理精义·卷六·律吕本原·黄钟之实第二》。
⑫ "桑氏悦",即桑悦,明代学者,字民怿。"海虞"为常熟古称。
⑬ 即三分损其二。黄钟之数为177147,三分损其二,林钟为118098。后文"益也"指乘以三分之四,如太簇为林钟乘以三分之四,为157464。
⑭ 此谓按照此前损益之法,蕤宾本当损,却反而益。此处所采用的是《淮南子·天文训》中的相生方法。

阴皆上生,自蕤宾之管,阴反下生,阳反上生,若拘古法而以阳必下生,阴必上生,则以之候气而气不应,以之作乐而乐不和矣。惜乎,西山①当时失载其说,不能不使初学之疑也。②

律吕变律。《新书》云:按十二律各自为宫,以生五声二变③。其黄钟、林钟、④南吕、姑洗、应钟六律,则能具足。至蕤宾、大吕、夷则、夹钟、无射、仲吕六律,则取黄钟、林钟、太簇、南吕、姑洗、应钟六律之声,少下不和,故有变律⑤。变律者,其声近正而少高于正律也。然仲吕之实以三分之不尽二⑥算,既不可行,当有以通之。律当变者有六,故置一而六三之,得七百二十九⑦。因仲吕之实,三分益⑧,再生黄钟、林钟、太簇、南吕、姑洗、应钟六律。又以七百二十九归之⑨,以从十二律之数。纪其余分,以为忽秒。至应钟之实⑩,以三分之又不尽一算,数又不可行,此变律之所以止于六也。变律非正律,故不为宫也。⑪

朱子云:自黄钟至仲吕,相生之道,至是穷矣,遂复变而下⑫生黄钟之宫。再生之黄钟,不及九寸,尺⑬是八寸有余。然黄钟,君象也,非诸宫之所能役,故虚其正而不复用,所用即再生之变者。就再生之变又缺其半。所谓缺其半者,盖若大吕为宫,黄钟为变宫时,黄钟管最长,所以只得用其半,其余宫亦仿此。⑭

律 生 五 声

《律吕新书》云:黄钟之数九九八十一,是为五声之本。三分损一,以下生徵五十

---

① “西山”,指蔡元定。

② 此处引文可见《古今图书集成》中所收录的蔡沈《律吕新书·黄钟生十二律第三》注释。此注释并非《律吕新书》原作,系后人所加。

③ “五声二变”,指宫、商、角、变徵、徵、羽、变宫。其中变徵、变宫为变声,其余为正声。

④ 此处当有“太簇”。

⑤ 在蔡元定的律学系统中,比十二律多出的六律称为“变律”。

⑥ 据《性理精义》,“仲吕之实”为“一十三万一千〇〇七十二”。“不尽二”,是指以“仲吕之实”除以三,除不尽,余数为二。

⑦ 即三的六次方(“一而六三之”),为七百二十九。

⑧ 此处《性理精义》作“以七百二十九因仲吕之实十三万一千〇〇七十二,为九千五百五十五万一千四百八十八,三分损益”。

⑨ “归之”,即除以七百二十九。

⑩ 为“六千七百一十〇万八千八百六十四”。

⑪ 见《性理精义·卷六·律吕新书·律吕本原·变律第五》。关于此部分的介绍,参看戴念祖《中国声学史》第六章第五节“蔡元定十八律”。

⑫ “下”,据《律吕新书》当为“上”。

⑬ “尺”,据《律吕新书》当为“只”。

⑭ 见《律吕新书·变律第五》。

四。徵三分益一，以上生商七十二。商三分损一，以下生羽四十八。羽三分益一，以上生角六十四。角六十四以三分之不尽一①算，数不可行，此声之数所以止于五也。②

<h1 style="text-align:center">变　声</h1>

《律吕新书》云：按五声，宫与商，商与角，徵与羽，相去各一律，至角与徵、羽与宫相去乃二律。③ 相去一律则音节和，相去二律则音节远，故角、徵之间，近徵收一声，比徵少下，故谓之变征。羽、宫之间，近宫收一声，少高于宫，故谓之变宫也。声之变者二，故置一而两三之④，得九。以九因角声之实六十有四，得五百七十六。三分损益，再生变徵、变宫二声，以九归之，以从五声之数，存其余数以为强弱。至变徵之数五百一十二，以三分之，又不尽二，算其数又不行，此变声所以止于二也。变宫声四十二，小分六。变徵声五十六。小分八。⑤

《小学绀珠》：朱子曰：半律，《通典》谓之子声，后人失之，惟存四律，有四清声，即半声也。⑥

《梦溪笔谈》云：本声重大为君文⑦，应声轻清为臣子。

<h1 style="text-align:center">八　十　四　声</h1>

《律吕新书》云：按律吕之数，往而不返，故黄钟不复为他律役。所用七声，皆正

---

① 六十四除以三，余数为一。
② 见《律吕新书·律吕本原·律生五声图第六》，亦见《性理精义·卷六·律吕新书·律吕本原·律生五声图第六》。
③ 此为十二律定五音之法。宫、商、角、徵、羽需要通过十二律方可以定音，类似于今天的标准音之说。五音与十二律的对应中，如果黄钟与宫音相对应，那么商就与太簇对应，角与姑洗、徵与林钟、羽与南吕对应。其中宫与商、商与角、徵与羽之间间隔了一个律吕，而角与徵、羽与下一八度的宫音（或称清宫）之间，相差了两个律吕。后文说到差一个律吕声音较为和谐，差两个便不太和谐，所以要生出变声——变徵与变宫，以达到声音的和谐。如后文将变徵与蕤宾对应，变宫与应钟对应，实际上对应于中国古代律学音阶形式中的正声调。
④ "两三之"，即三的平方。
⑤ 见《律吕新书·律吕本原·变声第七》，亦见《性理精义·卷六·律吕新书·律吕本原·变声第七》。其中"小分六""小分八"为《律吕新书》小字注，指变宫之数（三百八十四）、变徵（五百一十二）除九之后的余数。
⑥ 见《小学绀珠·卷一·天道类律历类》。朱子此段话是《小学绀珠》"黄钟、大吕、太簇、夹钟"后的注释。
⑦ "文"，疑当为"父"。

律,无空积忽微①。自林钟而下则有半声,②自蕤宾而下则有变律,③皆有空积忽微,不得其正。八十四声,正律六十三,变律二十一。④

《文定》云:班氏十二宫止五声,若加二变为七声,则黄钟之用,及于应钟、蕤宾。虽黄钟为宫,亦未尝无忽微也。⑤

六 十 调

《律吕新书》云:按十二律旋相为宫,各有七声,合八十四声。宫声十二,商声十二,角声十二,徵声十二,羽声十二,凡六十声,为六十调。⑥ 其变宫十二,在羽声之后,宫声之前;变徵十二,在角声之后,徵声之前,凡二十四声,不可为调。黄钟宫至夹钟羽⑦,并用黄钟起调,黄钟毕曲⑧。见图⑨。朱子云:旋相为宫,若到应钟为宫,则下四声都当低去,所以有半声,亦谓之子声,近时所谓清声是也。⑩

《天学会通》于黄钟宫后注云:"此黄钟为宫,黄钟第一调也。所谓黄钟一均⑪之备者也。"于无射商后注云:"此黄钟为商,黄钟第二调也。"后又注云:"共五调,此黄钟一大调也。下十二律同。"⑫

考音与声不同,此之谓声,实即是音。音止有八十四音,而声不止于此。故音能统声,而声不能统音。唐人《广韵》凡五十七部,又分为十四,又别为二十八。等韵之

---

① 黄宗羲《南雷文定·卷三·问空积忽微》云:"盖以半声、变律,奇零不齐便谓之忽微也……空积者,空围所容之积实也。"据此,"忽微"乃是所得律数中非整数的小数部分,"空积"即指律管容积。
② 《律吕新书》原注云:"大吕、太蔟一半声,夹钟、姑洗二半声,蕤宾、林钟四半声,夷则、南吕五半声,无射、应钟六半声,仲吕为十二律之穷,三半声。"
③ 《律吕新书》原注云:"蕤宾一变律,大吕二变律,夷则三变律,夹钟四变律,无射五变律,仲吕六变律。"
④ 见《性理精义·卷六·律吕新书·律吕本原·八十四声图第八》。
⑤ 见黄宗羲《南雷文定·卷三·问空积忽微》。黄宗羲(1610—1695年),字太冲,号梨洲,浙江余姚人。
⑥ 在音阶形式确定后,黄钟与其他律吕均可以为宫("旋宫")。同时,音阶中的各音也可轮流为主音。这就形成各种调式。如以宫音为主称为宫调式,以徵音为主称为徵调式。如果十二律结合五声,便可以组成六十调。若十二律与七声配合,就可以组成八十四调。《律吕新书》此处推崇正声的六十调。
⑦ "黄钟宫""夹钟羽",是调式之名,在《性理精义·律吕新书》图表中处于第一、第五位。
⑧ "起调",指曲调的第一个音。"毕曲",指乐曲的最后一音。
⑨ 《天象源委》底本中并未见此图。
⑩ 此段见《性理精义·卷六·律吕新书·律吕本原·六十调图第九》。张永祚未收录原书中的图表。
⑪ 以黄钟为宫起调,称为黄钟均。
⑫ 见《历学会通·致用部·律吕·六十调图》。

母凡三十六，①《经世》②括之以十二，又分为二十四，又别为四十八。字母原只二十四，并清浊音③则有四十八。等韵专取平声之有字者，故止于三十六。④《经世》兼收仄声⑤之有字者标题，故终于四十八韵母，二十四音⑥。郡⑦，即见之清音；定，即端之清音；澄，即知之清音；禅，即审之清音；奉，即非之清音；敷，似亦即微之浊音。古今音不同耳。並⑧，即非之清音；喻，即影之清音；匣，即晓之清音。凡⑨为三十六也。此皆声学也。以此包声，而声犹有不尽者。若夫音止八十四，故天下之声无不可协。但音非律不能正，舍律管而求音，即圣人亦有所不能。明吴继仕作《音声纪元》图⑩，欲以天下之声尽隶之十二律，是舍管以求音也。音之果合律与否，其孰能辨之？又调定六十，此正调也，亦雅调也。如彼歌呼呜呜，亦自成调。巴人下里，吴歈⑪楚艳，调日变而新，其谁能禁之？

十二律配十二月

《淮南》以十二律配十二月，黄钟十一月。十二月配五音，则十一月子为羽。论方位则为羽⑫，论元音则为宫。琴于十一徽为十一月黄钟羽，十三徽为宫。一二三徽，角；四五徽，徵；六徽，宫；七徽，象闰；八徽，商；九十徽，宫；十一徽，羽。一百五音宫调，一弦一徽起宫，读至五弦止，宫、商、角、徵、羽，读毕，再从一弦读起羽，羽宫商角徵，蝉联至末。六七弦照一二弦读，余调仿此。正调之外，亦有从二弦读起，以一七弦如六七弦读者。

---

① "等韵之母"，即宋人三十六字母。旧传唐末沙门守温创制了三十个声母代表字。宋朝无名氏将守温三十字母进行扩充，形成三十六字母，初步反映了唐宋时期的语音系统。这三十六字母是：帮滂并明，非敷奉微，端透定泥，知徹澄娘，精清从心邪，照穿床审禅，见溪群疑，晓匣影喻日来。

② 《经世》，当指邵雍著作《皇极经世书》。

③ "清浊音"，声母的分类，发声时声带不震动的是清音，震动的是浊音。

④ 宋人仅仅将平声字中存在的声母给予整理，得到三十六字母。而仅在上声去声入声字中出现的声母则不计入。

⑤ "仄声"，即非平声。

⑥ 此处"韵母"指等韵之母，即声母。四十八声母并清浊则为二十四。

⑦ 据三十六字母，"郡"当为"群"。

⑧ "並"属于专有名词，故用繁体表示。参见殷焕先、董绍克所著《实用音韵学》（齐鲁书社1990年版）23页论述。本页注释①中相同。

⑨ "仄声"，即非平声。"凡"，总。

⑩ 吴继仕，明后期学者，约出生于万历元年（1573年），卒于万历十四年（1586年），字公信，号苍舒子。《音声纪元》完成于万历三十九年（1611年），是一部音韵学著作。

⑪ "歈"，音yú，歌。

⑫ "羽"，疑当为"北"。

候　　气

《律吕新书》云：候气之法，为室三重，户闭，涂衅①必周密，布缇缦②室中以为案。每律各一案，内卑外高。从其方位，加律其上，以葭灰实其端，覆以缇素③。按历而候之，气至则吹灰动素。④ 以十二律之分厘毫丝忽，定升灰之厘毫丝忽。

张介宾⑤云：年月以后，阳气皆自上降下，又安有飞灰之理？⑥《天学会通》云："此室假北移数武⑦，则子不可为午乎？"⑧此二说者，亦颇近理。不知若能使案自成一器，子午未始无定。午月阳气已降，然阴气岂不上升乎？阳气可候，阴气亦可候，但古人未之论及耳。⑨

风雅十二诗谱

《仪礼传》载此谱⑩乃汉儒所作。《鹿鸣》三章，系黄钟清宫，清黄起，清黄毕。《四牡》《皇华》《鱼丽》《嘉鱼》《南山》同《关雎》三章，系无射清商，清无起，清无毕。《葛覃⑪》《卷⑫》《鹊巢》《采繁⑬》《采蘋》同。⑭ 从《音声纪元》所定。

律　　管

张介宾云：所谓管者无孔，有孔者非也。惟管端开豁口，状如洞⑮洞箫，形似洞

---

① "衅"，缝隙。
② "缇缦"，同"缇幔"，橘红色帷幕。
③ "素"，生帛。
④ 见《律吕新书·律吕本原·候气第十》，亦见《性理精义·卷六·律吕新书·律吕本原·候气第十》。
⑤ 张介宾（1563—1640年），明代医学家、学者，字会卿，号景岳，别号通一子，浙江绍兴人。
⑥ 见《类经附翼·候气辩疑》。此句话中"年"应当为"午"。午月指农历五月。
⑦ "武"，步。
⑧ 见《历学会通·致用部·律吕·候气议》。
⑨ "此二说者"后当为张氏自述。
⑩ 此谱张永祚未收录《天象源委》中。
⑪ "萆"，当作"覃"，《葛覃》是《诗经·周南》第二首诗。
⑫ "卷"后当有"耳"。《卷耳》是诗经篇名，在《葛覃》之后。
⑬ "繁"，当作"蘩"。
⑭ 此段当为张氏自述。
⑮ 此"洞"据《类经附翼》为衍字。

门,俗名洞箫者以此。①

今太常所存

《南雍志·音乐考》谓:凡十二律吕,皆有字谱。今太常②所存者,黄钟之合,太簇之四,仲吕之上,林钟之尺,南吕之工,黄钟之六而已。其余皆设而不用。如隋所谓哑钟者,其所歌奏,实不出仲吕、黄钟之二均,岂国初太常卿陈旸、协律郎冷谦所定欤? 不可得而知也。③

占　　验

《潜夫论》云:凡姓之有音,必随其本生祖所王也。④《论衡》孔子吹律自知殷苗裔。⑤《周礼》"以十有二风,察天地之和命、乖别之妖祥。"⑥郑康成注曰:十有二辰皆有风。吹其律以知和否,其道亡矣。师旷歌风而知楚师之无功,其命乖别审矣。《天官书》云:"是日正月旦。光明⑦,听都邑人民之声,声宫,则岁善,吉;商,则有兵;徵,旱;羽,水;角,岁恶。"《正义》⑧云:夫战,太师吹律。合商,则战胜,军事张疆⑨;角,则军扰多变,失志;宫,则军和,主卒同心;徵,则将急数怒,军事⑩劳;羽,则兵弱。嵇康《声无哀乐论》云:师旷吹律,知南风不兢⑪,楚师必败。《六韬》:夫律管十二,可以知其敌。金、木、水、火、土,各以其胜攻也。其法:夜遣轻骑至敌人之垒,去九百步外,遍持律管,

---

① 见《类经附翼·律管》。
② "太常",明代掌管礼乐的官员,隶属机构为礼部太常寺。张廷玉《明史》卷七四云:"太常,掌祭祀礼乐之事,总其官属,籍其政令,以听于礼部。"
③ 见《南雍志·音乐考·上篇》。《南雍志》,《续修四库全书》史部 749 册收录本名为《南廱志》,系明代学者黄佐所编撰。
④ 见《潜夫论·卜列第二十五》。此句话是指各人姓的发音本于其始祖所王之五行属性。故在紧接的后文中《潜夫论》云:"太皞木精,承岁而王,夫其子孙咸当为角。神农火精,承荧惑而王,夫其子孙咸当为徵。黄帝土精,承镇而王,夫其子孙咸当为宫。少皞金精,承太白而王,夫其子孙咸当为商。颛顼水精,承辰而王,夫其子孙咸当为羽。虽号百变,音行不易。"
⑤ 见《论衡·奇怪篇》。
⑥ 见《周礼·春官·保章氏》。"和命",指由十二风(郑康成注为十二辰之风,即指十二月之风)所得为和谐之结果。"乖别",指十二风所得为乖违不和(的结果)。
⑦ "光明",天气晴朗。
⑧ 《正义》指唐代张守节对《史记》的解释,现被收录于中华书局通行本《史记》中。
⑨ "疆",据《史记·正义》当作"强"。
⑩ "事",据《史记·正义》当作"士"。
⑪ 《声无哀乐论》见《嵇中散集》。据《嵇中散集》,"兢"当为"竟"。

当耳大呼，惊之有声应管。角声应管，当以白虎；徵声应管，当以玄武；商声应管，当以朱雀；羽声应管，当以勾陈；五管声尽不应者，宫也，当以青龙。此五行之符，佐胜之征也。①

占云：宫风大则声隆隆，小则如牛鸣窖中，作㵼②酸渭毒气。商风大则环珮苍苍，小则如离群羊，作铜辛血腥气。角风大则如石水泼，小则如鸡登木，作烟糊烧发气。徵风大则如火光起，小则如鹰唤子，作硫磺火药气。羽风大则如水泻，小则如蛙鸣渚，作水腥鱼腥气。方为主，风为客。方后天。离方生宫风，防失土地；震巽方克宫风，必得土地。坤艮方生商风，防失辎重；离方克商风，得敌辎重。坎方生角风，防绝粮食；乾兑方克角风，可截粮。震巽方生徵风，防火烧营；坎方克徵风，可烧敌营。乾兑方生羽风，防火赏赐；应防水赏赐，字有误。坤艮方克羽风，可灌敌水。宫风来乾兑方，可复中土；宫风克坎方，敌毒其水。商风来坎方，可得兵助；商风克震巽方，敌绝粮道。角风来离方，防敌火攻；角风克坤艮方，可分敌土。徵风来坤艮方，防敌火攻；徵风克乾兑方，敌夺辎重。羽风来震巽方，防敌灌水；羽风克离方，敌灌水攻。或忌方生风，或取方克风，或取风生方，或忌风生方，或取风克方，或忌风克方，其说不一。据理而论，克为战，生为和，主与客又当别论。

---

① 见《六韬·五音二十八》。

② "㵼"，《戎事类占》作"溲"。

《天象源委》卷十九

军　占

国家虽不可一日黩武，然不可一日忘备。有备者以教为先，此千古之正策也。至于临阵之时，而能羽扇纶巾，指麾如意，非真有秘术存乎其间，明理而已。几动于当前，理明于平日，故计出万金①，从容有道也。戎兵之占，已见于"占异"与"选择"矣。若夫两军相对，存亡祸福，势在呼吸。此际之司军命者，或进或退，宜分宜合，能无决之于风云气色乎？古人书中岂乏精微之理，特恐为章句掩耳。去其陈言而取其精义，则理于是乎显，辑"军占"。

总　论

凡占两军相当，必谨审日月晕气，知其所起、留止、远近、应与不应②、疾迟、大小、厚薄、长短、抱背，为有无、多少、虚实、久亟、密疏、泽枯。相应等者势等，近胜远，疾胜迟，大胜小，厚胜薄，长胜短，抱胜背，有胜无，多胜少，实胜虚，久胜亟，密胜疏，泽胜枯。重背大破。重抱为和亲，抱多亲者益多。背为不和，分离相去。背于内者离于内，背于外者离于外也。③

凡遇四方盛气，无向之战。甲乙日青气在东方，丙丁日赤气在南方，庚辛日白气

---

① "金"，疑当为"全"。

② "应与不应"，据后文，"应"或为当、等之义，即日晕气分布是否均等，如果均等，则敌我双方势均力敌。故后文云"相应等者势等"。又此段话可见于《隋书·天文志下》，前面有"日旁有气，圆而周匝，内赤而外青，名为晕。日晕者，军营之象。周环匝日无厚薄，故与军势齐等"。此处"无厚薄"，当指"相应等者"，"敌与军势齐等"即"势等"。

③ 见《隋书·天文下·十辉》。

在西方,壬癸日黑气在北方,戊己日黄气在中央。四季战当此日,气背之吉①。

日

光及见乌

日月俱无光,昼不见日,夜不见星,皆有云障之,两敌相当,阴相图谋也。日曚曚光,士卒内乱。日薄赤,见日中乌,将军出,旌旗举,此不祥,必有败亡②。

日斗

数日俱出,若斗,天下兵大战;日斗,下有叛城③。

背璚直抱珥

日旁如半环向日为抱。青赤气如月初生,背日者为背。又曰背气青赤而曲,外向为叛象,分为反城。璚者如带璚在日四方。青赤气长而立日旁为直。日旁有一直,敌在一旁欲自立,从直所击者胜。日旁有二直三抱,欲自立者不成,顺抱击者杀将。日旁抱五重,战顺抱者胜。日一抱一背为破走。抱者,顺气也;背者,逆气也。两军相当,顺抱击逆者胜,故曰破走。日重抱,内有璚,顺抱击者胜,亦曰军内有欲反者。日重抱且背,顺抱击者胜,得地,若有罢师。日重抱,抱内外有璚,两珥,顺抱击者胜,破军,军中不和,不相信④。

晕

日旁有气,圆而周匝,内赤而外青,名为晕。日晕者,军营之象。周环匝日无厚薄,敌与军⑤势齐等。若无军在外,天子失御,民多叛。凡占分离相去,赤内青外,以和相去;青内赤外,以恶相去。日晕明久,内赤外青,外人胜;内青外赤,内人胜;内黄外青黑,内人胜;外黄内青黑,外人胜;内白外青,内人胜;内黄外青,外人胜;内青

---

① "四季战当此日,气背之吉",指一年四季内战事发生时,当此甲乙等日,背朝盛气则吉。此段论述见《隋书·天文下·杂气》。

② 见《隋书·天文下·十辉》。

③ 见《隋书·天文下·十辉》。据《隋书》,"叛"当作"拔"。

④ 见《隋书·天文下·十辉》。

⑤ "敌与军",故军与我军。

外黄,内人胜。日晕周匣①,东北偏厚,厚为军福;在东北战胜,西南战败。日晕黄白,不斗,兵未解。青黑,和解分地。色黄,土功动,人不安。日色黑,有水,阴国盛。日晕七日无风雨,兵大作,不可起众,大败,不及日蚀②。日晕而明,天下有兵兵罢,无兵兵起,不战。日晕始起,前灭而后成者,后成面胜。日晕,有兵在外者,主人不胜。日晕,内赤外青,群臣亲外。外赤内青,群臣亲内。其身身外其心。日有朝夕晕,是谓失地,主人必败。日晕而珥,主有谋,军在外,外军有悔。日晕抱珥上,将军易。日晕而珥如井干者,国亡,有大兵交。日晕上西,将军易,两敌相当。日晕两珥,平等俱起而色同,军势等,色厚润泽者贺喜。日晕有直珥为破军,贯至日为杀将。日晕而珥背左右如大车辋③者,兵起,其国亡城,兵满野而城归复。日晕,晕内有珥一抱,所谓围军。日晕有一抱,抱为顺,贯晕内,在日西,西军胜。有军,日晕有一背,背为逆,在日西,东军胜。余方仿此。日晕而背,兵起,其分失城。日晕有背,背为逆,有降叛者,有反城。在日东,东有叛。余方仿此。日晕,背气在晕内,此为不和,分离相去。其色青外赤内,节臣受王命有所之。日晕上下有两背,无兵兵起,有兵兵入。日晕四背在晕内,名曰不和,有内乱。日晕而四背如大车辋者,四提④,设其国众在外有反臣。日晕四提,必有大将出亡者。日晕有四背璃,其背端尽出晕者,反从内起。日晕而两珥在外,有聚云在内与外,不出三日,城围出战。日方晕而上下聚二背,将败人亡。又曰有军,日晕不匝,半晕在东,东军胜;在西,西军胜。南北亦如之。日晕如车轮,半晕,在外者罢。日半晕东向者,西夷羌胡来入国;半晕西向者,东夷人欲反入国;半晕北向者,南夷人欲反入国;半晕南向者,北夷人欲反入国。又曰重晕⑤,攻城围邑不拔。日晕二重,其外清内浊,不散,军会聚。日晕三重,有拔城。日交晕⑥,无厚薄,交争力势均,厚者胜。日交晕,人主左右有争者,兵在外战。日在晕上,军罢。交晕贯日,天下有破军死将。日交晕而争者先衰,不胜,即两敌相向。交晕至日月,顺以战胜,杀将。一法,日在上者胜。日有交者,赤青如晕状,或如合背,或正直交者,偏交也,两气相交也,或相贯穿,或相向,或相背也。交主内乱,军

---

① "匣",当为"匝"。
② "不及日蚀",当指占验结果之凶不如日食。如《乙巳占·卷一·日蚀占第六》云:"凡日蚀者,则有兵,有丧,失地国亡。"
③ "辋",音 wǎng,古代车轮周围的框子。
④ 《乙巳占》卷一"日月旁气占"云:"九日提气,日月旁有赤云曲向,名曰提。提似珥,珥曲长……一云,气形如三角在日四方为提。"
⑤ "重晕",指一层日晕之外,另有一重,或更多重。
⑥ "交晕",当指晕相交,如《开元占经·月占·月交晕》云:"《帝览嬉》曰,月色黄白交晕,一黄一赤,所守之国受兵。"

内不和。日交晕如连环,为两军兵起,君争地。日晕若井垣,若车轮,二国皆兵亡。日有三晕,军分为三。①

月②

晕

军在外,月晕师上,其将战必胜。月晕而珥,兵从珥攻击者利。月晕有两珥,白虹贯之,天下大战。月晕有蜺云,乘之以战,从蜺所往者大胜。③

虹

虹头尾至地,流血之象。④ 日晕有背珥直而虹贯之者,顺虹击之,大胜得地。日晕有白虹贯晕至日,从虹所指战胜,破军杀将。日晕有虹贯晕,不至日,战从贯所击之胜,得小将。日晕,有一虹贯晕内,顺虹击者胜,杀将。日抱且两珥,一虹贯抱,至日,顺虹击者胜。⑤ 日晕,有二白虹贯晕,有战,客胜。日重抱,左右二虹,有白虹贯抱,顺抱击胜,得二将。有三虹,得三将。日重晕,有四五白虹气从内出外,以此围城,主人胜,城不拔。

雾

凡雾气不顺四时,逆相交错,微风小雨,为阴阳气乱之象。从寅至辰巳⑥上,周而复始,为逆者成。积日不解,昼夜昏暗,文武⑦欲分离。气若雾非雾,衣冠不雨而濡,见则其城带甲而趣。雾气若昼若夜,其色青黄,更相掩冒,乍合乍散,臣谋君,逆者丧。雾终日,君有忧。色黄,小⑧;白,兵、丧;青,疾;黑,有暴水;赤,兵、丧;黄,土功。或有大风。凡白虹雾,奸臣谋君,擅权立威。昼雾夜明,臣志得申。夜雾昼明,

---

① 见《隋书·天文下·十辉》。
② 据底本格式,"月"章节包括"晕""虹""雾""风"四小节,但根据内容来看,似乎应当只包括"晕"一小节。
③ 见《隋书·天文下·十辉》。
④ 见《隋书·天文下·杂气》。
⑤ 见《隋书·天文下·十辉》。
⑥ 寅、辰、巳,当指一日时辰。
⑦ "为逆者成",《隋书》作"为逆者不成"。"文武",《隋书》作"天下"。
⑧ "小",《隋书》作"小雨"。

臣志不申。①

风

眊风，疾风暴起拔木，天子守仪不谨，兵起。宠风，急风阴散，连日不散，天子偏爱，人怨兵起。败风，风阵恶不均，敌兵大败，我守奇功。红风，风气结阵，红赤横吹，贤士灾，兵起。天报风，暴风起，昏尘蔽天，主卒兵卒至冲袭。引兵风，云雾随风入营，宜备敌攻。恶兆风，暴风入营，吹倒中幕，兵士谋叛，亟宜劝赏。② 余见《青霞散人歌》。

军　　气 猛将气及候气法俱见"望气"

凡欲知我军气，常以甲巳日，及庚子辰戌午未亥日，及八月十八日，去军十里许，登高望之可见。依别记占之③，百人以上皆有气。占军上气安则军安，气不安则军不安，气南北则军南北，气东西则军亦东西，气散则为军破败。敌在东，日出候；在南，日中候；在西，入④候；在北，夜半候。车气乍高乍下，往往而聚。骑气卑而布。卒气抟。前卑后高者疾。前方而高，后兑而卑者却⑤。其气平者，其行徐。前高后卑者，不止而返。校骑之气，正苍黑，长数百丈。游兵之气，如彗扫，一云长数百丈，无根木。喜气上黄下白，怒气上下赤，忧气上下黑。土功气黄白，徒气白。王相色吉，囚死⑥色凶。对敌而坐，气来甚卑下，其阴覆人，上掩沟盖道者，是大贼必至。两军相当，敌军上气如囷仓，正白，见日逾明，或青白如膏，将勇。大战气发渐渐如云，变作此形，将有深谋。敌上有云如山，不可说。有云如引素⑦，如阵前锐，或一或四，黑色，有阴谋；赤色，饥；青色，兵有反；黄色，急去。凡战气，青白如膏，将勇。大战气，如人无头，如死人卧。敌上气如丹蛇，赤气随之，必大战杀将。其气上小下大，其军日增益士卒。赤气如人持节，兵来未息。军上恒有气者，其军难攻。壬子日候，四

---

① 见《隋书·天文下·杂气》。
② 关于以上各种风的介绍，清代周人甲《管蠡汇占·卷十·风角备占·占风名状》云："恶风暴起，发屋拔木，是谓眊风。""阴云风急，连日不止，是谓宠风。""风阵暴恶，急慢不均，是谓败风。""风气搏阵，红赤可见，是谓红风。""暴风陡起，昏尘蔽天，是谓报耳风。""云雾随风，旋扰入宫，是谓引兵风。""风暴入营，吹倒坐席，是谓恶兆风。"
③ "依别记占之"，指依据各日的记录情况占验。
④ "入"指日入。
⑤ "兑"，同锐。"却"，退，止。
⑥ 关于"王相""囚死"，见卷十七"望气·天子气"。
⑦ "引素"，指长长的素纱，其貌长而轻薄。

望无云，独见赤云如旌旗，其下有兵起。若偏四方者，天下尽有兵。若四望无云，独见黑云极天，天下兵大起，半天半起；三日内有雨，灾解。敌欲来者，其气上有云，下有氛零①，中天而下，敌必至。赤云如火者，所向兵至。天有白气，状如匹布，经丑未者，天下多兵。②

胜气

凡军上气，高胜下，厚胜薄，实胜虚，长胜短，泽胜枯。我军在西，贼军在东，气西厚东薄，西长东短，西高东下，西泽东枯，则知我军必胜。凡军胜气，如堤如坂，前后磨地，此军士众强盛，不可击。军气，挥如山堤，山上若林木，将士骁勇。军上气如埃尘粉沸，其色黄白，旌旗无风而飏挥指敌，此军必胜。两敌相当，有气如人持斧向敌，战必大胜。两敌相当，上有气如蛇举首向敌者，战胜。军上气如堤以覆全军上，前赤后白，此胜气。若覆吾军，急往击之，大胜。夫③气锐，黄白团团而润泽者，敌将勇猛，且士卒能强战，不可击。云如日月而赤气绕之，如日月晕状，有光者，所见之地大胜，不可攻。凡云气，有兽居上者，胜。军上有气如尘埃，前下后高者，将士精锐。敌上气如乳、武豹伏④者，难攻。军上云如华盖者，勿往与战。云如旌旗，如蜂向人者，勿与战。两军相当，敌上有云，如飞鸟徘徊其上，或来而高者，兵精锐，不可击。军上云如马，头低尾仰，勿与战。军上云如狗形，勿与战。望四方有气，如赤鸟在乌气中，如乌人在赤气中，如赤杵在乌气中，如人十十五五，或如旌旗在乌气中，有赤气在前者，敌人精悍，不不⑤当。军上气如火光，将军勇，士卒猛，好击战，不可击。敌上有白气，粉沸⑥如楼，绕以赤气者，兵锐。营上气黄白色、重厚润泽者，勿与战。敌上气如一匹帛者，此雄⑦军之气，不可攻。望敌上气如覆舟，云如牵牛，有白气出以⑧旌帜，在军上有云如斗鸡，赤白相随，在气中或发黄气，皆将士精勇，不勇不

---

① "氛零"当是一种云气，称为"氛零"可能与此种云气有自天而下之形有关，所以文中说"中天而下"，"零"有下意。《天元玉历祥异赋·暴兵气》曰："朱文公曰，氛零自中天而下吾阵。"其具体形状，《天元玉历祥异赋》绘有图形。

② 见《隋书·天文下·杂气》。

③ "夫"，据《隋书》当为"天"。

④ "武豹"，豹生猛，象武力，故称武豹。古代武职衣服有绘武豹图案者。"武豹伏"，如武豹隐伏一般。豹攻击猎物之时会首先隐伏起来。

⑤ 第二个"不"，据《隋书》当为"可"。

⑥ "粉沸"，指粉乱沸腾，此处是形容云气之貌。

⑦ "雄"，《隋书》作"雍"。

⑧ "以"，据《隋书》当作"似"。

可击。军营上有赤云气①，上达于天，亦不可攻。凡军营上五色气上与天连，此天应之军，不可击。②

败气

敌上气囚废枯散，或如马肝色，如死灰色，或类偃盖，或类偃鱼③，皆为将败。军上气乍见乍不见，如雾起，此衰气，可击。上大下小，士卒日减。凡军营上十日无气发，则军必散④。而有赤白气乍出即灭，外声欲战，其实欲退散。黑气如坏山堕军上者，名曰营头之气，其军必败。军上气昏发连夜，夜照人，则军士散乱。军上气半而绝，一败，再绝再败，三绝三败，在东发白气者，灾深。军上气中有黑云如牛形，或如马形者，此是瓦解之气，军必败。敌上气如粉如尘者，勃勃如烟，或五色杂乱，或东西南北不定者，其军欲败。军上气如群猪群羊在气中，此衰气，击之必胜。军上有赤气炎炎⑤于天，则将死士众乱。赤光从天流下入军，军乱将死。彼军上有苍气，须臾散去，击之必胜。在我军上，须自坚守。军有黑气如牛形或如马形，从气雾中下，渐渐入军，名曰天狗下食血，则军破。军上气或如群鸟群飞⑥，或纷纷如转蓬，或如扬灰，或云如卷席，如匹布乱穰者，皆如狗入营，其下有流血。四望无云，见赤气为败征⑦。气乍见乍没，乍聚乍散，如雾之始起，为败气。气如系牛，如人卧，如败车，如双蛇，如飞鸟，如决堤垣，如坏屋，如人相指，如人无头，如惊鹿相逐，如两鸡相向，皆为败气。有黑气入营者，兵相残。有赤青气入营者，兵弱。有云如蛟龙，所见处将军失魄。有云如鹄尾，来荫国上，三日亡。有云如日月晕，赤色，其国凶。凡降人气，如人十十五五，皆叉手抵⑧头，又云如人叉手相向。白气如群鸟趋入屯营，连结百余里不绝，而能徘徊，须臾不见者，当有他国来降。气如黑山，以黄为缘者，欲降服。敌上气青而高渐黑者，将欲死散。军上气如燔生草之烟，前虽锐，后必退。黑云临营，或聚或散，如鸟将宿，敌人畏我，心意不定，终必逃背，逼之大胜。⑨

---

① "赤云气"，《隋书》作"赤黄气"。
② 见《隋书·天文下·杂气》。
③ "偃盖""偃鱼"，指仰上而放置的盖子或肚子仰天的死鱼。它们可以与前"如死灰色"对应。
④ "散"，《隋书》作"胜"。
⑤ "炎炎"，《隋书》作"炎降"。
⑥ "群飞"，《隋书》作"乱飞"。
⑦ "皆如狗入营，其下有流血"，《隋书》作"皆为败征"。"四望无云，见赤气为败征"，《隋书》作"四望无云，见赤气如狗入营，其下有流血"。张氏此两句论述当是误抄。
⑧ "抵"，《隋书》作"低"。
⑨ 见《隋书·天文下·杂气》。

城上气

凡白气从城中南北出者,不可攻城,不可屠城。中有黑气如星,名曰军精,急解围去,有突兵出,客败。青色从中南北出者,城不可攻;或气如青色,如牛头触人者,城不可屠。城中气出东方,其色黄,此太一城。白气从中出,青气从城北入,反向还者,军不得入。攻城围①,过旬雷雨者,为城有辅,疾去之,勿攻。城上气如烟火,主人欲出战。其气无极者,不可攻。城上气如双蛇者,难攻。赤气如杵形,从城中向外者,内兵突出,主人战胜。城上有云分为两彗,攻不可得。赤气在城上,黄气四面绕之,城中大将死,城降。城上赤气如飞鸟,如败车,及无云气,士卒必散。城营中有赤黑气聚,如貍皮斑及赤者,并亡。城上气上赤而下白色,或城中气聚如楼,出见于外,城皆可屠。城营上有云如众人头,赤色,下多死丧流血。城上气如灰,城可屠。气出而北,城可克。其气出复入城中,人欲逃亡。其气出而覆其军,军必病。气出而高,无所止,用日久长。有白气如蛇来指城,可急攻。白气从城指营,宜急固守。攻城若雨雾日,死;风至,兵胜。日色无光为日死,云气如雄雉临城,其下必有降者。蒙氛围城而入城者,外胜,得入。有云如立人五枚,或如三牛,边城围。②

暴兵气

凡暴兵气,白,如瓜蔓连结,部队相逐;须臾罢而复出,至八九,来而不断,急贼卒至,宜防固之。白气如仙人衣,千万连结,部队相逐;罢而复兴,如是八九者,当有千里兵来,视所起备之。黑云从敌上来,之我军上,欲袭我,敌人告发,宜备不宜战。云气如旌旗,贼兵暴起。暴兵气如人持刀盾。云如人,赤色,所临城邑有卒兵至,惊怖,须臾去。云如方虹,有暴兵。③

伏兵气

凡军上有黑气,浑浑圆长,赤气在其中,其下必有伏兵。白气粉沸,起如楼状,其下必有藏兵无考④,皆不可轻击。伏兵之气,如幢节状在乌云中,或如赤杵在乌云中,或如乌人在赤云中。⑤

---

① "围"后《隋书》有"邑"。
② 见《隋书·天文下·杂气》。
③ 见《隋书·天文下·杂气》。
④ "无考",《隋书》作"万人"。"无考"当指兵多不可知。
⑤ 见《隋书·天文下·杂气》。

喜气

日有一珥为喜,在日西,西军战胜;在日东,东军战胜;南北亦如之。无军而珥,为拜将。日下有黄气三重若抱,人主有喜且得地。日抱黄白润泽,内赤外青,天子有喜,有和亲来降者,军不战,敌降军罢;色青将喜;赤将兵争;白将有丧;黑将死。日晕负且戴①,国有喜,战从戴所击者胜,得地。日晕有玉色,有喜;不得玉色,有忧。月晕黄色,将军益秩禄,得位。② 城上气白如旌旗,或青云临城,有喜庆;黄云临城,有大喜庆。

《心传合撰》占军

兵,史迁有太白、辰星互为主客之说。③《心传合撰》云:火性烈,近代又占火星,其应尤甚。又云:火星所措,其分破军杀将亡地,留亦同。又云:土火合,其分兵起,土不动尤强。火合太白,破军杀将。太白合火,不利攻战。火与白合,主人兵不胜。火与水合,不利进战,起兵亦不利。土星与火星弦照,大兵起,不在当占之时不论。凡破国必火星灾其分,木星顺行救之,减灾。西占见"占异",又见"选择"。

---

① "负",《隋书》作"员"。"员",当通圆。"负"指日晕在上如负载。"戴"指日晕在上如戴冠一般。
② 见《隋书·天文下·十辉》。
③ 此句当为张氏自述。

《天象源委》卷二十

分　野

　　前人占验，所重在分野。分野者，盖本本宿而言，而亦有验于其冲①者。至后世分野之说，参错不一。再有本宫度而言，而以本宿为非者，则宿之分有不得不因岁差而改矣。《方舆纪要》谓其非是，徐发又起而正之，似亦近于自然。但宿度之距，新西法为密，此又不得惟古是式也。若夫西法之重，则重在三角，而中土三方吊照之说，未始不与相符，特不能算及度分耳。至于七界之分，亦有不可弃者。总而言之，天道微妙，或应乎此，或应乎彼，其机甚活，非至静不能烛照无遗。辑"分野"。

分野异同考

　　《周礼·保章氏》：以星土辨九州之地，所分封域皆有分星，以观妖祥。《读史方舆纪要》云：此后世言分野之始也。《晋志》云：职掌天下之土，保章辨九州之野。刘安《天文训》：角、亢，郑。氐、房、心，宋。尾、箕，燕。斗、牵牛，越。须女，吴。虚、危，齐。营室、东壁，卫。奎、娄，鲁。胃、昴、毕，魏。觜觽、参，赵。东井、舆鬼，秦。柳、七星、张，周。翼、轸，楚。《史记·天官书》：角、亢、氐，兖。房、心，豫。尾、箕，幽。斗，江湖。牵牛、婺女，扬。虚、危，青。营室、东壁，并。奎、娄、胃，徐。昴、毕，冀。觜觽、参，益。东井、舆鬼，雍。柳、七星、张，三河。翼、轸。荆。又昴、毕间为天街。其阴，阴国；其阳，阳国。杓，自华以西南；衡，殷中州，河、济之间；魁，海、岱以东北。

　　此以中宫斗杓言分野也。②《春秋纬文耀钩》云：雍属魁星，冀属枢星，兖、青属

---

① "冲"，冲对之处。
② 此句当为张氏自述。

机星,徐、扬属权星,荆属衡星,梁属开星,豫属摇星。①

  "秦之疆也,候在太白,占于狼、弧。吴、楚之疆,候在荧惑,占于鸟衡②。燕齐之疆,候在辰星,占于虚、危。宋郑之疆,候在岁星,占于房、心。晋之疆,亦候在辰星,占于参、罚。"③

  此以五星占分野也。④《星经》曰:岁星主泰山、徐、青、兖。荧惑主霍山、扬、荆、交。镇星主嵩、高、豫。太白主华阴、凉、雍、益。辰星主常山、冀、幽、并。

  郑氏:元枵,齐之分星,青州之星土;星纪,越之分星,扬州之星土;实沈,晋之分星,并州之星土;大火,宋之分星,豫州之星土;娵訾,卫之分星,冀州之星土;寿星,郑之分星,豫州之星土;鹑尾,楚之分星,荆州之星土;析木,燕之分星,幽州之星土;鹑火,周;鹑首,秦;大梁,赵;降娄,鲁。

  郑氏曰:"此即《周礼》星土之说也。"易氏曰:"在诸侯,则谓之分星。在九州则谓之星土。"九州星土之书亡矣,今其可言者十二国之分。谓十二次之分也,详见下。考之传记,灾祥所应,有可证而不诬者。昭十年,有星出于婺女,郑裨灶曰:"今兹岁在颛顼之墟,姜氏、任氏实守其地。"释者以颛顼之墟为玄枵,此玄枵为齐之分星,而青州之星土也。昭三十二年,吴伐越,晋史墨曰:"越得岁而吴伐之,必受其凶。"释者以为岁在星纪,此星纪为越之分星,而扬州之星土也。昭元年,郑子产曰:"成王灭唐而封太叔焉,故参为晋星,实沈为参神。"此实沈为晋之分星,而并州之星土也。襄九年,晋士弱曰:"陶唐氏之火正阏伯居商邱,相土因之,故商主大火。"此大火为宋之分星,而豫州之星土也。昭十七年,星孛及汉,申须曰:"汉,水祥也。卫、颛顼之墟也,故为帝邱。其星为大水。"此娵訾为卫之分星,而冀州之星土也。襄二十八年春,无冰,梓慎曰:"岁在星纪而淫于玄枵,蛇乘龙。龙,宋郑之星。"此寿星为郑之分星,而亦豫州之星土也。《郑语》:"周史曰:楚,重黎之后也。黎为高辛氏火正。"此鹑尾为楚之分星,而荆州之星土也。《尔雅》曰:"析木谓之津。"释者谓天汉之津梁为燕,此析木为燕之分星,而幽州之星土也。以至周之鹑火,秦之鹑首,赵之大梁,鲁之降娄,无非以其州之星土而为其国之分星,所占灾祥,其应不差。陈氏曰:"先儒谓古者受封之日,岁星所在之辰,其国属焉。观《春秋传》凡言占相之术,以岁之所在为福,岁之所冲为灾,故师旷、梓慎、裨灶之徒,以天道在西北而晋不害,岁在越

---

① "魁星""枢星""机星""权星""衡星""开星""摇星",为北斗七星各星名称。此名称因文献不同而不同,如《甘石星经》名为天枢、天璇、天玑、天权、玉衡、开阳、瑶光。此段当为张氏自述。
② "鸟衡",指南方七宿之柳星。
③ 见《史记·天官书》。
④ 此句当为张氏自述。

而吴不利，岁淫玄枵而宋郑饥，岁弃星纪而周楚恶，岁在豕韦而蔡祸，岁及大梁而楚凶。则古之言星次者，未尝不视岁之所在也。"又梓慎曰："龙，宋郑之星也。"宋，大辰之墟也。陈，太皞之墟也。郑，祝融之墟也。皆火房也。卫，高阳之墟也。其星为大水，以陈为火，则太皞之木为火母故也。以卫为水，则高阳水行故也。子产曰："迁阏伯于商邱，主辰，商人是因，故辰为商星；迁实沉于大夏，主参，唐人是因，故参为晋星。"然则十二城之所主，亦若此也。①

班固《汉书·地理志》、皇甫谧《世纪》②同，惟魏作晋魏：角、亢、氐，韩。房、心，宋。尾、箕，燕。斗，吴。牵牛、婺女，越。虚、危，齐。营室、东壁，卫。奎、娄，鲁。胃、昴、毕，赵。觜觿、参，魏。东井、舆鬼，秦。柳、七星、张，周。翼、轸。楚。

王氏曰："十二国分野，本出于七国甘、石③之学。汉之言天官④者，复以当时郡县分配之。班氏志地理，遂从而著其说。其后张衡、蔡邕亦传述焉。"孔氏曰："星纪在于东北，吴、越实在东南，鲁、卫东方诸侯，遥属戌亥之次。又三卿分晋，方始有赵，而韩、魏无分谓胃昴毕分赵而不分韩魏。《汉书·地理志》分郡国以配诸次，其地分或多或少。鹑首极多，鹑火极狭，徒以相传为说，其原不可得闻。其于分野，或有妖祥，而为占者多得其效。盖古之圣哲有以度知，非后人所能测也。"易氏曰："分野之说，有可疑者。武王伐殷，岁在鹑火，伶州鸠曰：'岁之所在，我有周之分野。'盖指鹑火为西周丰、岐之地。今乃以当洛阳之东周，何也？周平王以丰、岐之地赐秦襄公，而其分星乃谓之鹑首，何也？又如燕在北，而配以东方之析木；鲁在东，而配以西方之降娄；秦居西北，而鹑首次于西南；吴、越居东南，而星纪次于东北。贾氏以为古者受封之月，岁星所在之辰，恐不其然。若谓受封之辰，则春秋、战国之诸侯，以之占妖祥可也。后世占分野而妖祥亦应，亦皆古者受封之国乎？"唐氏曰："子产言封实沈于大夏，主参；封阏伯于商邱，主辰。则星土之说，其来已久，非因封国始有分野。若以封国岁星所在，即为分星，则每封国自有分星，不应相土因阏伯，晋人因实沈矣。又汉魏诸儒辰次之度，各用当时历数，与岁差迁徙，亦非天象度数之正也。"⑤《宋中兴天文志》载汉洛下闳知太初历，八十年当差一度，惟晋虞喜觉之，说见后。

徐发曰：天官分野以九州，似古人之遗。然益州开自汉武帝，岂为汉世更定？刘安《训》⑥必春秋之后、三晋既强时人所作也。若班氏列国下又各详叙邑名，大约周

---

① 此段论述见清代顾祖禹《读史方舆纪要·分野》。"十二城"，《读史方舆纪要》作"十二城"。
② 《世纪》指皇甫谧《帝王世纪》。
③ "甘、石"，即《史记·天官书》所云"传天数者"齐甘公、魏石申。
④ "官"，《读史方舆纪要》作"数"。
⑤ 见《读史方舆纪要·分野》。
⑥ 《训》当指《淮南鸿烈·天文训》。

鲁卫宋分最少，不过数城，秦楚韩赵魏最广。秦南至巴蜀、越巂，北至炖煌上郡。颖濮属韩，汝南、开封属魏，而苍梧、交阯、九真、日南皆为越分，瓯、闽尚未之及。此的系七国时秦人所作，故蔡邕《月令章句》因之。《月令》，秦书也。总较诸家，《鸿烈》为得矣。《鸿烈》出自文、景之世，《史记》作于武帝之后，以角、亢宜徐而为兖，奎、娄宜兖而为徐。参①宜雍而为益，井、鬼宜益而为雍，岂传述之讹欤？是以班、蔡、皇甫皆宗刘安而不宗《史记》，良有自矣。②

《唐·天文志》李淳风次《汉书》度数，而一行以为天下山河之象存乎两戒③。两戒之说，本乎《汉志》。武帝元封中，星孛于河戒，占曰：南戒为越门，北戒为胡门，其后汉兵击拔朝鲜。朝鲜傍海，越象也，居北方，胡域也。《天官书》"越之亡，荧惑守斗，朝鲜之拔，星茀于河戒"是也。又《星传》云："月入牵牛南戒。"又曰："积薪在北戒西北，积水在北戒东北。"南戒、北戒，即南河、北河也。④ 北戒自三危、积石，负终南地络之阴，东及太华，逾河并雷首、底柱、王屋、太行，北抵常山之右，乃东循塞垣，至濊貊⑤、朝鲜，是为北纪，所以限戎狄也。南戒自岷山、嶓冢，负终南地络之阳，东及太华，连商山、熊耳、外方、桐柏。自上洛南通江、汉，携武当、荆山至于衡阳，乃东循岭徼，达东瓯、闽中，是为南纪。所以限蛮夷也。故《星传》谓北戒为胡门，南戒为越门。河源自北纪之首，循雍州北徼，达华阴而与地络相会，并行而东，至太行之曲分而东流，与泾、渭、济、漯⑥相为表里，谓之北河。江源自南纪之首，循梁州南徼，达华阴而与地络相会，并行而东，及荆山之阳，分而东流，与汉水、淮渎相为表里，谓之南河。故于天象，则弘农分陕为两河之会，五服诸侯在焉。自陕而西为秦、凉⑦，北纪山河之曲为晋、代，南纪山河之曲为巴、蜀，皆负险用武之国也。自陕而东，三川、中岳为成周，而距外方、大伾⑧，北至于济，南至于淮，东达巨野，为宋、郑、陈、蔡，河内及济水之阳为邶、鄘、卫，汉东滨淮水之阴为申、随，皆四达用文之国也。北纪之东至北河之北为邢、赵，南纪之东至南河之南为荆楚，自北河下流，南距岱山为三齐，夹右碣石为北燕。自南河下流，北距岱山为邹、鲁，南涉江、汉为吴越，皆负海之国，货殖之所阜也。自河源循塞垣北，东及海为

---

① "参"，《天元历理全书》作"觜参"。
② 见徐发《天元历理全书》卷十"分野异同考"。
③ "两戒"指在唐代僧一行提出的"天下山河两戒"地理理念中，两条由山河构成的分割"华夏"世界与非"华夏"世界的地理界限。该认识在唐以后产生了重要影响。具体论述见《新唐书·天文志》。
④ 此小字注系《读史方舆纪要》原文小字注。
⑤ "濊貊"，音 huì mò，我国古代东北一带部落。
⑥ "漯"，《读史方舆纪要》作"渎"。
⑦ "凉"，《读史方舆纪要》作"梁"。
⑧ "伾"，音 pī。大伾在今河南鹤壁。

戎狄，自江源循岭徼南，东及海为蛮越，观两河之象，与云汉之所始终而分野可知矣。又云：自南正达于西正，得云汉升气，为山河上流；自北正达于东正，得云汉降气，为山河下流。娵訾在云汉升降中，居水行正位，故其分野当中州河济间。星纪得云汉下流，百川归焉。析木为云汉末派，山河极焉。①

徐氏曰：九州十二域，或系之北斗，或系之二十八宿，或系之五星。至唐一行又为山河两戒之说。而宋世之言分野者多宗之。然而因数推理，验往察来，则经纬分而主客辨，度数定而方位明，如昔人所称汤王殷而星聚房，房，宋、亳之分。武造周而星聚柳，柳，河洛之分。三星会而敬仲知齐必霸，会于虚危，齐分也。五星会而甘石②知汉必兴，会于东井，秦分也。火守心而子韦以为宋当其祸，心为大火，宋分也。日食毕而仲舒③以为晋失其民，毕为大梁，晋分也。太白食昴而赵括长平之事应，昴在赵分。荧惑守斗而吕嘉南越④之衅成。斗为越分。自古及今，类皆不爽。⑤

《御制大清一统皇舆图山脉记》云：山脉祖于昆仑，今名枯尔坤山。分大干二，曰北干南干。二干又各分五大支。北干分而北者三，分而南者二；南干分而南者三，分而北者二。唐一行所谓山河之象存乎两戒也。北干以河为限，南干以江为限，而江河之间，诸山重叠，蜿蜒几千里，其脉又何从起乎？盖亦自昆仑而来。朱子所谓派三脉以入中国，此其中干也。复分为三：一趋而北界以河，一趋而南分以江，一复为中，为南北之限。此即朱子中干分为三条之说也。盖两大干为中国之大包络，而此一干又为大包络中之大关键也。而一行之说，第穷入海之脉，北戒始于积石，南戒始于岷山，朱子亦仅以当时中国之山言之。朱子之说在《性理》⑥。

徐发分野说

历代分野，各有不同，大约易一姓必更一制。李唐以前，犹不甚变古。宋、元以后，太乙、六壬家诸书益乖。如鲁在兖，又入于许颍。徐在宋，又入于济、泗。东瓯在南粤，又同于楚。交趾、日南，在楚之西南，又合于吴。任意改窜，但牵引古人一说，便为有本？尝博稽史志星变克应，惟古法多验。善言天者必有验于人，则分野之宜

---

① 此段论述见《读史方舆纪要·分野》。
② "石"，据《读史方舆纪要》当作"氏"。《史记·张耳陈余列传第二十九》云："甘公曰：汉王之入关，五星聚东井。"
③ "仲舒"，指"董仲舒"。《汉书·五行志第七下之下》云："十七年六月甲戌朔，日有食之，董仲舒以为时宿在毕，晋国象也。""十七年"指鲁昭公十七年。
④ "吕嘉南越"，指汉朝时期南越国丞相吕嘉的造反行为。
⑤ 见《读史方舆纪要·分野》。
⑥ 《性理》指《性理精义》，朱子论述见卷十"理气类·地理"。

复古，又何疑乎？①

古分野图：谓出于地正。以中岳阳城为中，出十二线，分为十二宫。未，寿星，角、亢，楚荆，郑在未午之交。午，大火，氐、房、心，宋在巳午之交。巳，析木，尾、箕，越。辰，星纪，斗、牛，杨吴，豫在中辰卯之交。卯，玄枵，女、虚、危，徐兖齐青。寅，娵訾，室、壁、鲁，新郑。营，幽在寅丑之交。丑，降娄，奎、娄，燕。子，大梁，胃、昴，并卫冀。亥，实沈，毕、觜、参，晋。戌，鹑首，井、鬼，雍秦。酉，鹑火，柳、星、张，周。申，鹑尾，翼、轸，梁。

因推上古圣人分野之初意，而略参以时制之沿革。郧竹柳庆，以底钦廉交海，当属角、亢，皆古郑之南垂也。汝邓以南，荆湘湖广，袁韶以西，当属大火，实祝融之正位也。颍亳而上，出江黄鄱赣，抵乎潮海，连及八闽，当属箕尾，箕实古粤之所直也。若乃徐淮以东，庐杨松浙，专属之斗牛，不失其旧耳。淮海之北，青兖登莱，实当东正也，虚危亦其定位。淇卫之下流，济汶之北境，九河之间，及辽海之广，则皆室壁矣。幽燕之境，真保广魏，乃在奎与娄。泽潞以西，抵乎大河，恒山之北，讫乎云中，仍属胃昴之旧。大河以西，延朔以北，灵夏之间，仍归参毕，亦晋野之本界。陇以西，金城酒泉，张掖玉门而外，宜属之井，乃秦之余也。岷嶓以西，松潘而外，属之星张，乃岐周之右臂也。汉沔以南，巴蜀邛筰，以至滇云交缅，则属之翼轸，实楚之支也。②

《汉书·五行志》：文帝后七年九月，有星孛于西方，其本直尾、箕，末指虚、危；刘向以为尾，宋地，今楚彭城；后三年，吴、楚七国皆反，诛灭。按：此汉初虽有箕为燕之说，而刘向不以为占，故人事亦不应。又元兴元年四月，流星起斗，行至于须女。《志》曰：须女，燕也。此即《天官书》燕、齐同占之意，以须女在北耳。则燕原未尝属箕、尾，后代克应在箕、尾者亦绝少。惟天宝九年，五星聚于箕、尾。十四年，安禄山反叛于范阳，称燕帝。论者以为箕尾之应。然不及二年，禄山死，庆绪③亦亡。五星聚，必有大兴废，非其应也。盖尾、箕为后宫之占，自唐有天下，政出后宫者累世。迨杨氏之祸，至此而极，卒为乱军所除。荧惑先至先去，有以也。以燕居吴越之左，此理所不能通者，若谓古圣人别有其理，则何以吴越之右为齐鲁，齐鲁之右为赵，赵之右为鲁，鲁之右为秦，秦之右为周，为楚，为郑宋，为吴，又皆不紊。十一次皆不紊，而独紊于燕，理固若是乎？尝考历代古人占验，盖不独春秋为然。自五星聚井，入秦应天；井为秦分。月晕参毕，受困平城；平城，赵地，毕之分野。星孛尾箕而七国起衅；文帝七年，刘向曰：尾，宋地，今彭城。后七国反。星孛三台，而江充祸国；元丰元年。三台，六臣象。

---

① 见《天元历理全书》卷十"分野宜更说"。
② 见《天元历理全书》卷十"分野宜更说"。
③ "庆绪"，安禄山次子安庆绪。

至唐武韦二后相继祸国，五星亦聚于尾箕；宋祖开业于汴梁，则五星又聚奎，_{奎为鲁、}
_{卫分野。}莫不确有其应，特所应亦不一。或应于分野，_{斗牛吴，}女虚齐之类。或应于象
体，_{斗为宰执大臣，虚为邱墓宗庙之类。}或应于天官职司，_{心为王者明堂，尾为后宫妃御之类。}
正天人相因之理也。康熙丁巳冬十一月，御史成其范疏言：荧惑入井分九十余日，宜
用兵进剿滇蜀。上从之，大益兵进剿。明年正月，吴逆果败，连退五百余里，汉中、成
都、龙安、重庆、潼川五府皆复。抵泸水而军，时论者以为井鬼属云南分野，何以不
验于滇楚，而验于川蜀？某曰：此古法所以不可变乱也。盖古法井、鬼止属秦陇岐岷
之地，原不涉滇楚，自李淳风始以井鬼窜入邛莋甸焚，至于桂林象郡，不知天象自有
定理，万古不可泯灭者。考古分野，原与尧时昏星不同，后之不能求其故者。又复漫
为点窜，以至求其解而不可得。有谓星之所属，有星在而国亦在者，如并在北，而娵
訾、室、壁亦北；荆在南，而鹑尾亦在南。譬如离南坎北，各有定位，躔次相配，上下
同体者也。又有星在此而国在彼者，若鲁居东而配降娄于西，燕居北而配析木于东
北，譬如房日兔而反见象于月，毕月乌而反见象于日也。又有或方或隅而参差不等
者，若齐居东北而配玄枵于正北；吴越在东南，而配星纪于东北。如洛书生数居方，
成数居隅①，二与七相近，六与一为邻者也。不知此皆臆说，以为经纬错综。经纬错
综要必有其绪，不若是之杂乱也。今徐发以为分野出于地正。夫三正相传已久，而
分野又欲居正之一，其谁肯信之？不若以为古圣人之分野，原不必拘于昏星也。尧
时昏星星在午，而角在辰。至平旦，角在未。于平旦之时，而以之定分野，亦未始不
可。旦角在未而二十八宿十二辰之分野，其与本国无不相符。此岂由造作而致？即
于此可想见古圣人之遗意。若夫岁差之说，既以星分野，并非以度分野，又何论于岁
差？又《天文实用》推得开辟首日角当天中，果尔，则夜半之时，角在未愈可信矣。于
夜半之时，而以之定分野，更为有凭。又闻之朱离模曰：二十八宿之相距，其命度之
大小，犹某地至某地之路程耳。设距宿之体已远，而以为宿之性犹是，恐未必然。此
言亦似近密，惟观象者决之。②

---

① 洛书中，生数1,3,7,9居于正南正北正东正西，而成数2,4,6,8居四隅。
② 此段为张氏自己的讨论。

西 人 分 方

大四分

《天步真源》：戌午寅①，从西至北属西，地方大西洋回回，为主者火木。未卯亥，从西至南属南，地方黑人国，为主者火金。辰子申，从东至北属东，地方日本中华，为主者土木。酉巳丑，从东至南属东，地方小西洋佛国，为主者土金。②

四分

火分，戌午寅，从西至北。水分，未卯亥，从西至南。气分，辰子申，从东至北。中国在内。土分，酉巳丑，从东至南。③

三合宫分

寅午戌属火，东北方。巳酉丑属土，东南方。申子辰属风，西南方。亥卯未属水，东④北方。专看第一字。

黄道之性分四方

《真源》：戌酉申，春分至夏至。未午巳，夏至至秋分。辰卯寅，秋分至冬至。丑子亥，冬至至春分。⑤

地平宫分四方

一宫至十宫为东，十宫至七宫为南，七宫至四宫为西，四宫至一宫为北。

地理分为七界

《象宗》：一土，二日，三水，四木，五金，六月，七火，从南分起。⑥应从北分起。

---

① "戌午寅"指黄道十二宫白羊、狮子、人马。
② 见《世界部·日月食》。
③ 见《纬星性情部·日月五星之权第二门》。小字注亦见此节。
④ "东"，据《天文书》当为"西"。此段论述见《天文书》第一类第十五门"说三合宫分主星"。
⑤ 见《纬星性情部·日月五星之权第二门》。
⑥ 见《天文书》第二类第二门"论上下等第应验"。《天文书》原文即"从南分起"，张永祚云"应从北分起"，不知何据。

考夫天以赤道为中,而分南北纬。在地则何以分?亦以赤分。则中国均在赤之北,将无南可言矣。细思凡一物有一物之东西南北,何况于国?则一国止论一国之东南西北,亦未有不上应乎天者。由此言之,中华之分野,与西人之分方,无不可用矣。仿此,则中华可将极南与极北、极东与极西在地球对天度共若干度,以此若干度分为四方,则东西南北于是乎可言矣。若夫以本地天顶为极,以本地地平为限,分为十二宫,梅文鼎论之甚明,本地候云气可以用之。天有天之东西南北,地有地之东西南北,人所在之处又有所在处之东西南北。象之大者分应乎地球,如日月食,"天下分四分,从西至北,属西,地方大西洋回回"等是也。象之次者,如五星凌犯等分应乎中土,西人有三角之分是也。此二端者,先以纬度辨其南北,再以天顶决其应否,亦可以不失矣。但五星之凌犯,乌有止应乎中土,而不应乎诸国者?此则在占之时矣。凌犯之时,见乎本国地平之上,占可也。若夫占人之命,又不宜以此为例,盖人命当推其全体也。象之再次者,则分应乎一方,如风云气色,随方征验是也。以纬之大小,分南北之阔狭,如某星原纬止若干度,即以其国之纵长若干里约略分之。今其星纬若干,应得里若干也。以过子午圈分东西。如凌犯从东出至西入,而犹不离者,为东西全应,又不可不知也。凡天象之应,必有其处,又必有其时。《象纬真机》云:各星行至本宫及三合宫,所主之事乃发。细思此说,固为妙矣,然犹未尽其妙。盖事之应,要视其星之情何如,其情重在本宫者,自应发其分野,并应当其时即发。势迟而缓者,即应发其地,亦应行至本宫而发,并发之迟,有如《左传》五及三纪之说者。情在冲者,应发其冲之分野,并应行至冲而发。或冲之情重在本宫,仍发于本宫本时。情重在三角者,乃发于三角,自应行至三角而发。或发不一发,发不一时,以其三角势也。论三角则主三角之方,论本宫与冲则主分野。分野之说,本出于中土,西国各自有其野,原不能相为谋。大抵西人之所重者,莫重于三角。若即其各体之形以观,则对冲、六合、两弦,要无不有其应之地与其实也。①

---

① 此段当为张永祚自述。

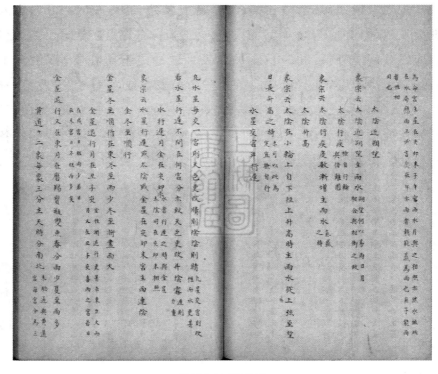

太陽分盈縮

考日平行五十九分零八秒日高沖一點盈之始高行一點縮之初春分率秋分半周歷時多秋分至春分半周歷時少

太衝分有光無光及上升下降

考月有光和各事大第一堂前到上弦共次十五到下弦又次初一到上弦到初一

月升日所離宮度定于十五至酉十五為正升南十五至未初度為橫升未初度至...十五為橫升寅十五至子十五為斜升日升有...坡經緯度時...書第三堂見

月上升有...西...一小輪最高十...同心圓最高何自子到午

上行午到子下行...冬至到夏至為上夏至到冬至為下遲月自行起於最高支繞次輪以過...支繞而月在次輪之上右旋月距日一周光輪行二周光望少在本輪之內最近太陰在自行輪高度分積的閏宗行

考月有自行輪次輪高但諸月行平行一十三度十分零三十五秒自行一十三度五十三秒兩行相較差六分四十一秒即月望行故年行歷二十七日五刻一十三分零五秒斜行原度自行凡歷二十七日五刻一十二刻一十一分五十四秒而始復於...原度...最高與日會在最高與日河在最卑上下...在中距之時始復於其...見日拍

卷二"象性"书影

象宗云太陰近胡望

太陰行疾然...借離圓

象宗云太陰行疾度數漸增主雨水之時

太陰升高

太陰在小輪上自下往上升高時主雨水從上弦至望

日...升高之時...主燥行違

水星交宮并行違

為谷主...在未卯...午宮兩與之相照本然水被此左水相...兩木...午本宮...轉離...蓋為雨...午...子能雨同者相

太陰近朔望

太陰行疾然失...主雨水相公與相制之故是月日

水星交宮引望性而水更甚

若水星行違不同在何宮分亦致天色更改於陰審庭則重

水行違月金在亥卯未宮亥卯未宮主燥之時與金相照

象宗或水星行違成...太陰或金星在亥卯未宮主雨連陰

九星交宮引晴性而水更甚若水星行違不問在何宮分亦致天色更改於陰主陰

九水星每交宮則天色更改晴陰則晴性而水更甚

金星冬至順行在東至雨少冬至附畫雨大

金星退行在東冬至兩...冬至附畫雨大

金星退行月在丑子定...書...又春雨...之時與金相照

金星退行又在東月在磨蝎質瓶雙魚...主天時分南北...夏至兩多

金星退行又在東月在磨蝎質瓶...雙魚三分主天時分南北宮母宮分為三

黃道十二宮每象三分主天時分南北...未輪遠與黃道...

卷五"占时"书影